Manuseio de sólidos granulados

volume 5

Teoria e Prática do
Tratamento de Minérios

Arthur Pinto Chaves
e colaboradores

Manuseio de sólidos granulados
volume 5

2ª edição
revista e aprimorada

Copyright © 2012 Oficina de Textos

Grafia atualizada conforme o Acordo Ortográfico da Língua Portuguesa de 1990, em vigor no Brasil a partir de 2009.

Conselho editorial Cylon Gonçalves da Silva; José Galizia Tundisi; Luis Enrique Sánchez; Paulo Helene; Rozely Ferreira dos Santos; Teresa Gallotti Florenzano

Capa Malu Vallim
Preparação de textos Felipe Marques
Projeto gráfico e diagramação Douglas da Rocha Yoshida
Revisão de textos Gerson Silva

Dados Internacionais de Catalogação na Publicação (CIP)
(Câmara Brasileira do Livro, SP, Brasil)

Manuseio de sólidos granulados / [organizador] Arthur Pinto Chaves. -- São Paulo : Oficina de Textos, 2012. -- (Teoria e prática do tratamento de minérios ; v. 5)
Vários colaboradores

Bibliografia.
ISBN 978-85-7975-045-8

1. Minérios - Manuseio 2. Minérios - Tratamento I. Chaves, Arthur Pinto. II. Série.

12-01013 CDD-622.7

Índices para catálogo sistemático:

1. Manuseio de sólidos granulados : Minérios : Tratamento : Engenharia de minas 622.7
2. Manuseio de sólidos granulados : Tratamento de minérios : Engenharia de minas 622.7

Todos os direitos reservados à **Editora Oficina de Textos**
Rua Cubatão, 959
CEP 04013-043 São Paulo SP
tel. (11) 3085-7933   (11) 3083-0849
www.ofitexto.com.br   atend@ofitexto.com.br

Prefácio à segunda edição

A primeira edição deste volume esgotou-se em menos que seis meses, o que demonstra a importância do tema e a pertinência do tratamento dado. Chega, portanto, às suas mãos esta segunda edição revista e ampliada e, agora, com um novo projeto gráfico. Creio que a leitura melhorou bastante e fico muito contente com o resultado obtido. Espero que seja do seu agrado também.

A Editora Signus, nossa parceira nesta aventura editorial desde o primeiro momento, transferiu a comercialização desta coleção para a Oficina de Textos. Esta editora fez uma revisão cuidadosa do texto, editoração e bibliografia, enquanto nós continuamos com o trabalho de atualização dos temas, revisão dos exercícios e melhoria do texto.

Permanecem os agradecimentos a todos aqueles que colaboraram com críticas, sugestões e correções. Elas continuam a ser bem-vindas!

Renovo os agradecimentos aos jornalistas Sérgio de Oliveira e Francisco Evando Alves, que tornaram estes livros uma realidade, e agradeço à engenheira Shoshana Signer, que agora assume esta responsabilidade.

Agradeço ao Felipe Marques, Gerson Silva e Marcel Iha pela minuciosa revisão e cuidadosa editoração e à Malu Valim e ao Douglas Yoshida pelo primoroso trabalho de arte.

Este livro foi concebido para ser essencialmente prático – destina-se a técnicos e engenheiros militantes na operação e projeto de portos, pátios de minério, usinas siderúrgicas, usinas de beneficiamento e a estudantes dos últimos anos dos cursos de Engenharia Metalúrgica, Química e de Minas. Logo, para quem já tenha uma base teórica necessária e imprescindível. O tratamento teórico continua restrito ao mínimo necessário e não dispensa a complementação da leitura com os textos clássicos.

Arthur Pinto Chaves

Sumário

1 ESTOCAGEM E HOMOGENEIZAÇÃO 9
Arthur Pinto Chaves
1.1 Objetivos da estocagem 9
1.2 A prática da estocagem 11
Referência bibliográfica 17

2 ESTOCAGEM EM PILHAS 18
Arthur Pinto Chaves e Flávio Moreira Ferreira
2.1 Construção e retomada de pilhas 18
2.2 Prática operacional do empilhamento 35
2.3 Equipamentos 42
2.4 Homogeneização alcançada 54
2.5 Layout de pátios 58
2.6 Prática operacional das operações de homogeneização 69
2.7 Modelos para o dimensionamento de pilhas 72
Exercícios resolvidos 87
Referências bibliográficas 93

3 ESTOCAGEM EM SILOS 95
Arthur Pinto Chaves
3.1 Construção de silos 96
3.2 Características do material que interessam à ensilagem 98
3.3 Problemas da operação de ensilagem 107
3.4 Projeto de silos 113
Exercícios resolvidos 147
Referências bibliográficas 157

4 ALIMENTADORES 158
José Renato Baptista de Lima
4.1 Definições e características 158
4.2 Alimentador de sapatas 173
4.3 Alimentadores vibratórios 183
4.4 Alimentadores de gaveta 198
4.5 Alimentadores de correia 201
4.6 Alimentador espiral 206
4.7 Alimentadores especiais 208

Exercícios resolvidos 215
Referências bibliográficas 225

5 TRANSPORTADORES DE CORREIA 226
Arthur Pinto Chaves
5.1 Construção dos transportadores de correia 228
5.2 Dispositivos de segurança 253
5.3 Dispositivos de proteção do equipamento 258
5.4 Desenvolvimentos recentes 261
5.5 Seleção de transportadores de correia 266
Exercícios resolvidos 269
Referências bibliográficas 274

6 AMOSTRAGEM 276
Arthur Pinto Chaves e José Renato Baptista de Lima
6.1 Conceitos fundamentais 276
6.2 Massa mínima da amostra representativa 282
6.3 Técnicas de redução de amostras 292
6.4 Amostragem incremental 297
6.5 Métodos e dispositivos de amostragem incremental 299
6.6 Amostradores 304
Exercícios resolvidos 316
Referências bibliográficas 322

7 FUNDAMENTOS TEÓRICOS DA AMOSTRAGEM 323
Ana Carolina Chieregati e Francis F. Pitard
7.1 Heterogeneidade 324
7.2 Erros aleatórios e sistemáticos 325
7.3 Os erros de amostragem 333
7.4 Características dos amostradores 344
7.5 Características dos dispositivos de fracionamento 350
7.6 Amostragem de metais preciosos 351
Exercícios resolvidos 359
Referências bibliográficas 364

8 DISPOSIÇÃO DE REJEITOS 365
Arthur Pinto Chaves
8.1 Descrição de uma barragem 367
8.2 Construção do dique 372
8.3 Manejo da barragem e do depósito de rejeitos 375
8.4 *Dry stacking* 376
Exercícios resolvidos 382
Referências bibliográficas 384

Estocagem e homogeneização

Arthur Pinto Chaves

1.1 Objetivos da estocagem

Nas usinas, é sempre necessária a formação de estoques de matéria-prima, de produto acabado ou, ainda, de produtos intermediários, por alguma das seguintes razões:

a] Formação de reservas para a operação na época de chuvas, paradas previstas ou de emergência da mina. Existem algumas minas dentro do Círculo Polar Ártico que são inacessíveis por mar durante sete meses a cada ano. Todas essas minas trabalham o ano inteiro, mas só podem embarcar o concentrado durante o período em que o mar não está congelado. Semelhantemente, em alguns locais da região amazônica, o acesso somente pode ser feito por barcos, durante a época das cheias, pois na seca o rio raso não dá calado para as embarcações passarem. Em outros locais, na estação das chuvas, as estradas ficam intransitáveis. Nas situações descritas – em condições geográficas totalmente adversas –, é forçoso estocar o concentrado durante alguns meses.

b] Pulmão entre operações de períodos ou vazões diferentes (por exemplo, entre usina de concentração operando três turnos diários e mina e britagem primária operando apenas um). Seja o caso de uma mina que atende a uma usina que recebe 16.000 t de ROM por turno, que gerarão 6.000 t de concentrado e 10.000 t de rejeito: se essa mina opera apenas durante um turno diário e a usina, três, durante esse turno ela tem que estocar ROM para atender aos três turnos da usina. O mesmo se aplica quando se deseja acumular material para manter constante a alimentação da operação unitária seguinte, o que é feito por um pequeno silo ou por uma moega com capacidade para até meia hora de produção.

c) Aguardar a chegada do meio de transporte (trem ou navio, por exemplo) para poder embarcar. Essa intermitência do meio de transporte torna necessário estabelecer outro estoque análogo no ponto de recepção. Seja o caso da mesma mina, cujas 2.000 t de concentrado produzidas por turno na usina precisam ser estocadas para aguardar o trem de 15.000 t (produção de 7,5 turnos), que leva o concentrado até o porto, onde existe um estoque, para aguardar o navio, de 150.000 t (capacidade de 10 trens), como mostra a Fig. 1.1.

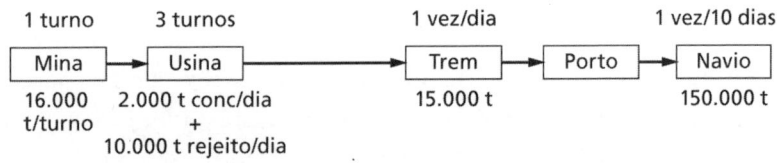

Fig. 1.1 Necessidade de estoques-pulmão

d) A necessidade de *homogeneizar* o material que alimenta determinadas unidades, para evitar flutuações das características da alimentação e consequentes perdas de controle do processo, é uma exigência cada vez mais frequente da operação industrial. Com a introdução das normas ISO 9000 e do conceito de garantia de qualidade, essa necessidade torna-se ainda mais aguda. A homogeneização em pilhas alongadas e a sua retomada criteriosa é uma das maneiras mais cômodas e eficientes de formar estoques homogêneos. Isso é feito tanto na entrada da usina de beneficiamento como no estoque de produtos, geralmente após a britagem secundária, quando as partículas já têm tamanho adequado para essa operação ou, então, na entrada da usina de beneficiamento, para assegurar a constância da qualidade do mineral alimentado a ela, enquanto durar aquele lote.

1 Estocagem e homogeneização   11

Como resultado, usualmente são estocados nas operações de mineração os seguintes produtos:
- *blendagem* do ROM antes da britagem primária;
- *produtos de britagem* para homogeneização (produtos de britagem secundária ou terciária) ou, então, para controlar a diferença de periodicidade entre mina – um turno diário – e usina de beneficiamento – três turnos diários (produtos de britagem primária ou secundária);
- pilhas de *homogeneização na entrada da usina de concentração*;
- pilhas de *homogeneização de produtos*;
- *estoques reguladores* para operações intermediárias; e
- um caso especial de interesse para a mineração são as pilhas de minério para lixiviação em pilhas (cianetação de minérios de ouro, lixiviação de minérios de cobre).

1.2 A prática da estocagem

A estocagem, genericamente, pode ser efetuada de três maneiras: em vagões ferroviários, em silos e em pilhas.

A *estocagem* em vagões ferroviários não é prática usual no Brasil, embora seja comum nos EUA, especialmente com carvão para uso térmico. Ela é praticada principalmente em pontos de transbordo, para evitar a movimentação do carvão do vagão para uma pilha e da pilha para outro vagão: evitam-se dois tombos do material! Isso significa custos, degradação do carvão, geração de poeiras e sujeira. A imobilização de capital nessa prática é grande: a par com o capital imobilizado no terreno (da mesma ordem ou maior que em pilhas), existe o capital representado pelos vagões e ramais ferroviários, mais o lucro cessante decorrente da paralisação dos vagões. Assim, só se justifica por prazos relativamente curtos. Entretanto, o custo operacional é praticamente nulo, bem como os efeitos do manuseio (degradação, segregação e perdas) sobre o minério estocado, de modo que deveria merecer maior atenção, especialmente no caso de matérias-primas minerais que não demandam homogeneização. Naturalmente, a bitola das vias férreas tem que ser a mesma.

A *estocagem em silos* se aplica a quantidades moderadas para o consumo de, no máximo, alguns dias. É, pois, no campo da mineração, o caso característico é de estoques intermediários ou de estoques de material em processamento durante o beneficiamento.

A *estocagem em pilhas* é o método mais utilizado na mineração. Deve-se ter em mente que estocar em pilhas exige regras e critérios e tem limitações sérias quanto, por exemplo, à perecibilidade do material e à granulometria (para evitar perdas pela ação do calor, do vento e da chuva, além da contaminação por outros materiais), que impedem a sua utilização, ou exigem cuidados especiais no projeto do pátio, ou, ainda, forçam providências complementares (pilhas cobertas, por exemplo).

A grande vantagem sobre os outros processos é a de permitir a estocagem de grandes quantidades, por longos períodos de tempo e a custo relativamente baixo. É claro que condições especiais exigem soluções especiais: por exemplo, o empilhamento de fertilizantes solúveis é feito em pilhas – dentro de armazéns cobertos.

As pilhas podem ter os formatos mais variáveis, dependendo das características do material e das disponibilidades de espaço e equipamento: cônicas, prismáticas, prismas de seção trapezoidal, prismas com eixo circular ou semicircular etc. A altura da pilha dependerá da degradação mecânica do material sob o peso das camadas sobrejacentes, das características do solo em que se apoia a pilha e do equipamento disponível.

1.2.1 Exigências de qualidade

Existem atualmente muitos sistemas de qualidade. A série ISO 9000 é o mais importante deles, por sua ampla aceitação. Essas normas foram adotadas pela Associação Brasileira de Normas Técnicas (ABNT) como NB 9000 a 9004. Um grande número de empresas já foram certificadas no Brasil.

As referidas normas introduzem o conceito de garantia de qualidade. Não é mais possível apenas controlar a qualidade dos produtos e aprovar ou reprovar lotes conforme atendam ou não às exigências predefinidas. A partir da implantação dessas normas, todos os lotes precisam ser aceitáveis. A exigência atual é de que em qualquer atividade envolvida no ciclo produtivo se trabalhe, em cada etapa, de tal maneira que todo o esforço possível para garantir a qualidade final seja despendido. Não é mais admissível tomar atitudes corretivas apenas ao final do processo.

Existem ainda rotinas administrativas e gerenciais a serem atendidas. Tudo isso mudou o dia a dia das companhias certificadas, e essa mudança parece ser irreversível. Um dos aspectos mais importantes é o de que toda e qualquer pessoa relacionada com a produção – direta ou indiretamente – precisa estar convicta e engajada no processo de garantia de qualidade.

A qualidade de um lote de concentrado é definida por diferentes parâmetros, variáveis de minério para minério:

- ♦ parâmetros físicos: distribuição granulométrica, área de superfície, cor, resistência mecânica, alvura, untuosidade etc.;
- ♦ parâmetros químicos: teor mínimo aceitável para o elemento útil ou mineral de minério, teor máximo admissível para os contaminantes, umidade máxima etc.;
- ♦ parâmetros metalúrgicos: redutibilidade, friabilidade, tendência à crepitação, resultados de ensaios de tamboreamento e de queda etc.

Os fornecedores de minério estão sempre no começo do ciclo produtivo. Assim, eles têm sido pressionados desde logo para garantir a qualidade de seus minérios ou concentrados. Isso não se refere tão somente aos padrões químicos ou físicos de cada lote individual, mas também e, especialmente, à constância de seus valores ao longo do tempo.

Garantir a operação de uma mina, usina de beneficiamento, pátio de estocagem e porto de embarque em conformidade com as exigências da garantia de qualidade não é tarefa fácil. A prática correta da homogeneização e estocagem de matérias-primas e produtos torna-

-se, portanto, peça fundamental para minimizar os desvios-padrão dos parâmetros de qualidade do produto e garantir o cumprimento das normas.

1.2.2 Qualidade na mina

É necessário estabelecer com muita clareza o significado de duas palavras para as quais o português não tem uma tradução precisa – *blending* e *homogenization*. Elas serão traduzidas por "blendagem" e "homogeneização". É oportuno lembrar o trocadilho (infame) em inglês: "*Blending and homogenization do not mix*". Ele expressa a verdade básica de que blendagem e homogeneização são duas operações independentes e suficientemente importantes para cada uma delas merecer, o máximo de cuidado.

Na frente de lavra, o engenheiro de minas, encarregado de fornecer o material com as características desejadas pelo consumidor, planeja o seu trabalho extraindo materiais de diferentes frentes e dosando as respectivas quantidades, de modo a ter um produto cujas características sejam a média ponderada dos materiais das diversas frentes. Isso não é uma atividade simples e começa na geologia de mineração, que deve ser feita de maneira profissional e fornecer todas as informações demandadas. Como exemplo, recomenda-se o *Modelo da MBR para geologia de mina e planejamento de lavra* (Ferreira, 1994). Essa dosagem proporcionada dos diferentes tipos de minério, de modo a prover as características desejadas, é o que se chama de blendagem. Muitas vezes, apesar de todo o cuidado tomado no planejamento e na execução, as coisas não correm como o desejado; então, é necessário agir, fazendo-se correções ao lote.

Como mostra a Fig. 1.2, o lote de minério que chega ao pátio é formado de parcelas de características diferentes entre si. A composição média é a dada pela blendagem, mas, se for retirada uma amostra num ponto qualquer da pilha, certamente as suas características serão totalmente diferentes das da média.

É necessário, então, homogeneizar esse lote. A prática universalmente adotada pela indústria mineral é fazê-lo em pilhas alongadas, construindo pilhas elementares e distribuindo cada tipo de material ao longo da extensão da pilha. Os sucessivos materiais vão sendo depositados e distribuídos uns sobre os outros em pilhas elementares unitárias superpostas. Cada camada ou pilha elementar manterá as suas características próprias, mas o total terá as características da blendagem feita.

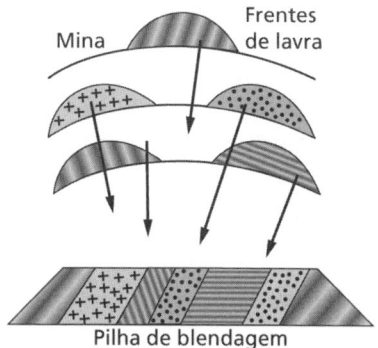

Fig. 1.2 Blendagem de minério

Na Fig. 1.3, cada elemento de pilha tem suas propriedades, mas, se for cortada uma fatia da pilha, perpendicularmente ao seu eixo, em qualquer posição, ela terá estatisticamente a mesma composição média, ou seja, o lote estará homogeneizado.

De início, para poder obter o produto desejado, as operações de mineração devem ser planejadas em detalhe. A blendagem, na frente de lavra, dos diferentes tipos de minério, deve ser planejada levando em conta as quantidades diversas de diluentes e contaminantes ao longo do corpo mineral. A posição exata das singularidades dentro do corpo mineralizado necessita ser conhecida com exatidão. O profissional responsável pela geologia de lavra deve proceder de modo preciso e quantitativo.

Os planos de lavra devem ser elaborados em termos dos diferentes parâmetros do minério, incluídos aí os metalúrgicos: as

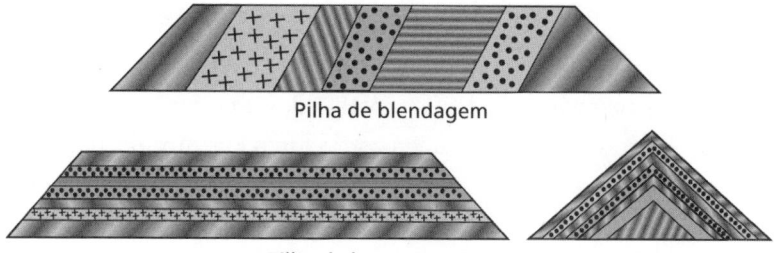

Fig. 1.3 Homogeneização de minério

amostras de geologia de superfície e os testemunhos de sondagem devem ser testados para a redutibilidade, crepitabilidade ou resistência ao tamboreamento – se, por exemplo, estes forem parâmetros críticos para o processo metalúrgico –; ou em termos de teores de diluentes e contaminantes, se os parâmetros críticos forem estes. O corpo de minério deve ser mapeado em termos desses parâmetros e o plano de lavra deve levá-los em conta. A explotação precisa ser planejada de modo a manter os padrões constantes ao longo de toda a vida da mina. O planejamento de longo prazo é o primeiro passo na garantia de qualidade, que sempre foi tão importante quanto o planejamento de curto prazo, mas agora essa consciência é mais aguda.

Conforme ocorre a atividade de extração, a qualidade do minério removido deve ser cuidadosamente controlada e comparada com os padrões predefinidos. As técnicas de amostragem e preparação das amostras tornaram-se agora muito importantes. Se os valores não são os esperados, as medidas corretivas pertinentes têm que ser tomadas imediatamente. *Mutatis mutandis*, os mesmos conceitos se aplicam para todas as outras atividades de cominuição, manuseio, estocagem, beneficiamento e carregamento.

Uma prática usual é planejar a mina com número suficiente de frentes para poder atender aos padrões e trabalhá-las construindo uma grande pilha de blendagem na própria mina ou junto à britagem primária. Isso é importante porque garantirá o suprimento da britagem mesmo que a mina esteja parada (por problemas de chuva ou manutenção) e porque a disponibilidade das operações a jusante aumentará. A alimentação da britagem será o resultado da blendagem dos diversos tipos de minério que se encontram na jazida, na proporção mais conveniente. Essa pilha de blendagem é o segundo passo no processo de garantia de qualidade. O processo de homogeneização e o controle de qualidade começam na britagem.

1.2.3 Qualidade no manuseio

Sempre se enfatiza que os profissionais de mineração e de metalurgia têm uma responsabilidade ambiental muito grande em decorrência do potencial de agressão da sua atividade. Além desses aspectos de consciência pessoal e profissional, cada vez mais são feitas exigências contratuais de parte dos compradores com vistas às responsabilidades ambientais do fornecedor.

Em termos de aspectos ambientais, na prática do manuseio de sólidos particulados existem alguns problemas que precisam ser enfrentados:

♦ *pó*: este é um dos mais sérios, pois afeta tanto o meio ambiente como a saúde das pessoas (não só na empresa, mas também na vizinhança), a qualidade dos produtos (pois as partículas arrastadas podem ter características diferentes das da média do estoque, afetando a composição final), e também é origem de problemas para a manutenção dos equipamentos e para a sua vida útil.

♦ *contaminação das águas superficiais*: elas podem estar contaminadas com poeiras, óleos e graxas ou com produtos de reação do material estocado. Como regra de bom projeto, todas as águas de drenagem dentro do pátio devem ser conduzidas para um *sump*, de onde serão bombeadas para uma estação de tratamento.

♦ *contaminação das águas subterrâneas*: metais como cobre ou urânio exigem ações preventivas especiais, de modo a não permitir que soluções de seus sais atinjam as correntes subterrâneas.

Aqui apenas se mencionam esses problemas. Eles serão vistos com maior detalhe no Cap. 2.

Referência bibliográfica

FERREIRA, J. C. N. Modelo da MBR para geologia de mina e planejamento de lavra. Planejamento de lavra, métodos, recursos e sua aplicação. *Revista Brasil Mineral*, ano XI, n. 11, p. 34-36, 1994.

2 Estocagem em pilhas

Arthur Pinto Chaves
Flávio Moreira Ferreira

2.1 Construção e retomada de pilhas

Existe um número grande de equipamentos e de técnicas para construção de pilhas. A sua aplicabilidade varia de acordo com o cuidado dado à operação, a quantidade de material a ser movimentada, o local de empilhamento, a facilidade de manutenção e a economia de processo, aí incluído o nível de automação desejado:

- caminhões, tratores e escrêiperes são utilizados tanto no empilhamento como na retomada e transporte. Não permitem, é claro, que se obtenha a homogeneização do material estocado. Nas minas, é usual a formação de pilhas estratégicas de ROM junto ao britador primário para que não haja interrupção do suprimento de minério durante paradas da mina. Essas mesmas pilhas são usadas para a blendagem.
- transportadores de correia são utilizados como empilhadeiras (*trippers*) e retomadeiras (no caso em que se faz a retomada por sob a pilha), caso em que são sempre auxiliados por alimentadores ou transportadores de esteiras, vibratórios, de parafuso e outros;
- outros equipamentos utilizados são pás-carregadeiras, raspadeiras, escavadeiras contínuas do tipo *bucket chain excavator* e equipamentos especializados para essas operações, que são as empilhadeiras (*stackers*) e retomadeiras (*reclaimers*).

A tendência moderna é usar cada vez mais equipamentos contínuos, pelas vantagens decorrentes da própria continuidade do transporte, consumo de energia elétrica em vez de diesel, menores problemas de transporte, possibilidade de total automação e por facilitarem o trabalho em série com transportadores de correia.

2.1.1 Pátios de estocagem

Para as indústrias mineral e metalúrgica, o pátio de estocagem torna-se, desse modo, uma peça muito importante. A Fig. 2.1 mostra o pátio de estocagem de carvão do porto de Hay Point, na Austrália, onde o carvão é recebido das minas do interior da província de Queensland, homogeneizado e estocado enquanto aguarda a chegada do navio que o levará ao destino. Ele dispõe do terminal ferroviário, que recebe o carvão; do sistema de construção e posterior retomada das pilhas; do porto para atracação dos navios; do sistema de transporte de carvão até o porto; dos carregadores do navio; e também da torre de amostragem, onde se controla a qualidade do material que está sendo embarcado.

Os equipamentos utilizados serão vistos em detalhe mais adiante. Por enquanto, será feita apenas a descrição mínima necessária para a compreensão das ideias mais importantes.

As empilhadeiras, ou *stackers* (Fig. 2.2), são fabricadas em modelos diferentes, de complexidade crescente, para atender às necessidades específicas de cada caso. As mais sofisticadas possuem os seguintes movimentos:

Fig. 2.1 Porto e pátio de estocagem de Hay Point, Austrália

- de translação sobre trilhos;
- de elevação e abaixamento da lança;
- de rotação da lança até 180°.

Essa flexibilidade operacional permite descarregar o material em distâncias variáveis, até um máximo, que é o seu comprimento de lança. É possível variar também a altura da qual o minério é lançado sobre a pilha ou sobre o piso do pátio, minimizando assim a quebra das partículas. Todos os modelos são fabricados sob encomenda, mesmo os mais simples. As capacidades variam de 100 a 8.000 t/h. A velocidade de translação pode chegar a 30 m/min e o tamanho da lança a 40 m. A Fig. 2.2 apresenta dois *stackers*, destacando-se os elementos construtivos:

- trilhos;
- base móvel (translação);
- torre;
- lança (giratória ascendente-descendente);
- *tripper*;
- correia do pátio.

Fig. 2.2 Exemplo de *stacker*

Nas variantes mais simples (e mais baratas), as lanças são fixas, uma de cada lado do equipamento, sem possibilidade de movimentação horizontal nem vertical.

Para a retomada são usados vários tipos de equipamentos, chamados coletivamente de retomadeiras, dos quais os principais são:

- *bucket wheel reclaimer* com a roda de caçambas instalada na ponta de uma lança (Fig. 2.3). Esses equipamentos são instalados sobre um carro, que se movimenta sobre trilhos, ao longo da pilha. Suas capacidades variam de 100 a 28.000 t/h. As lanças possuem movimentos de rotação, o que permite a retomada percorrer toda a seção da pilha. Existem modelos sobre esteiras, para aplicações especiais;

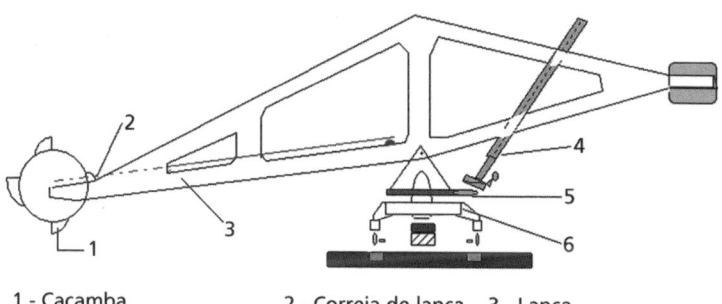

1 - Caçamba   2 - Correia de lança   3 - Lança
4 - Mecanismo de elevação   5 - Torre giratória   6 - Base autopropulsora

Fig. 2.3 Retomadeira de roda de caçambas em lança

- *bridge bucket wheel reclaimer* com a roda de caçambas instalada numa ponte (Fig. 2.4). Nesse caso, pode-se utilizar uma, duas e até três rodas de caçambas;
- *bridge scrapper reclaimer* com um transportador de arraste instalado numa ponte (Fig. 2.5). Nesse caso, pode-se utilizar um ancinho para derrubar o material da face da pilha e misturá-lo antes da retomada;
- *drum reclaimer*, ou retomadeira de tambor, em que o conjunto de *bucket wheels* é substituído por um tambor único (Fig. 2.6);

Fig. 2.4 Retomadeira de roda de caçambas em ponte

Fig. 2.5 Retomadeira de arraste em ponte

- retomadeira de discos (Fig. 2.7);
- para materiais leves e pouco abrasivos, são utilizadas retomadeiras laterais, que são constituídas de um transportador de arraste que vai retirando o material estocado a partir de uma face lateral da pilha, como mostrado na Fig. 2.8.

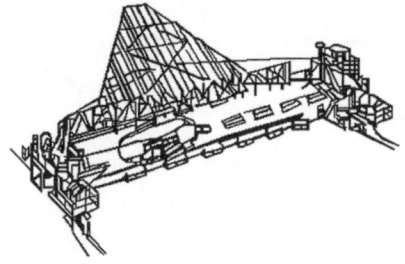 

Fig. 2.6 *Drum reclaimer*

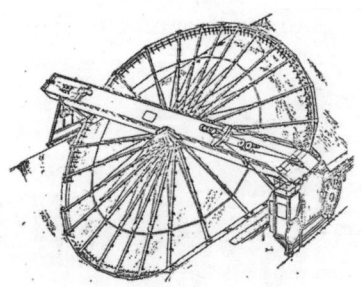 

Fig. 2.7 Retomadeira de disco
Fonte: Schofield (1980).

Fig. 2.8 Retomadeira lateral

Existem equipamentos especiais, da família das retomadeiras de rodas de caçambas sobre lança, que podem executar tanto a retomada como o empilhamento, por meio da reversão de direção do movimento, os chamados *stacker-reclaimers*.

1.1.2 Problemas especiais de estocagem em pilhas

A estocagem em pilhas apresenta uma série de problemas, que deve ser equacionada para o bom sucesso da instalação. Passa-se, a seguir, a expor os diversos problemas encontrados e algumas soluções preconizadas para o seu controle.

Desprendimento de poeiras

As poeiras são um dos problemas mais sérios encontrados. Além das perdas da massa arrastada pelo vento, que podem ser significativas em muitos casos, ocorre que essas perdas podem ser seletivas, isto é, as frações finas arrastadas podem ter características diferentes das da média da população e a sua perda altera a composição ou as características do material estocado. Elas afetam a vida dos equipamentos e o conforto das pessoas.

Existem várias maneiras de atacar esse problema, muitas das quais precisam ser utilizadas em conjunto:

♦ *Alinhamento das pilhas* com a direção dos ventos predominantes no local. A boa prática de engenharia de projeto recomenda alinhar os eixos das pilhas com a direção dos ventos predominantes, de modo a diminuir a seção exposta. Com a pilha alinhada com a direção dos ventos, a seção da pilha exposta a eles diminui muito e, em consequência, também a quantidade de material arrastado.

♦ *Construção do pátio a jusante* dos edifícios e instalações. Nenhum edifício pode ser locado a jusante das pilhas. Além dos inconvenientes acima mencionados, a poeira acarreta incômodo e até problemas de saúde ao trabalho das pessoas, bem como aumenta o desgaste dos equipamentos. Uma providência simples e sadia – infelizmente muitas vezes negligenciada – é tão somente não locar nada no caminho que as poeiras percorrerão, ou seja, locar todas as instalações ao lado ou a montante das pilhas em relação ao vento.

♦ *Chutes telescópicos*. A Fig. 2.9 mostra um chute sanfonado e outro telescópico, para serem montados na ponta das lanças das empilhadeiras. Esse dispositivo impede a ação do vento sobre o fluxo que cai da lança da empilhadeira sobre a pilha e vai sendo retraído à medida que a pilha sobe.

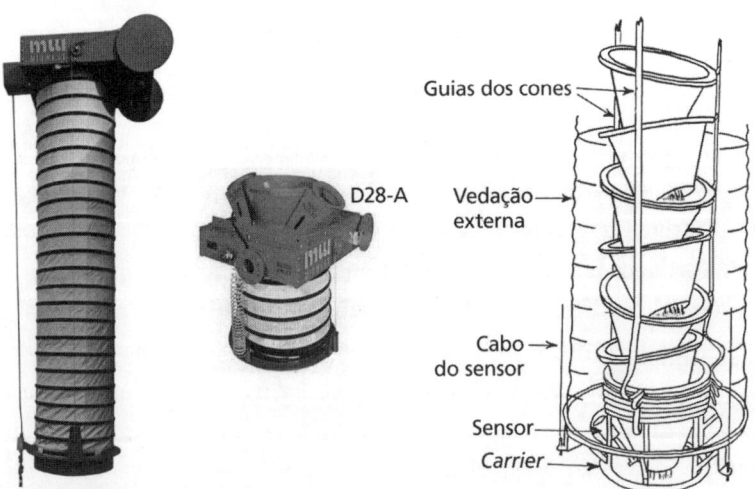

Fig. 2.9 Chutes telescópicos
Fonte: Gibor (1997) e Dustex® Water-Dispersion Systems (1996).

♦ *Barreiras contra o vento.* A implantação de barreiras verdes nos limites dos pátios tem uso generalizado, com árvores de crescimento rápido, como eucaliptos ou *pinus*. Apenas um renque de árvores ou de arbustos costuma ser insuficiente, porque árvores altas oferecem boa proteção apenas contra ventos altos, razão pela qual precisam ser complementadas com barreiras arbustivas, que forneçam uma barreira contra os ventos de superfície. Dessa maneira, uma barreira verde, para ser eficiente, tem que ter sempre dois renques, um de árvores altas (*pinus* ou eucaliptos) e outro de arbustos (sansão--do-campo ou cedrinho).

♦ *Aspersão de água nos pontos de transbordo.* Se isso tudo não for suficiente, jatos d'água devem ser aplicados nas transferências de transportadores de correia, nos pontos de descarga e tombamento. Isso, entretanto, pode não ser tão simples como parece, pois muitas vezes a umidade é indesejada. Então, é necessário diminuir a quantidade de água adicionada, o que só pode ser feito diminuindo o tamanho das gotas geradas.

O uso de produtos químicos para diminuir a quantidade de água necessária ao abatimento das poeiras vem dando bons resultados. Esses reagentes atuam primeiramente diminuindo o tamanho das gotas – a área específica de cada uma delas aumenta muito, fazendo crescer, na mesma proporção, a capacidade de abatimento. Outro aspecto é fluido dinâmico: está-se falando de poeiras, ou seja, de partículas sólidas muito pequenas, tão pequenas que estão sendo arrastadas pelo vento, que é o que se quer impedir. A corrente de ar, acrescida de poeiras, se desloca segundo linhas de corrente. Quando encontram um obstáculo, essas linhas de corrente se desviam dele e o contornam. Uma gota d'água de grande volume pode atuar como tal, desviando as linhas de corrente e impedindo que as partículas batam nela para poderem ser umedecidas e abatidas, como mostra a Fig. 2.10. Se o diâmetro da gota for diminuído, ela deixa de se constituir num obstáculo para o deslocamento das partículas sólidas, que passam a colidir com ela,

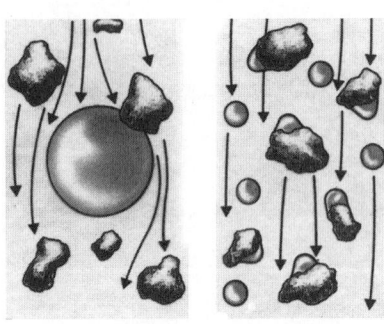

Fig. 2.10 Efeito do tamanho da gota no abatimento da poeira
Fonte: Gibor (1997).

são então umedecidas e abatidas. A aspersão adequada é, assim, uma névoa de água.

Se se diminuir a viscosidade da água, a pressão nos aspersores é diminuída, diminuindo a vazão e o desgaste dos bicos.

Contaminação das águas superficiais

A água de chuva, além de arrastar poeiras, pode dissolver substâncias solúveis da superfície ou do interior das pilhas ou da poeira acumulada no piso do pátio. Por isso, como regra de bom projeto, todas as águas de drenagem dentro do pátio devem ser conduzidas para um *sump*, de onde serão bombeadas para uma estação de tratamento.

Essa estação é uma instalação cara e não pode ser sobrecarregada, por exemplo, pelas águas externas ao pátio. Em consequência, um outro conjunto de valetas deve ser implantado de modo a derivar a drenagem dessas águas externas, impedindo-as de entrar na área industrial. Como essas águas não estão contaminadas com as poeiras da área de estocagem, podem ser encaminhadas diretamente para os cursos d'água, sem necessidade de tratamento.

Contaminação das águas subterrâneas

Metais como cobre ou urânio, minerais sulfetados ou portadores de elementos tóxicos como o arsênio, que sejam solúveis, podem atingir as correntes subterrâneas. Nesses casos, as pilhas deverão ter uma base impermeável e as valetas de drenagem devem funcionar com total eficiência.

Segregação granulométrica

Durante qualquer transferência a partir de um transportador de correia, e especialmente no derramamento sobre uma pilha, as partículas de maior dimensão tendem a rolar sobre a superfície de deposição. Isso não acontece com os finos, que só se movem por escorregamento. Construindo-se uma pilha sem qualquer precaução, no final as partículas grossas estarão todas concentradas junto à saia e aos finos no centro, o que é ilustrado na Fig. 2.11.

A quantidade de movimento (inércia) das partículas maiores não só faz com que elas sejam lançadas para mais longe do transportador, como também que elas rolem sobre as laterais da pilha e fiquem acumuladas junto à sua base. Ademais, a maior umidade dos finos de minério faz com que eles tendam a aderir à correia do transportador e a ser removidos apenas pelo raspador, isto é, atrás do ponto de descarga das partículas grosseiras. Essa mesma umidade age no mesmo sentido da falta de massa, fazendo com que essas partículas fiquem onde caem, acumulando-se assim nas partes central e posterior da pilha.

Dessa forma, caso se retome apenas a base ou os lados de uma pilha, o produto retomado será diferente da média do material ali

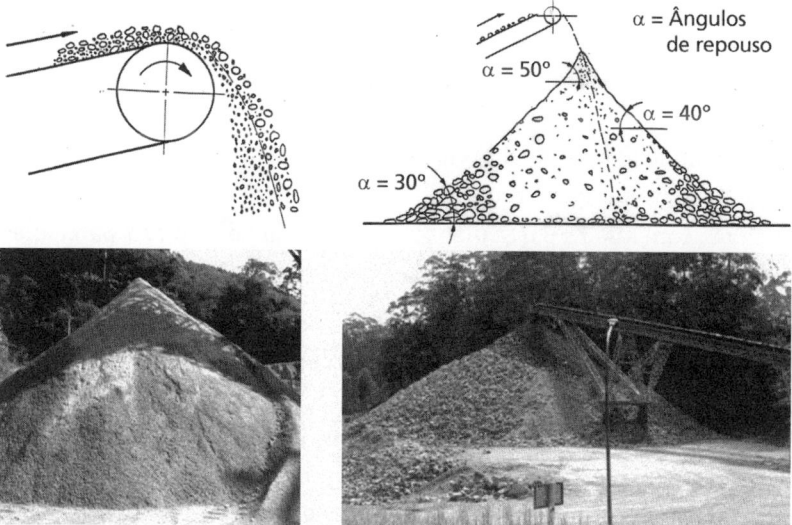

Fig. 2.11 Segregação granulométrica

estocado. O mesmo se pode dizer caso seja retomada apenas a porção central, o que é nítido quando se retoma a pilha com pás-carregadeiras.

Mesmo quando se retoma a pilha alongada com uma retomadeira contínua em seções perpendiculares ao eixo, esse fenômeno da segregação se manifesta de forma prejudicial: imagine a pilha cuja seção transversal é mostrada na Fig. 2.11 sendo retomada por uma retomadeira de roda de caçambas. Quando a roda estiver retomando a extremidade da seção à esquerda, só estará recolhendo material grosseiro. À medida que se move para a direita, o material torna-se cada vez mais fino e, a partir da mediatriz da pilha, passa a engrossar, atingindo o máximo quando chega à extremidade direita. Quando a roda de caçambas retorna, ela refaz essa variação cíclica. Dependendo da operação unitária a montante, essa variação cíclica pode ser insuportável para as exigências do processo.

Variação correspondente ocorre com a vazão retomada: ela é mínima nas extremidades e máxima no centro.

As retomadeiras de rodas de caçambas sobre ponte têm, nesse caso, vantagem sobre aquelas na ponta de lanças. A possibilidade de se dispor de duas ou até três rodas de caçambas na mesma ponte permite diluir essa periodicidade até níveis aceitáveis. Raramente se usam mais que duas rodas, porque isso torna o equipamento muito pesado.

Quando se retoma a pilha por baixo, a segregação afeta a qualidade do material que é retomado (Fig. 2.12). A segregação granulométrica faz com que as partículas grossas fiquem por fora. As partículas finas estão no centro. Ao se começar a descarga, apenas o material da porção central é retirado. Se se carregar nova porção e se tornar a descarregar, essa porção nova é que será descarregada porque é ela que está no caminho da descarga.

Esvaziado o cone central, o material remanescente começa a escorregar, fatia após fatia, até atingir a situação de equilíbrio. Nota-se, portanto, a variação da qualidade entre o material que sai e o volume remanescente, o "morto".

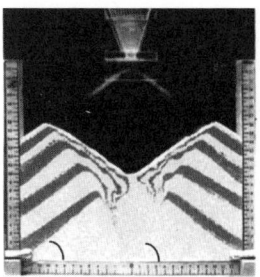 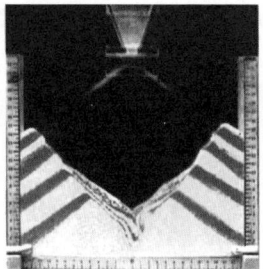 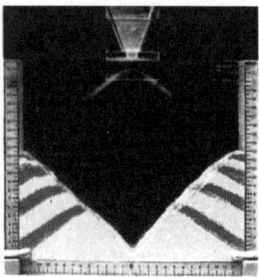

Fig. 2.12 Retomada por baixo
Fonte: adaptado de Dustex® Water-Dispersion Systems (1996).

Degradação granulométrica

Se a altura de que a partícula cai for muito grande, ela pode fragmentar-se ao atingir o piso. Da mesma forma, materiais de baixa resistência ao esmagamento podem ser esmagados pelo peso das camadas suprajacentes. Tudo isso são problemas que só podem ser resolvidos pelo projeto adequado e pelo controle da altura da pilha.

Se a lança da empilhadeira for dotada de movimento vertical, a altura da qual o material é lançado no pátio pode ser controlada. Em pilhas cônicas, tem sido utilizada, com sucesso, a "escada de pedra", esquematizada na Fig. 2.13. Essa estrutura, que também serve de suporte para o transportador, é dotada de planos com saídas a diferentes alturas. O material cai para o plano superior, forma um "morto", escorrega sobre ele para o plano subsequente, e assim por diante, até encontrar o topo da pilha. Desse modo, uma longa queda é substituída por uma sucessão de pequenas quedas e escorregamentos. Quando a pilha atinge determinada altura, o material escorrega sobre ela e pelas janelas existentes na estrutura.

Outra solução proposta são calhas em espiral descendo do

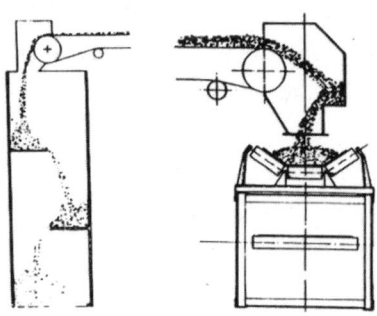

Fig. 2.13 Escadas de pedra

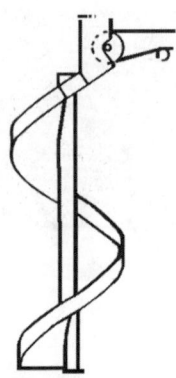

Fig. 2.14 Exemplo de "tobogã"
Fonte: Allis Mineral Systems (1994).

alto até o piso (Fig. 2.14). As pedras rolam sobre essas calhas em vez de caírem.

Compactação (*caking*)

Certos materiais coesivos, quando ficam muito tempo submetidos à ação da pressão, aglomeram-se e formam um cascarão ou briquete, que se torna quase impossível de remover. Isso é muito frequente com carvões betuminosos e com minério de ferro fino e úmido.

Umidade

O empilhamento de material úmido pode acarretar problemas de manuseio durante o empilhamento ou a retomada. O fato de a pilha ser construída ao tempo faz com que ela receba sol e chuva, tendo a sua umidade constantemente variada. Para alguns materiais, isso é pouco importante, mas essa característica pode ser crítica para outros.

Esse aspecto é muito importante nos minérios ou concentrados destinados à exportação, que têm especificações muito rígidas e para os quais são exigidas umidades cada vez mais baixas. A equipe do Laboratório de Tratamento de Minérios e Resíduos Industriais do Departamento de Engenharia de Minas da Epusp (Escola Politécnica da Universidade de São Paulo), trabalhando em conjunto com a Clariant, conseguiu um sucesso muito significativo no tratamento das superfícies das partículas empilhadas, de modo tanto a facilitar o seu desaguamento como a impedir que pancadas de chuva venham a aumentar a sua umidade (Leal Filho; Chaves, 1994a, 1994b; Pereira; Leal Filho; Chaves, 1994).

Para *pellet feed*, a umidade é um aspecto problemático de manuseio, pois esse concentrado é altamente coesivo, além de fino. Nas pilhas, a água consegue migrar numa certa extensão e forma bolsões encharcados dentro da pilha. Sob a pressão das partículas suprajacentes, essa bolsa acaba rompendo as paredes e jorrando em jatos até distâncias significativas, espalhando o concentrado e sujando as instalações. Consequência frequente da perda de material é a desestabilização da pilha em torno do local de onde o *pellet feed* foi lançado, cujo material escorre e se espalha para fora das pilhas, muitas vezes sobre os trilhos do *stacker*.

Os aspectos apontados acima são aqueles referentes à qualidade do produto que sai do pátio. Entretanto, a umidade acarreta outros problemas (operacionais): entupimento de caçambas, entupimento de chutes, formação de caminhos preferenciais etc., que não são desprezíveis.

Casos especiais de estocagem

Alguns bens minerais apresentam certas peculiaridades cuja consideração é muito instrutiva. A seguir serão examinados rapidamente alguns deles.

Os *minerais e concentrados radioativos*, como os de urânio, são potencialmente perigosos de duas formas: as poeiras, que são espalhadas pelo vento e se depositam nas roupas dos operadores, sobre o corpo (orelhas, sobrancelhas, bigodes) e podem ser aspiradas ou atacar a pele, e as águas que percolam as pilhas ou locais contaminados com essas poeiras. A estocagem desses minérios deve levar em conta, portanto, todos os dispositivos mencionados para minimizar o desprendimento de poeiras, bem como o abatimento destas durante a construção da pilha. Barreiras vegetais precisam ser construídas em torno de todo o pátio, e continuamente monitoradas.

O problema das águas, nesse caso, é mais grave, pois muitos compostos radioativos são solúveis e podem atingir o nível freático e contaminá-lo (isso acontece também com muitos outros elementos que formam compostos solúveis, como, por exemplo, o cobre). Portanto, as pilhas devem ser construídas sobre uma base impermeável, que impeça a passagem do material em solução para o subsolo.

Todas as águas de drenagem de superfície do pátio devem ser recolhidas pela valeta de drenagem já descrita e conduzidas a uma piscina, de onde possam ser levadas para uma estação de tratamento. Ao lado dessa valeta, deve haver outra, circunscrevendo o pátio e impedindo a entrada de águas estranhas e, portanto, não sujeitas a contaminação; logo, poderão ter imediatamente outro destino.

A estocagem do *carvão* é outro caso que merece discussão, dados os múltiplos aspectos envolvidos. O consumo de carvão siderúrgico apresenta como característica os grandes volumes demandados, bem como a intermitência de seu abastecimento. Como o consumo é contínuo, é de suma importância manter grandes estoques para que toda a usina siderúrgica não venha a parar as suas atividades pela falta de uma só das matérias-primas.

O carvão *suja* tudo o que entra em contato com ele, inclusive as instalações na direção do vento.

O carvão é *deteriorável*. Exposto à atmosfera, sofre um processo de oxidação que acarreta a diminuição gradual de suas propriedades metalúrgicas (capacidade de coqueificação), aumenta o teor de oxigênio, diminui o teor de hidrogênio, o de carbono, o poder calorífico, aumenta o peso (pela absorção de oxigênio). Em consequência, após um determinado período, o carvão metalúrgico já não mais o é, isto é, perdeu suas características coqueificantes, bem como o carvão energético perdeu poder calorífico.

Durante a estocagem do carvão em pilhas ao ar livre, a oxidação é acelerada pela ação conjunta de vários fatores:

- ◆ *segregação granulométrica*: os pedaços grossos estarão todos concentrados junto à base. Essa disposição facilita o acesso do ar ao interior da pilha e a consequente oxidação do carvão no seu interior;
- ◆ por ser *negro*, o carvão absorve muito calor durante a exposição aos raios solares ao longo do dia. Assim, nos dias quentes, sua temperatura vai aumentando gradualmente. O ar nos orifícios entre as partículas grosseiras da saia da pilha se aquece, se torna mais leve e sobe, aspirando ar fresco para o seu lugar.

O suprimento de oxigênio é, assim, continuamente renovado;
♦ sendo *isolante térmico*, à noite o carvão perde calor muito mais lentamente do que ganha durante o dia.

A temperatura no interior da pilha tende, portanto, a aumentar sempre. Esse aumento de temperatura acarreta um aumento da velocidade das reações de oxidação. Essa oxidação, sendo exotérmica, causa uma elevação ainda maior de temperatura. Como o acesso de ar é fácil, por causa dos vazios entre as partículas mais grosseiras que se acumularam na base da pilha, e que se constituem em verdadeiras chaminés para a passagem do ar, a temperatura no interior da pilha aumenta cada vez mais, podendo ocorrer a combustão espontânea do material.

A homogeneização do carvão metalúrgico em pilhas alongadas é prática obrigatória nas usinas siderúrgicas. O processo *windrow*, que será estudado mais adiante, foi desenvolvido para eliminar exatamente essa segregação granulométrica na saia da pilha e é vantajoso porque elimina também a segregação química e aumenta a densidade do material empilhado.

Portanto, o principal problema a ser enfrentado é a possibilidade de incêndios, em especial quando os períodos de estocagem são longos. As recomendações usualmente feitas para minorar essa ação, de acordo com Fisher (1981), são:
♦ o empilhamento deve ser feito em local plano, de solo firme e bem drenado, livre de vegetação e, se viável, pavimentado. Com isso se evita a formação de condutos internos (chaminés) por onde a aeração e consequente aceleração da oxidação possam ocorrer;
♦ a segregação granulométrica deve ser evitada ou minorada, tanto quanto possível, pelo manuseio adequado;
♦ a compactação das pilhas, diminuindo os espaços vazios, diminui também a aeração. Existe, é claro, um compromisso entre a carga de compactação e o aumento de finos, o que pode levar a um aumento da deterioração do material;

- é recomendável a rotação dos estoques, de modo a evitar a exposição ao tempo por períodos desnecessariamente longos. Caso haja necessidade de estocagem prolongada, é preciso verificar regularmente a temperatura do interior da pilha. Se forem notadas temperaturas superiores a 70°C, é necessário utilizá-la imediatamente ou, então encharcar, reempilhar e compactar o carvão;
- alinhar o eixo das pilhas com a direção dos ventos locais predominantes, de modo a diminuir a seção exposta.

A estocagem de pelotas é dificultada pela facilidade que elas têm de rolar, escorrendo umas sobre as outras. Isso dificulta a estabilidade da pilha e impossibilita retomá-la pela base. A prática é retomar pilhas de pelotas em bancadas ou blocos.

"Morto"

Nas pilhas com retomada por baixo, uma parcela considerável do volume não escoa, consistindo no "morto" (Figs. 2.15 e 2.16). O ângulo α é denominado *ângulo de repouso* e o ângulo β, *ângulo de escoamento*. O volume mostrado na Fig. 2.16 fica retido quando a pilha é retomada por baixo. A solução é periodicamente rearrumar as pilhas, com auxílio de tratores de lâmina, forçando o escoamento do "morto". A existência do "morto" implica numa sensível perda de capacidade das pilhas, como será quantificado mais adiante, durante a resolução dos exercícios.

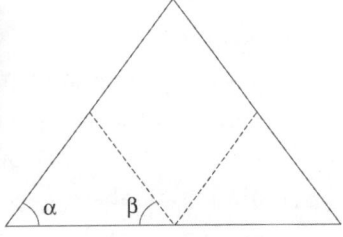

Fig. 2.15 Pilha cônica

As Figs. 2.15 e 2.16 retratam uma demonstração didática feita no Departamento de Engenharia de Minas da Epusp. Mostra-se a construção de uma pilha cônica a partir de um ponto de alimentação central, conseguido mediante o uso de um funil, e o descarregamento mediante um, quatro e seis orifícios de descarga.

Nota-se a segregação granulométrica, com a concentração das partículas mais grossas na saia da pilha e a variação do ângulo de repouso ao longo da sua lateral, como indicado na Fig. 2.11.

A Fig. 2.16 mostra o que acontece após a abertura e o descarregamento da pilha por quatro e seis orifícios de descarga. O "morto" tem um volume considerável em relação ao volume total da pilha, e o aumento do número de saídas não consegue diminuí-lo muito.

Evidentemente o material que foi descarregado tem características diferentes do que foi alimentado à pilha.

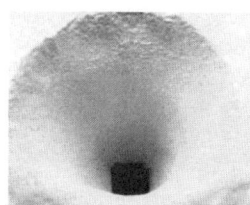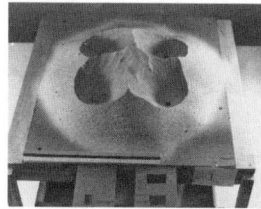

Fig. 2.16 Pilha cônica com um, quatro ou seis orifícios de descarga

2.2 Prática operacional do empilhamento

O lote de minério que chega ao pátio foi formado de parcelas com características diferentes entre si e tem uma composição média definida pela blendagem das frentes de lavra. Ele é composto de lotes discretos, de características individuais – se for retirada uma amostra qualquer dos lotes, as suas características poderão ser totalmente diferentes das da média.

É preciso agora homogeneizar esse lote, o que é feito em pilhas alongadas, construindo pilhas elementares e distribuindo cada tipo de material ao longo da extensão da pilha. Os materiais dos lotes sucessivos vão sendo distribuídos uns sobre os outros, em camadas elementares, de modo que o total terá as características da blendagem desejada, apesar de que cada camada elementar mantém as suas características próprias. Como foi mostrado na Fig. 1.3, cada elemento de pilha tem suas propriedades características, mas qualquer fatia da pilha perpendicular ao seu eixo terá estatisticamente a mesma composição média. Ou seja, o material aí estocado está homogeneizado.

Isso não vale para as pontas da pilha, como mostra a mesma figura: as duas extremidades da pilha são semicones e o processo de homogeneização, conforme descrito, não pode ocorrer ali. Assim, as extremidades são depósitos perturbados, não representam a média do lote e afetarão o resultado da homogeneização.

Existem diversas soluções para esse problema:

◆ abandonar as pontas, deixando dois "mortos" no pátio. As pilhas construídas entre esses "mortos" não terão pontas que introduzam prejuízos à homogeneização;
◆ retomá-las e redistribuí-las sobre a pilha;
◆ durante a retomada, dirigir o material das pontas para outra pilha do mesmo material, não o enviando para o destino;
◆ usar o procedimento de retomar uma das pontas, aproveitando-a e, no fim da retomada, encaminhar apenas a segunda ponta para outra pilha.

Como regra prática, pode-se dizer que, para pilhas com relação L/D > 5 entre o comprimento L (entre os ápices dos semicones) e a largura D (da base da pilha), estatisticamente, o efeito da perturbação causado pelas pontas pode ser desprezado na operação normal. O efeito das extremidades sobre o lote total será tão minorado que não afetará de maneira significativa a homogeneização do lote.

Na realidade, isso depende da capacidade da operação subsequente à retomada – se essa capacidade for tão grande que o volume do semicone seja consumido em menos de 30 minutos, não haverá prejuízo para a operação.

Existem diferentes práticas operacionais para se homogeneizar o material. Pode-se destacar os métodos *strata*, *chevron*, *windrow* e *windrow* modificado, ou *six row*, que serão descritos a partir do próximo item. Localmente, as empresas criam métodos próprios de maior ou menor efetividade, como os *"multichevron"*, *"conevron"*, *"multicone"*, entre tantos.

Nem todas as pilhas, entretanto, objetivam a homogeneização. Dentre os métodos de empilhamento que se aplicam a pilhas cujo propósito principal seja a mera estocagem, pode-se destacar o método cone *shell* (Fig. 2.17).

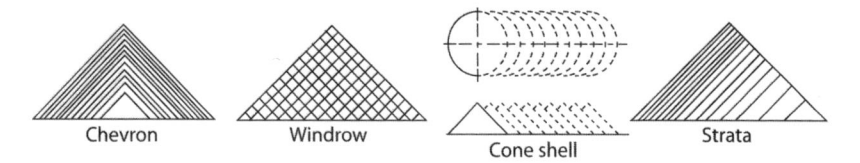

Fig. 2.17 Métodos básicos de empilhamento

Método *strata*
Em latim, *strata* significa "camadas".
O *stacker* inicia a construção da primeira pilha com a lança na sua posição mais baixa. Percorre toda a extensão do pátio nessa posição, construindo a pilha prismática inicial. Levanta então a lança e retorna, depositando uma camada inclinada (estrato) sobre a face interna da pilha inicial, de tal modo que a face externa coincida com a da camada anterior (Fig. 2.17). Quando chega à extremidade oposta, levanta a lança mais uma vez e retorna, depositando outra camada sobre a face interna, e assim sucessivamente, até atingir a altura desejada.

Se a retomada for feita pela face interior da pilha, apenas se obtém homogeneização parcial. O *stacker* move-se o tempo todo. A degradação granulométrica é mínima, pois na pilha inicial a lança está em sua posição mais baixa, e nas camadas subsequentes, o material rola sobre a face interna. A automação é fácil.

Método cone *shell*
O *stacker* forma um cone inicial. Então, move-se para a frente, estaciona e começa a descarregar o material sobre a superfície do

cone inicial até atingir a cota máxima. Então, move-se novamente para a frente e repete a operação tantas vezes quantas forem necessárias, até chegar à extremidade da pilha.

As pilhas são construídas a partir de um cone inicial. A empilhadeira avança a passos consecutivos e estaciona, depositando novas camadas sucessivamente sobre uma das faces do cone resultante. Essas camadas têm a forma de uma concha e são depositadas sobre o semicone da extremidade da pilha, daí o nome cone *shell*. A prática operacional consiste em a empilhadeira se deslocar por trechos curtos, construindo cada concha e movendo-se novamente. Ela fica, portanto, estacionada a maior parte do tempo e percorre o comprimento da pilha apenas uma vez. A queda de material é mínima, exceto durante a construção do cone inicial. Em todas as demais posições, o material é despejado sobre o cone anterior.

Não se busca homogeneização, embora se afirme conseguir alguma à custa de complicações no manuseio e de uma sequência caprichosa de construção dos cones – na realidade, é mais uma blendagem cuidadosa que uma homogeneização. Em compensação, o *stacker* fica parado a maior parte do tempo e a degradação granulométrica só é sensível no cone inicial. O equipamento é o mais simples possível, com a lança completamente fixa, sem movimento nem sequer vertical.

A Fig. 2.18 mostra uma pilha cone *shell* num pátio circular.

O método cone *shell* geralmente é utilizado nos sistemas *slot bin* (ver seção 2.5.5).

Alega-se que esse procedimento diminui o desgaste dos equipamentos, trilhos e cabos elétricos. A degradação granulomé-

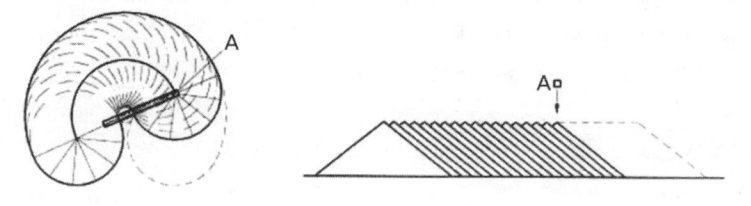

Fig. 2.18 Pilha cone *shell* em pátio circular

trica, analogamente ao que ocorre no método *strata*, é minorada. Quando a retomada é feita por baixo e existem vários alimentadores, acionando-se vários deles ao mesmo tempo, ocorre a mistura do material retomado e a heterogeneidade diminui.

Método *chevron*

Consiste no empilhamento de camadas elementares sucessivas, alinhadas sobre o mesmo segmento de reta, umas sobre as outras, na direção longitudinal da pilha. É o mais comumente empregado, por causa das seguintes vantagens:

- o *stacker* pode ter torre fixa e sua lança, menor comprimento, resultando numa empilhadeira de peso relativamente menor, com um custo total de instalação mais baixo;
- a automação dos movimentos da máquina de empilhamento é mais simples do que nos demais métodos, pois basta uma chave de reversão em cada extremidade da pilha;
- possibilita a adição de materiais corretivos em qualquer instante (até nas últimas camadas empilhadas, de forma a manter o produto sempre dentro das especificações desejadas). Ou seja, a correção da qualidade do lote é mais fácil que nos outros métodos (ver Fig. 2.17). Se a camada corretiva for a última (superior), o material corretivo se espalhará sobre toda a seção da pilha;
- a retomada dos cones extremos é mais simples do que nos demais métodos.

Em princípio, é o método básico de empilhamento, por ser satisfatório em termos de homogeneização e o mais barato. A sua desvantagem é a segregação granulométrica na seção transversal da pilha, eventualmente não controlável, dependendo do tipo de equipamento utilizado na retomada da pilha. Se a segregação for, por alguma razão, um aspecto crítico para o processo posterior, e o método de retomada apresentar variações inaceitáveis, então outro método de empilhamento deve ser adotado.

Método *windrow*

Consiste no empilhamento de cordões elementares sucessivos ao lado e sobre os anteriormente construídos, na direção longitudinal da pilha. Nesse caso, a segregação granulométrica das partículas é consideravelmente reduzida, pois fica distribuída dentro dos cordões.

Para iniciar a construção de uma pilha *windrow* (Fig. 2.19), o *stacker* posiciona-se com a lança perpendicular ao seu percurso e abaixada até a altura mínima de operação. Ele percorre a extensão do pátio construindo a pilha elementar A. Quando chega à extremidade do pátio, gira a lança até atingir a posição B e retorna construindo essa segunda pilha. Sucessivamente, o *stacker* vai e vem construindo as pilhas C, D e F. Isso feito, é necessário levantar a lança para a construção das pilhas G, H, I, J e, depois, L, M, N e O. Nova elevação e são construídas P, Q e R. Nova elevação e são construídas S e T. Finalmente, é construída U.

As outras grandes vantagens desse método são a melhor homogeneização e a maior densidade. Este último aspecto é tão nítido que a Ferteco (hoje Vale) costumava empilhar seus minérios pelo método *chevron*, passando para o método *windrow* na estação das chuvas, quando a estabilidade das pilhas ficava afetada.

As desvantagens são:

- se houver necessidade de adição de material corretivo, este ficará localizado somente em partes específicas da seção transversal. Se essa correção for efetuada no final do empilhamento, o corretivo estará presente somente no centro da seção transversal da pilha (camadas T, S e U da Fig. 2.19, por exemplo). Dependendo do método de retomada, a correção pode se tornar ineficiente ou pior, ainda, agravar a variabilidade cíclica da qualidade do material retomado;
- é necessária uma empilhadeira com lança giratória, ou telescópica, e dotada também de movimento de elevação vertical. A lança precisa ser mais longa, para atingir a extremidade

oposta da pilha; portanto, um equipamento mais caro que o utilizável no método *chevron*;
- caso a área disponível para a instalação de homogeneização seja limitada, ocorre perda no volume de estocagem (ver Fig. 2.19);
- a utilização dos cones extremos é bem mais difícil (se não impossível), sendo necessário recirculá-los;
- a automação dos movimentos do *stacker* é bem mais complexa, requerendo computador ou controlador programável, capaz de acionar, conforme necessário, a reversão do movimento, a elevação da lança e a sua movimentação lateral ao fim de cada passada;
- se houver a necessidade de retomar uma pilha incompleta, podem ocorrer dificuldades operacionais.

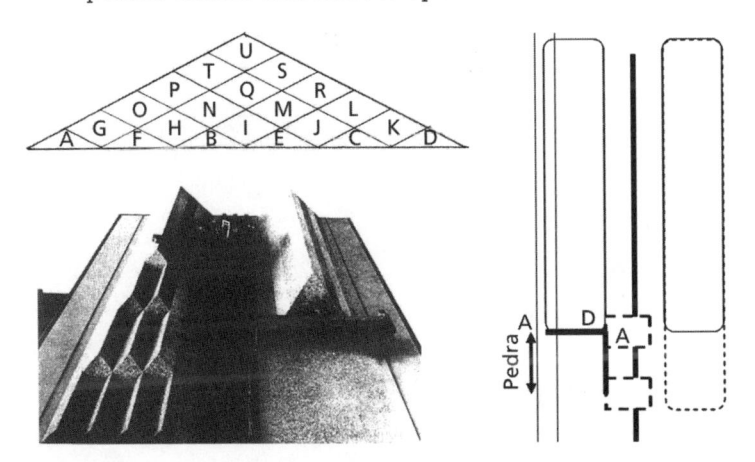

Fig. 2.19 Empilhamento *windrow* e perda de espaço no pátio

Método *six row*

É um método intermediário entre os dois anteriores, que tenta combinar as vantagens de um e outro. São construídas três pequenas pilhas lado a lado, na base, e mais três empilhadas consecutivamente, de forma a completar a seção transversal triangular da pilha (Fig. 2.20). Como no método *windrow*, a segregação das partículas é diminuída e melhor distribuída ao longo da seção transversal da pilha, em comparação com o método *chevron*.

As desvantagens do sistema *six row* são similares àquelas listadas para o método *windrow*, sendo, no entanto, reduzidas. A automação dos movimentos do *stacker* continua complicada, e adota-se, na maioria dos casos, um sistema semiautomático de operação, além de a velocidade do *stacker* ser menor. Nesse sistema, o operador regula a localização da lança manualmente em cada uma das seis posições possíveis, passando em seguida para o modo automático. O equipamento, entretanto, é utilizado para a pilha *windrow*, necessariamente do tipo mais caro.

A velocidade de translação do *stacker* é menor. O equipamento, entretanto, é o mesmo usado para a pilha *windrow* (o mais caro).

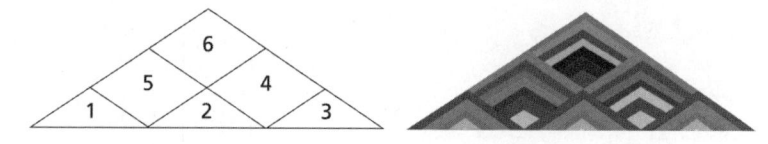

Fig. 2.20 *Six row* e *multichevron*

Método multichevron

Método intermediário entre o *chevron* e o *six row*, consiste em construir seis pilhas chevron onde seriam construídas as pilhas *six row*. Obtém-se melhor homogeneização, maior facilidade operacional e melhor correção.

2.3 Equipamentos

2.3.1 Equipamentos utilizados na operação de empilhamento

O empilhamento dos materiais pode ser realizado pelos seguintes grupos principais de equipamentos:

a] empilhadeira com lança fixa e única: é a configuração mais comum quando o empilhamento é feito pelo sistema *chevron* e o material não causa o levantamento de pó;

b) empilhadeira com lança única, torre fixa e movimento apenas no plano vertical (para cima e para baixo): basicamente o mesmo campo de atuação do equipamento descrito em (a), só que aplicável a materiais nos quais o levantamento de pó ou a degradação granulométrica são críticos;

c) empilhadeira com lança dupla: pode ser encontrada nas duas categorias equivalentes aos equipamentos descritos nos itens (a) e (b), sendo, provavelmente, o equipamento mais utilizado em sistemas com pilhas múltiplas (Fig. 2.21);

Fig. 2.21 Empilhadeira com dupla lança de movimento vertical apenas

d) empilhadeira com lança única e torre giratória (Fig. 2.22): é mais versátil do que os equipamentos do item (c), tendo, no entanto, maior custo de aquisição. Geralmente são utilizadas no método *windrow* de empilhamento;

Fig. 2.22 Lança com todos os movimentos

e) empilhadeira com lança fixa e correia retrátil: tem o mesmo campo de atuação descrito no item (d), com a vantagem de requerer um menor espaço no pátio;

f) em pilhas onde haja necessidade de cobertura e onde a segregação das partículas (e também a degradação granulométrica) não sejam importantes, pode-se optar por um transportador de correia acoplado a um *tripper* operando apoiado em estrutura junto ao teto. Alternativamente, é instalado numa ponte, sobre colunas (Fig. 2.23).

Fig. 2.23 *Tripper*

Naqueles processos em que é necessário o movimento de abaixamento e levantamento da lança, e haja necessidade de automação, pode-se instalar um indicador de nível intertravado eletricamente ao guincho da lança. Um relé de tempo permite que a lança seja levantada automaticamente quando as sucessivas camadas terminam de ser empilhadas.

Além das máquinas apoiadas sobre trilhos, existem máquinas apoiadas sobre esteiras. Para o manuseio em pátios, a maior parte delas apoia-se sobre trilhos, a não ser nas situações em que a pilha seja extremamente larga ou que a adoção de máquinas sobre trilhos não se justifique. Essas máquinas, entretanto, são mais lentas e pesadas, e a operação acaba tornando-se mais complicada.

2.3.2 Equipamentos utilizados na operação de retomada

Podem-se dividir os equipamentos de retomada em duas categorias principais: *scrapers* e *bucket wheel*. Ambos têm vantagens e desvantagens que os tornam preferíveis, uns em relação aos outros, dependendo do tipo de aplicação necessária.

Para esse tipo de equipamentos também há disponíveis máquinas apoiadas sobre trilhos e máquinas apoiadas sobre esteiras.

Comparando-se as retomadeiras montadas sobre trilhos e aquelas montadas sobre esteiras, pesando as vantagens e desvantagens de cada uma, a tendência é adotar máquinas apoiadas sobre trilhos, pois, apesar do seu maior custo de aquisição, exibem maior facilidade de operação, menor desgaste e a possibilidade de automação.

Retomada da face lateral da pilha

Em processos que exigem de pequenas a médias reduções na variabilidade do produto (em princípio, até no máximo 1:8), pode-se utilizar o sistema de empilhamento *strata*. Nesse caso, a retomadeira utilizada é o raspador colocado lateralmente à pilha. Tais equipamentos são compostos por uma cadeia de lâminas que, ao se movimentar, desagrega o material da face da pilha, jogando-o num transportador de correia. Os principais tipos de equipamento utilizados são mostrados na Fig. 2.24.

Retomadeira de pórtico

Retomadeira de semipórtico

Retomadeira lateral

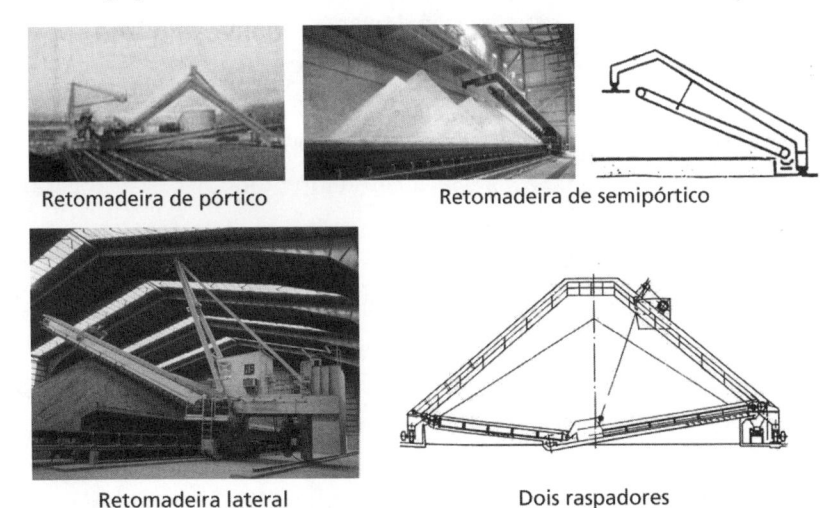

Dois raspadores

Fig. 2.24 Diferentes tipos de raspadores

Os raspadores atuam continuamente sobre a face lateral das pilhas e se deslocam na direção longitudinal. Ao fim de cada passagem, a cadeia de raspadores é abaixada e o sentido de translação é revertido, de forma a escavar uma nova camada. Dada a simplicidade dos movimentos, é uma máquina que tem grande facilidade de automação. Ela tem menor capacidade que os outros modelos e enfrenta limitações para trabalhar com material muito pesado e/ou muito abrasivo.

Segundo Fischer (1981), as retomadeiras com raspador lateral são econômicas até larguras de pilha de aproximadamente 25 a 30 m, com limite superior da capacidade de extração situado próximo a 1.500 t/h.

Para pilhas mais largas e maiores capacidades de retomada, as retomadeiras de pórtico são as máquinas mais indicadas, especialmente com vistas a uma utilização mais efetiva do espaço, economia e confiabilidade maior. O método de trabalho é similar ao do raspador colocado lateralmente à pilha, sendo, no entanto, necessária a colocação de trilhos de ambos os lados da pilha. A estrutura em forma de portal serve, portanto, de guia para a lança com a cadeia de lâminas raspadeiras.

Em alguns casos, há duas cadeias de raspadores, ambas fixas ao portal por meio de articulações, havendo uma corrente principal que escava de 80 a 90% do volume da pilha, e outra secundária, que alimenta o material restante para que a principal o coloque sobre o transportador de correia. O uso de duas cadeias de raspadores resulta numa economia de 25% com relação ao tempo total necessário para retomar a pilha.

Como a retomadeira de portal não necessita de contrapeso, é uma alternativa conveniente para sistemas de estocagem cobertos, em razão do melhor aproveitamento do espaço disponível. O seu limite superior de capacidade de extração está tipicamente na região das 3.000 t/h, com larguras de vãos de até 60 m (Fisher, 1981).

Os equipamentos de semiportal são intermediários entre os dois citados anteriormente, e bastante utilizados em sistemas de estocagem cobertos.

2 Estocagem em pilhas 47

Retomada da face da seção transversal da pilha

A maioria das instalações onde há necessidade de grandes reduções na heterogeneidade do material utiliza máquinas de retomada que trabalham na face transversal da pilha. Serão descritos, a seguir, os principais tipos de equipamentos, analisando rapidamente as vantagens e desvantagens de cada um deles.

Ponte com raspador

Este equipamento é composto por um sistema de ancinhos colocados paralelamente à seção transversal da pilha (perpendicularmente ao eixo da pilha). O movimento da grade de ancinhos desagrega o material, que cai para a base da pilha e é arrastado por um transportador de arraste, que o leva até um transportador de correia colocado paralelamente ao eixo longitudinal da pilha (Fig. 2.25).

Fig. 2.25 Retomadeira de ponte com raspador

Há, basicamente, três arranjos do mesmo equipamento. A diferença entre eles se refere à posição do transportador de arraste:
- ♦ no primeiro deles, o transportador de correia situa-se num túnel abaixo do nível natural do terreno;
- ♦ outro arranjo o traz situado no mesmo nível do terreno, mas a pilha e a retomadeira, são colocados sobre uma plataforma elevada;

♦ no terceiro, um dos extremos do raspador é elevado, de forma a fazer com que o material suba até um transportador de correia colocado no nível do terreno.

Este equipamento permite um bom efeito de homogeneização, pelo fato de a grade de ancinhos retomar toda a face da pilha e pelo efeito de mistura do material, realizada pelo movimento das lâminas do transportador de arraste. Assim, obtêm-se resultados de homogeneização melhores do que utilizando outros tipos de equipamento, como retomadeiras de *bucket wheel*, por exemplo. A segregação granulométrica das partículas torna-se de menor importância.

As desvantagens da retomadeira de ponte com raspador são:
♦ a necessidade de um túnel ou de paredes de concreto;
♦ a capacidade de extração é limitada a 500 t/h;
♦ os custos de manutenção são relativamente mais altos do que os de outros tipos de máquinas quando se opera em materiais altamente abrasivos, como minério de ferro.

Ponte com roda de caçambas

Este equipamento consiste de uma grade com rastelos, similar àquela da retomadeira de ponte com raspador, que desagrega o material da face da pilha, jogando-o na base desta. Uma roda de caçambas, dotada de movimento de translação na direção perpendicular ao eixo da pilha, escava o material desagregado, jogando-o num transportador de correia perpendicular ao eixo da pilha e sobre a ponte (ver Fig. 2.4).

A velocidade transversal da roda é variável (baixa no centro e alta nos extremos da pilha), de forma a reduzir as variações na vazão do produto da roda de caçambas quando esta retoma uma pilha de seção triangular. Cada vez que a roda de caçambas alcança um dos extremos da pilha, a retomadeira avança um passo no sentido longitudinal, de forma que, ocorrendo a reversão do movimento transversal, uma nova fatia começa a ser retomada. A produção do sistema é função da amplitude desse passo de avanço.

Esse tipo de retomadeira tem algumas vantagens com relação à retomadeira de ponte com raspador:

- ◆ maior capacidade de estocagem pode ser acomodada na mesma área, uma vez que as caçambas podem escavar abaixo do nível dos trilhos;
- ◆ o custo das obras civis é comparativamente mais baixo, uma vez que a máquina pode operar sobre trilhos elevados;
- ◆ o custo comparativamente menor da manutenção e das peças de desgaste;
- ◆ manuseiam melhor materiais pesados e abrasivos.

Esse tipo de máquina tem a desvantagem de não retomar o material de toda a face da pilha de uma só vez, havendo um movimento transversal da direita para a esquerda e vice-versa, ou seja, da borda da pilha para o seu centro e de novo para a borda, e vice-versa, gerando assim o ciclo de variação da qualidade do material retomado mostrado na Fig. 2.26. Uma senoide semelhante traduz a variação da vazão, se não houver compensação de velocidade.

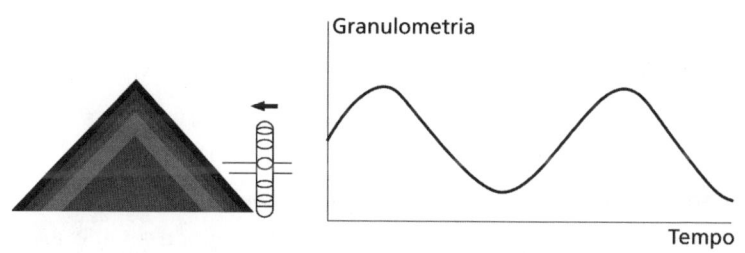

Fig. 2.26 Ciclo de variação da qualidade do material retomado

Se forem instaladas duas rodas de caçambas, cada uma com seu sistema de ancinhos, essa retomadeira irá aumentar a frequência e diminuir a amplitude dos ciclos de variação durante a retomada. Uma terceira roda ainda melhora o desempenho, mas parece ser o limite prático, pois o equipamento começa a ficar muito pesado. As retomadeiras de duas rodas de caçambas, entretanto, são empregadas, na maioria das vezes, mais para aumentar a capacidade de produção, ficando em segundo plano a preocupação com a diminuição dos ciclos de variação.

As retomadeiras de rodas de caçambas simples e duplas podem ser projetadas com caçambas reversíveis, de forma a permitir a retomada num sistema com duas pilhas longitudinais com eixos coincidentes. As caçambas podem ser invertidas rapidamente, soltando-se os parafusos de fixação e ajustando-os à posição oposta.

Outro aspecto importante é que o uso dessas máquinas deve ser evitado em materiais muito coesivos, como argila, pois o material pode aderir aos ancinhos, impedindo a desagregação, ou pior, entupindo as caçambas.

O projeto da caçamba é específico para cada material a ser manuseado, função da sua coesividade e da sua abrasividade. Variam largura, profundidade e material das bordas.

Retomadeira de lança com roda de caçambas (ver Fig. 2.3)
É uma adaptação da retomadeira de ponte de roda de caçambas. Uma variação é introduzir um sistema de ancinhos na ponta da lança, para que seu movimento desagregue o material, jogando-o para a base da pilha onde a roda de caçambas, presa à mesma lança que suporta o sistema de ancinhos, escava o material e o coloca sobre um transportador de correia.

O movimento da lança, em arco, varre toda a extensão da seção transversal da pilha, e quando a pilha for muito larga e se desejar retomá-la por esse sistema, pode-se adotar uma retomadeira sobre esteiras que se move ao longo de toda a extensão retomada.

Em unidades de porte muito grande, geralmente não existe o sistema de ancinhos, pois a própria roda de caçambas escava o material em uma ou mais passadas pela seção transversal da pilha. Entretanto, com materiais muito coesivos, a roda pode ir escavando por baixo sem que o material acima escorregue. Subitamente, todo o material não escavado acima da roda pode desabar, aterrando-a. Nesse caso, é forçoso trabalhar em blocos ou em bancadas.

Da mesma forma como na retomadeira de ponte com roda de caçambas, há a formação de ciclos conforme o método de empilhamento do material, com vantagens quando a seção transversal da pilha é muito grande.

Retomadeira de tambor

Neste equipamento, em lugar da roda de caçambas, o que retoma a pilha é um tambor que ataca toda a largura da pilha, de uma só vez. Dentro dele existe um transportador de correia. Um sistema de ancinhos desagrega o material da face da pilha e avança continuamente na direção longitudinal.

A retomadeira de tambor, já mostrada na Fig. 2.6, é essencialmente um equipamento de grande capacidade, sendo usado extensivamente em grandes pilhas de homogeneização (até 120.000 t) com grandes capacidades de retomada (até 3.000 t/h). A experiência mostra que tal equipamento demanda pouca manutenção e tem elevada disponibilidade.

Quando se compara a retomadeira de tambor com a retomadeira de roda de caçambas, constata-se que na primeira não há a formação dos ciclos. Além disso, o efeito de mistura do material durante a retomada melhora o efeito de transferência de variabilidade para volumes menores, conforme será discutido adiante. A grande e única desvantagem é o alto investimento necessário numa unidade desse tipo.

Retomadeira de disco (ver Fig. 2.7)

O equipamento de disco consiste numa estrutura rotativa em forma de disco suportada por uma ponte que cobre toda a largura da pilha. As estruturas que suportam os dois extremos da ponte permitem o movimento na direção longitudinal.

O conjunto disco/ponte pode se inclinar com relação à horizontal, com o eixo de rotação coincidindo com o centro de massa do sistema, razão pela qual necessita de pouca potência para o movimento. O ângulo em relação à horizontal pode variar de 0° a 50° para cada uma das direções, assim como o disco pode operar nos dois sentidos, o que possibilita a sua utilização em pilhas que tenham os seus eixos coincidentes. O sistema todo avança a uma velocidade constante, ajustável e que regula a vazão de retomada.

O mecanismo de funcionamento da retomadeira de disco pode ser resumido em:

♦ agitação das partículas da face da pilha: realizada por meio dos dentes conectados aos raios do disco. Durante o movimento de rotação do disco, a coesão das partículas na face da pilha é perturbada pelos dentes, fazendo com que elas rolem e escorreguem pilha abaixo, de forma controlada;

♦ recolhimento do material: realizado pela borda do disco;

♦ transporte do material rolado para a base da pilha: também é realizado por meio da borda do disco e por lâminas colocadas ao longo da periferia do mesmo, de forma que, quando a borda do disco passa pela linha que define a borda da pilha, o material flui por gravidade até um transportador de correia, que o recolhe e o leva para o processo.

Da comparação direta entre a retomadeira de disco e a grande maioria das retomadeiras disponíveis, percebe-se que as vantagens operacionais são evidentes, segundo Schofield (1980):

♦ as funções de mistura do material da face da pilha, recolhimento e transporte, que nos outros equipamentos são realizadas por dois ou três equipamentos, aqui são realizadas por um único, que, no caso, é o disco, que tem apenas o movimento de rotação, a velocidade constante;

♦ o disco cobre toda a face da pilha e, portanto, o material retomado e descarregado contém partículas de toda a face da pilha, totalmente misturadas, e nas proporções corretas;

♦ produz um material retomado continuamente, e não na forma de incrementos discretos; portanto, sem ciclos de variação;

♦ o espaço necessário, em termos de largura adicional para acomodar a retomadeira, é bastante reduzido, e resulta em economia na área total do projeto;

- dado o melhor potencial de mistura e, por conseguinte, a melhor transferência de variabilidade, a retomadeira contorna, até certo ponto, os problemas com a retomada dos cones extremos das pilhas longitudinais;
- a capacidade de produção da retomadeira de disco é tão boa quanto a de qualquer outra retomadeira, se não melhor;
- todas as partes mais delicadas, tais como o rolamento principal e o acionamento do disco e do mecanismo de inclinação, operam em ambiente limpo e requerem pouca manutenção.

A operação de retomada vem sendo apresentada como feita retirando-se uma fatia da extremidade da pilha, avançando o comprimento equivalente a ela e começando a retomar outra fatia, procedendo assim até o final da pilha. Este é o procedimento chamado de retomada por fatias. Existem dois outros procedimentos, como mostra a Fig. 2.27.

Na retomada em bancadas, a lança da retomadeira é levantada e a roda de caçambas vai retomando apenas a parte superior da pilha, começando numa extremidade e percorrendo-a até a outra. Por facilidade operacional, as bancadas são tomadas com a mesma altura, que é aquela compatível com o diâmetro da roda de caçambas. Dessa maneira, as quantidades retomadas serão diferentes para cada bancada, crescendo do topo para a base.

Na retomada em blocos, a lança da retomadeira é levantada e a roda de caçambas vai retomando apenas a parte superior da pilha, até o limite do bloco, conforme estabelecido no programa de retomada. Também nesse procedimento, os blocos são tomados com a mesma

Fig. 2.27 Métodos de retomada

altura, que é aquela compatível com o diâmetro da roda de caçambas. Terminado o primeiro bloco, a retomadeira retrocede e começa a retomar o segundo bloco, e assim sucessivamente. O efeito dessas práticas de retomada pode ser visualizado na Fig. 2.28, conforme a prática de empilhamento. Para facilidade de exposição, são considerados apenas os métodos chevron e windrow. A extremidade esquerda da figura mostra a seção que é retomada por fatias. Estatisticamente, cada seção é igual às demais. Nas figuras centrais é mostrada a sequência que é retomada por bancadas: a qualidade de cada bancada é evidenciada pelas diferenças de tonalidades. Verifica-se que cada uma das quatro bancadas terá uma composição diferente. Já as figuras da direita representam os blocos que serão sucessivamente retomados. As figuras são idênticas às da retomada por bancadas, mas a sequência é diferente. Veja pela Fig. 2.27: na retomada por bancadas, a bancada superior será retomada do começo ao fim da pilha. Na retomada por blocos, será retomado o bloco 1, depois os blocos 2, 3 e 4, que têm cada um a composição mostrada na Fig. 2.28, mas, em conjunto, têm a composição da seção da pilha. Em sequência serão retomados os blocos 5, 6, 7 e 8. Suas composições são, respectivamente, idênticas aos blocos 1, 2, 3 e 4. Isso significa que, numa certa extensão, haverá mistura dessas composições no produto da retomada, ou seja, a homogeneização será menos afetada do que na retomada por bancadas.

Por fatias   Por bancadas   Por blocos

Fig. 2.28 Seções retomadas em cada procedimento

2.4 Homogeneização alcançada

A Fig. 2.29 mostra a variabilidade da qualidade do material antes e depois da estocagem em pilha: tomando-se amostras

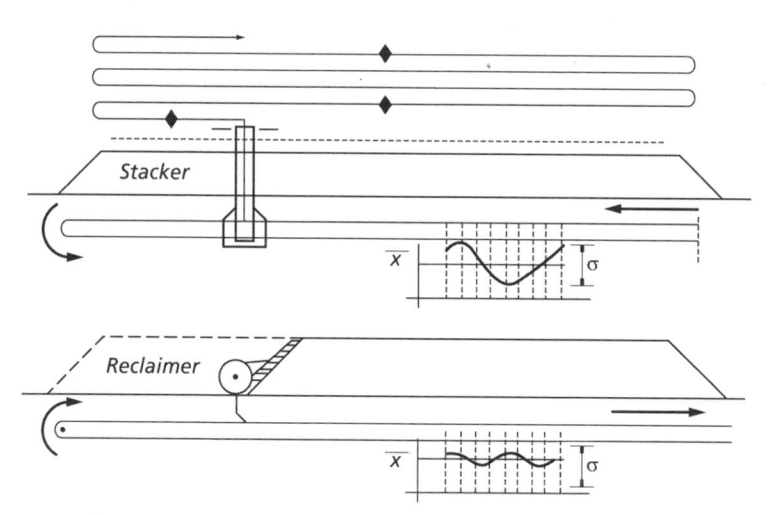

Fig. 2.29 Efeito da homogeneização

a intervalos e medindo-se algum parâmetro característico, por exemplo, a granulometria (% - 150#) ou algum teor (% SiO_2), será caracterizada a variabilidade do material que entra no pátio (medida do desvio-padrão da população amostrada). O empilhamento e a retomada atenuam essa variabilidade. É importante chamar a atenção do leitor para o fato de que, dependendo do parâmetro tomado como base de medida, a variabilidade do mesmo material muda. A causa mais importante dessa mudança é o chamado "efeito pepita", tão conhecido dos profissionais que trabalham em prospecção.

A atenuação da variabilidade do material pode ser quantificada pela redução da variabilidade (ou eficiência de homogeneização):

$$\text{redução de variabilidade} = \frac{\text{variação antes do empilhamento (com 95\% de probabilidade)}}{\text{variação após a retomada (com 95\% de probabilidade)}}$$

Quanto maior for o valor, melhor terá sido a operação de homogeneização.

A Tab. 2.1 resume um estudo feito por Zador (1991) para a homogeneização de carvão. Embora o estudo original considere dois parâmetros distintos e independentes – os teores de cinzas e de enxofre –, ficaremos restritos ao resultado obtido com o teor de cinzas, pois o enxofre sofre influência do efeito pepita.

Tab. 2.1 REDUÇÃO DE VARIABILIDADE DO TEOR DE CINZAS EM PILHAS DE CARVÃO USANDO EQUIPAMENTOS TIPO PONTE NA RETOMADA

Equipamento de retomada	Método de empilhamento		Vazão de empilhamento (t/h)
	Chevron	Windrow	
Uma roda de caçambas	5,3	4,5	1.000
em ponte	4,3	3,7	2.000
Duas rodas de caçambas	6,8	11,3	1.000
em ponte	5,2	8,2	2.000
Tambor	12,9	29,7	1.000
	9,3	21,0	2.000

Ao se analisar os resultados para 1.000 t/h, verifica-se que o empilhamento *chevron* e a retomada por uma roda de caçambas atenuou a variabilidade 5,3 vezes; por duas rodas de caçambas, 6,8 vezes e por tambor, 12,9 vezes. Ou seja, o tambor é melhor que duas rodas de caçambas, equipamento este que é melhor que uma única roda. Com o empilhamento *windrow*, a tendência é a mesma, mas os resultados são melhores (exceto para uma roda de caçambas). A combinação empilhamento *windrow* e retomadeira de tambor reduz a variabilidade 29,7 vezes.

Ao se comparar os resultados obtidos empilhando 1.000 t/h e 2.000 t/h, verifica-se que estes últimos são sistematicamente inferiores, o que indica que a homogeneização será tanto melhor quanto menor for a vazão de empilhamento. Dessa forma, pilhas elementares menores (e em maior número) implicam uma homogeneização muito melhor.

A Tab. 2.2 mostra experiências feitas na estocagem de carvão numa usina termelétrica alemã, com pilhas de 60.000 t, em seguimento aos ensaios mostrados na Tab. 2.1. Foram empregados três métodos de empilhamento, *windrow*, *chevron* e *six row*, e a retomada por roda de caçambas em lança, operando segundo três práticas diferentes:

Tab. 2.2 REDUÇÃO DE VARIABILIDADE DO TEOR DE CINZAS EM PILHAS DE CARVÃO USANDO RETOMADEIRAS DE RODAS DE CAÇAMBAS EM LANÇA

Retomada	Vazão de empilhamento (t/h)	Six row	Chevron	Windrow
Em bancadas	1.000	1,42	1,72	2,25
	2.000	1,34	1,58	2,01
	3.000	1,32	1,56	1,95
	4.000	1,30	1,54	1,91
	6.000	1,28	1,51	1,86
Em blocos	1.000	1,50	1,87	2,58
	2.000	1,41	1,71	2,26
	3.000	1,39	1,68	2,19
	4.000	1,37	1,65	2,14
	6.000	1,35	1,61	2,07
Em fatias	1.000	1,59	2,02	2,87
	2.000	1,48	1,83	2,48
	3.000	1,46	1,78	2,39
	4.000	1,44	1,75	2,33
	6.000	1,41	1,71	2,24

◆ em blocos, que é a retomada de blocos frontais à pilha, retomando primeiro um bloco na bancada superior, até uma altura definida; em seguida, outro bloco na bancada intermediária e, por fim, um último, na bancada inferior. Aí o *reclaimer* avança e repete o procedimento para a retomada de uma segunda fatia;

◆ em bancadas: o *reclaimer* retoma uma bancada da pilha em toda a sua extensão, retorna até o início e passa a retomar uma segunda bancada, e assim sucessivamente;

◆ em fatias, quando a retomadeira retoma toda uma fatia perpendicular ao eixo da pilha e então avança para retomar outra, e assim sucessivamente até o fim da pilha.

Os valores obtidos são inferiores aos da Tab. 2.1, o que demonstra a superioridade do método de retomada em fatias por retomadeira de roda de caçambas em ponte sobre estes. Ao se aumentar a vazão de empilhamento, diminui-se a eficiência, confirmando a tendência evidenciada na Tab. 2.1. O método *six row* é inferior ao *chevron* e este, inferior ao *windrow*, e o sistema de retomada por fatias é o melhor dos três. Esses resultados são justificados pela discussão já feita sobre a prática da retomada segundo cada um desses procedimentos.

O efeito da vazão de empilhamento aqui se torna ainda mais evidente, pois foram usadas seis vazões de empilhamento diferentes.

2.5 *Layout* de pátios

Os *layouts* básicos correspondem à disposição das pilhas paralelas umas às outras ou alinhadas. Cada configuração tem vantagens e limitações e, na prática, os pátios se constituem em combinações dessas duas configurações básicas.

O fato a se ter em mente ao projetar um pátio de homogeneização é que obrigatoriamente funcionam duas pilhas – uma sendo construída e outra sendo retomada. Em consequência, por princípio, quando uma está começando a ser formada, a outra deve estar começando a ser retomada, e quando a primeira estiver 50% construída, a outra deve estar 50% retomada. A capacidade do pátio é, portanto, 50% da capacidade das pilhas.

Em pátios de expedição, como no caso de carregamento de navios, a vazão de retomada é muito maior que a de empilhamento, e essa proporção precisa ser alterada, por exemplo, pela construção de pilhas adicionais. Em pátios de siderúrgicas, que recebem o carregamento de navios, ocorre exatamente o contrário, mas o princípio permanece: caso se deseje obter uma boa homogeneização do material estocado, é essencial começar a construção de uma nova pilha (e a homogeneização do material nela contido) somente quando o espaço estiver completamente vazio.

Práticas usuais, como a de alimentar o navio ao mesmo tempo com material estocado na pilha e com material que está chegando ao pátio – para aumentar a capacidade de retomada e diminuir o tempo de atracagem do navio –, são completamente condenadas do ponto de vista da homogeneização e da garantia da qualidade dos lotes.

2.5.1 Pilhas paralelas

Existem diferentes arranjos possíveis de pilhas paralelas, dependendo principalmente da quantidade de equipamentos e do número de pilhas. A retomadeira pode ser transportada de uma pilha para outra por um carro de transferência, como o que é mostrado na Fig. 2.30, necessitando de aproximadamente 45 minutos para essa operação (desde o fim da retomada de uma pilha até o começo da retomada da outra). Com retomadeiras de roda de caçambas e lança, como o equipamento é muito pesado, não se costuma transferí-lo de uma pilha para outra. O *stacker* não pode ser transferido de uma linha para outra porque o transportador de correia passa através dele.

Fig. 2.30 Carro de transferência

A Fig. 2.31 mostra um pátio com duas pilhas – uma sendo formada e outra sendo retomada. Ele tem um *stacker* de lança com rotação de 180°, com seu transportador de correia cativo, no espaço entre as duas pilhas, e um *reclaimer* que pode ser transferido de uma pilha para outra mediante o uso do carro e dos trilhos mostrados na parte inferior da figura. Cada pilha precisa ter um transportador de correia para sua retomada. Resultam, então, um *stacker*, um *reclaimer*, um carro de transferência do *reclaimer* e três transportadores de correia.

A Fig. 2.32 mostra outro pátio com duas pilhas – sempre uma sendo formada e outra retomada. Ele tem um *stacker* com seu transportador de correia cativo, no espaço entre as duas pilhas, e dois *reclaimers*, um para cada pilha, cada um com um transportador de correia cativo. Resultam, então, um *stacker*, dois *reclaimers*, três transportadores de correia, mas nenhum carro de transferência.

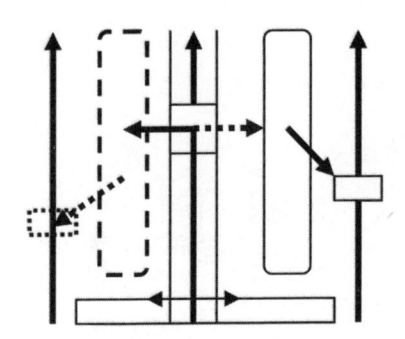

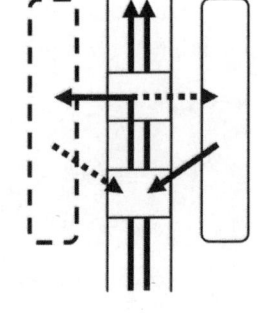

Fig. 2.31 Pátio com duas pilhas, *stacker* e *reclaimer*

Fig. 2.32 Pátio com duas pilhas, um *stacker* e dois *reclaimers*

A Fig. 2.33 mostra outro pátio de duas pilhas. Ela tem um *stacker* de lança com rotação de 180° e um *reclaimer* sobre o mesmo transportador de correia, no espaço entre as duas pilhas. Só é possível construir pilhas de cone *shell* (não é possível homogeneizar), e o *reclaimer* precisa sempre estar na frente do *stacker* (no sentido do movimento do transportador de correia). Resultam, então, um *stacker*, um *reclaimer* e só um transportador de correia.

A Fig. 2.34 mostra outro pátio semelhante, mas simplificado pela adoção de um stacker-reclaimer (Fig. 2.35) no espaço entre as duas pilhas. Só é possível trabalhar em uma pilha de cada vez: o equipamento ou empilha ou retoma. Resultam, então, um *stacker-reclaimer* e um transportador de correia.

A Fig. 2.36 mostra um pátio com quatro pilhas. Ela tem dois *stackers* de lança com rotação de 180°, com seu transportador de correia cativo, no espaço entre duas pilhas, e um ou dois *reclaimers* que pode(m) ser transferido(s) de uma pilha para outra mediante o uso do carrinho. Para a plena utilização do pátio (duas pilhas em construção e duas sendo retomadas), são necessários dois *stackers*, caso contrário, basta apenas um. Resultam, então, dois *stackers*, um (dois) *reclaimer*(s), um carrinho e cinco transportadores de correia. Um solução alternativa é o uso da "escrava" (Fig. 2.37), que faz o material que está sendo estocado passar por cima de uma pilha já construída.

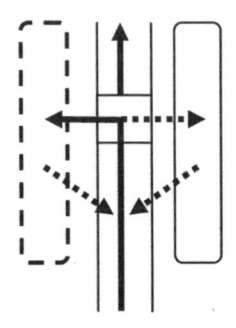

Fig. 2.33 Pátio com duas pilhas, *stacker* e *reclaimer*, sem homogeneização

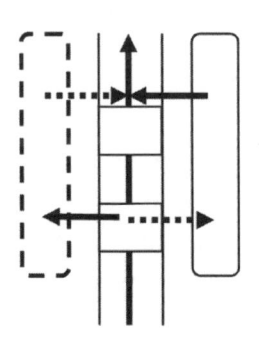

Fig. 2.34 Pátio com duas pilhas e *stacker-reclaimer*

Fig. 2.35 *Stacker-reclaimer*

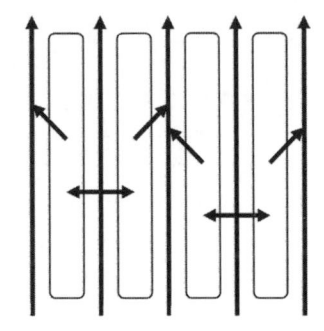

Fig. 2.36 Pátio com quatro pilhas, dois *stackers* e dois *reclaimers*

Fig. 2.37 "Escrava"

As vantagens desse tipo de configuração são:
- maiores capacidades de estocagem se tornam possíveis em áreas onde o comprimento é limitado;
- a retomadeira pode trabalhar numa direção única.

2.5.2 Pilhas alinhadas

As pilhas são dispostas com as faces de suas seções transversais uma de frente para a outra, com uma empilhadeira de braço fixo e uma retomadeira bidirecional trabalhando a partir do ponto central da instalação (Fig. 2.38).

As vantagens desse *layout* com relação ao anterior são:
- o comprimento da pilha – e, portanto, sua capacidade – pode ser aumentado com um pequeno custo marginal (se não houver restrições quanto ao comprimento do terreno);
- o *stacker* com braço fixo requer um investimento menor;
- o tempo de transferência da retomadeira de uma pilha para outra é menor;
- os trilhos e o carro de transferência são desnecessários, e as obras civis são bastante simples.

Pátios mais complexos são combinações de pátios de pilhas paralelas e pilhas alinhadas.

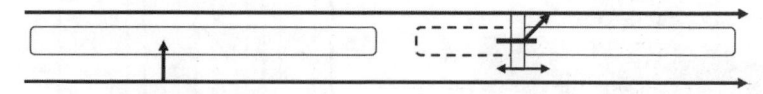

Fig. 2.38 Pátio com duas pilhas alinhadas

2.5.3 Pilhas circulares

Uma instalação com pilha circular é mostrada na Fig. 2.39, onde, conectada a uma coluna central, está uma empilhadeira giratória, cujo braço pode ser abaixado e levantado, além de uma retomadeira de ponte com rastelo, embora para a retomada possa se utilizar qualquer um dos equipamentos usados nas pilhas longitudinais. Outros itens muito importantes da instalação são a moega de descarga do material e o transportador de correia para a retirada do material retomado.

Fig. 2.39 Pilhas circulares

No que diz respeito à forma de empilhamento, usam-se os mesmos métodos apresentados para as pilhas alongadas. O único a ser analisado aqui será o método *chevron*, em razão das suas vantagens do ponto de vista da homogeneização.

Os fatores que determinam a capacidade de estocagem da pilha circular são os mesmos que foram aplicados às pilhas longitudinais, ou seja:
- ♦ estoque mínimo de matéria-prima, de forma a suprir a usina durante as paradas da mina (programadas ou não);

- necessidade de homogeneização requerida pelo processo, de forma a reduzir as variações do material lavrado.

No que se refere às características de qualidade do material retomado, se o objetivo for apenas reduzir as variações do material alimentado sem muito rigor no controle dos valores médios dos parâmetros controlados, a pilha circular é uma boa alternativa para a instalação. Entretanto, se houver necessidade de um controle mais rígido sobre a média do material retomado, a pilha longitudinal tem a vantagem de se poder corrigir os valores médios dos parâmetros já perto do fim da pilha, sem que isso acarrete problemas na retomada, ao passo que a pilha circular exige que os objetivos das médias sejam monitorados e corrigidos num ritmo muito mais apertado (de uma a duas horas, geralmente).

Em comparação com as pilhas longitudinais, as pilhas circulares têm as seguintes vantagens:

- transportadores de correia mais curtos no empilhamento e na retomada;
- menor potência instalada para o *stacker* e retomadeiras;
- em razão do que foi exposto nos dois itens anteriores, os custos de manutenção e operação são menores, pois a maioria das peças móveis são de alta precisão e baixo atrito (com rolamentos selados em vez de rodas ou trilhos);
- evita-se a flutuação dos valores do fluxo de saída de material, que acontece quando há a mudança da retomadeira e/ou recirculação dos cones das pilhas longitudinais. Isso é particularmente interessante quando se alimenta diretamente a usina, sem silos intermediários;
- conseguem-se diminuições nos investimentos iniciais se for necessária a cobertura do depósito, uma vez que as pilhas circulares têm maior capacidade de estocagem relativa à área ocupada do que as longitudinais;
- os investimentos totais são menores do que os de uma pilha longitudinal equivalente, apesar do custo das obras civis ser maior;

- flexibilidade no projeto do arranjo físico, pois as direções dos fluxos podem ser quaisquer ao longo dos 360°;
- sofrem menor influência da direção dos ventos do que as pilhas longitudinais, já que oferecem uma menor superfície de exposição;
- a economia de espaço relativamente às pilhas alongadas permite a cobertura da pilha em condições mais econômicas, como mostra a Fig. 2.40.

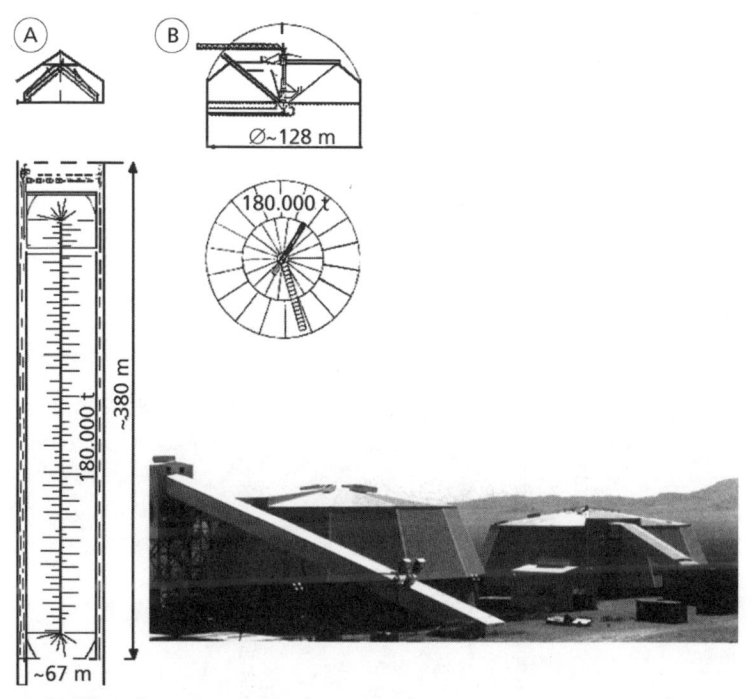

Fig. 2.40 Pilhas alongada e circular para 180.000 t
Fonte: Anon (1999).

2.5.4 Pilha com retomadeira de alcatruzes

Em locais onde há a necessidade de aproveitamento total do espaço e/ou de cobertura do estoque de material, ou, ainda, no manuseio de materiais muito coesivos (como argila), pode-se utilizar uma instalação que consiste de uma escavação revestida de paredes de concreto, ou aço, sobre as quais é apoiada uma estrutura composta por um *tripper* que se desloca na direção do eixo longitudinal da escavação. Esse *tripper* joga o material numa correia reversível que pode se deslocar transversalmente ao eixo da mesma escavação, podendo, dessa forma, realizar o empilhamento em cordões sucessivos e contíguos (Fig. 2.41).

Geralmente o "caixão" que forma o depósito é subdividido em duas metades, de forma que, enquanto há o empilhamento do material em uma delas, na outra, uma estrutura composta por uma corrente de caçambas se desloca na direção transversal, escavando uma pequena fatia da pilha no sentido ascendente. E, após o fim de cada fatia, há um pequeno deslocamento na direção longitudinal da pilha com a reversão do movimento de translação e o início de um novo corte.

Esse sistema é utilizado em fábricas de cimento e cerâmicas e, apesar dos altos investimentos iniciais (principalmente em razão das obras civis necessárias), apresenta algumas vantagens:

Fig. 2.41 Estocagem de argila em caixão, homogeneização *windrow*

- a segregação de partículas dentro da pilha praticamente não existe, por causa do método de empilhamento *windrow*;
- uma vez que a retomadeira escava uma seção que contém todos os cordões empilhados no espaço de uma largura das caçambas, há um bom fator de homogeneização, em função basicamente do número de cordões empilhados uns sobre os outros. O fator de homogeneização conseguido seria similar àquele gerado por uma pilha longitudinal com comprimento equivalente ao comprimento de cada cordão do depósito, e com o número de camadas igual ao número de cordões empilhados uns sobre os outros;
- a retomadeira de corrente de caçambas é capaz de manusear até os materiais mais coesivos;
- a quantidade de material que pode ser homogeneizada na instalação praticamente não depende do ângulo de repouso do material, ao contrário do que ocorre nas pilhas longitudinais convencionais;
- em comparação com outros sistemas de estocagem existentes, há o maior quociente entre a capacidade de estocagem e a área do terreno utilizada, além de a capacidade de estocagem ser limitada somente pela altura das paredes de retenção.

2.5.5 *Slot bin*

Como na retomada por baixo forma-se um "morto", a solução encontrada para evitá-lo foi construir o fundo da pilha com a inclinação do ângulo de escoamento. Colocando-se várias retomadeiras no túnel sob a pilha, podem-se dosar os materiais sobre cada um deles, de modo a fazer uma certa blendagem ou dosagem dos materiais.

O sistema *slot bin* geralmente consiste de um galpão de estocagem, tendo como equipamento de empilhamento um transportador de correia dotado de *tripper* e instalado na estrutura que suporta o teto, e, como sistema de retomada, um carro extrator (geralmente com braço giratório), que percorre um túnel de retomada localizado abaixo do nível da pilha e joga o material na correia de saída (Fig. 2.42). Entretanto, o sistema pode ser implantado a céu aberto.

Os custos das fundações podem variar em até 50%, dependendo do nível freático e das condições locais do terreno. Alguma homogeneização é conseguida, porém é um sistema tipicamente de estocagem, sem objetivos muito rígidos de controle da variabilidade. Outra característica é que, sob certas condições, a altura de queda do material pode resultar na formação de uma grande quantidade de pó, além da necessidade de haver sempre bombas de drenagem para retirada da água de infiltração e/ou das chuvas.

O sistema de *slot bin* tem sua aplicação em situações que exigem que o estoque seja coberto, e em pilhas com capacidade variando de 40.000 a 80.000 t. Ao contrário das pilhas longitudinais (que têm um custo marginal de ampliação menor), os investimentos em obras civis, estrutura de suporte do teto, carro extrator, correia retomadeira etc., aumentam proporcionalmente à capacidade de estocagem.

Uma variação desse sistema, sem cobertura e com aberturas inferiores, por onde o material estocado é retomado mediante calhas vibratórias, é utilizada para pelotas.

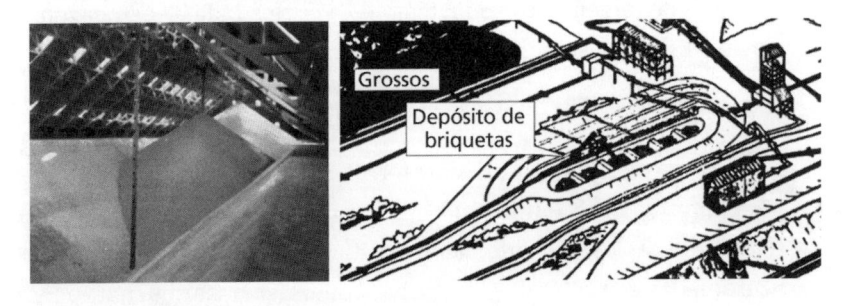

Fig. 2.42 *Slot bin*

2.5.6 Pilhas com retomada por baixo

Quando não há necessidade de cobrir o estoque, pode-se optar por colocar um túnel de concreto sob a pilha de material, e retomá-la através de alimentadores apropriados (vibratórios, de sapatas etc.), que irão jogar o material sobre um transportador de correia. O maior inconveniente é a formação de estoques "mortos", como já discutido.

Uma variante, usada para aumentar o estoque, é utilizar, em vez de stackers fixos, que formam pilhas cônicas, stackers pivotantes, que formam pilhas de eixo em arco (pilhas "feijão"). Esse sistema é apropriado para pequenas e médias capacidades de estocagem (tipicamente até 30.000 t).

2.6 Prática operacional das operações de homogeneização

Um dos pontos mais importantes das operações de empilhamento e homogeneização é a manutenção da uniformidade do fluxo de material empilhado, de forma a manter sempre a mesma relação de massa de material empilhado por unidade de comprimento de cada camada. Das Tabs. 2.1 e 2.2 ficou evidente o efeito da vazão de empilhamento sobre a homogeneização alcançada. Ao variar essa vazão, muito do resultado é prejudicado.

Inicialmente, é preciso ter em conta que as velocidades do stacker em cada um dos sentidos precisam ser diferentes, pois ao se aproximar ou se afastar da fonte de alimentação do minério, a vazão alimentada será diferente. Essa compensação é automática na maioria das empilhadeiras.

Em materiais úmidos, ou quando é adicionada água, seja para abater as poeiras ou para minorar o efeito de segregação das partículas durante o empilhamento (minério de ferro para sinterização), pode haver a formação de pequenas descontinuidades no fluxo, quando das transferências. Para minimizar a formação dessas pequenas descontinuidades cíclicas, Azevedo (1979) recomendou a utilização de aletas suportadas por mancais nos dois lados do fluxo, que, servindo como obstáculo à passagem do material, forçariam a desagregação dos torrões que deram origem às descontinuidades, uniformizando, dessa forma, o fluxo das matérias-primas (Fig. 2.43). Outra prática encontrada é o uso de cortinas de borracha sobre os transportadores para regularizar a altura do material sobre eles.

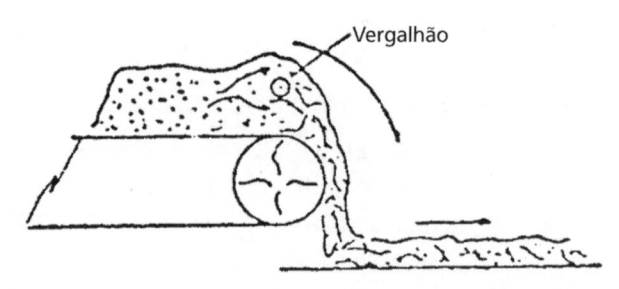

Fig. 2.43 Desagregação de torrões de minério na transferência de transportadores de correia

O uso dos destorroadores, comumente utilizados na indústria cerâmica, pode ser uma boa opção quando o material não for muito abrasivo.

Outra forma de controlar a uniformidade das camadas empilhadas é pelo controle dos deslocamentos das empilhadeiras. Novamente se recorre ao exemplo dado por Azevedo (1979) na automação dos equipamentos utilizados na Usiminas: o sistema consiste basicamente de uma haste que sustenta o conjunto de chapa de ferro com borracha na parte inferior, instalado no transportador de correia próximo ao *stacker*. O fluxo de mistura, ao passar sob o dispositivo, imprime uma inclinação de cerca de 30° nele, que atua sobre um relê, acionando o *stacker*. Na hipótese de falta de material na correia, o dispositivo retorna à posição inicial, paralisando o *stacker*. Tal sistema, além de evitar deslocamentos desnecessários da empilhadeira, contribui para a qualidade da pilha (Fig. 2.44). A MRN utiliza o mesmo sistema de chapa defletora, com sucesso (J. Q. Martins, Comunicação pessoal, 18 set. 1998).

Outro aspecto importante relativo à composição da pilha é a ordem de empilhamento, quando dispomos de mais de um material para ser blendado na formação da pilha, e a retomada não se realiza extraindo uma fatia de toda a seção transversal, mas sim em etapas sucessivas (isso é particularmente verdade quando se retomam pilhas muito grandes com retomadeira de lança com roda de caçambas). Nesse caso, pode ser desejável que o material retomado em cada uma

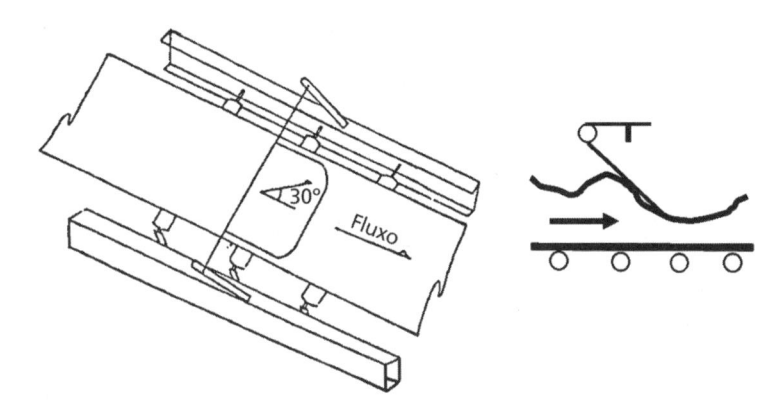

Fig. 2.44 Dispositivo para detectar variações da vazão alimentada ao *stacker*

das etapas guarde a mínima diferença possível entre cada um dos lotes retomados. Precisa ser encontrada a sequência ótima de empilhamento para que isso ocorra. No caso específico da Usiminas, onde dois materiais, A e B, estavam sendo empilhados e blendados na proporção 11 partes de A para 4 partes de B, a sequência que apresentou melhor resultado foi A-A-B-A-A-B-A-A-A-B-A-A-B-A-A (Fig. 2.45).

A retomada dos cones extremos pode ser um aspecto muito problemático na homogeneização em pilhas longitudinais, havendo basicamente duas soluções extremas a adotar:
a] retomada total dos semicones da pilha; e
b] recirculação de ambos os semicones.

No primeiro caso, o processo deve suportar a maior variabilidade resultante da retomada do material das extremidades, enquanto que, no segundo, pode haver um considerável dispêndio de tempo para recircular os dois semicones. Assim, para reduzir ao mínimo as interrupções no processo posterior, devem-se prever pulmões intermediários.

Uma forma de reduzir tais inconvenientes é regular o *stacker* de modo que haja distanciamentos sucessivos nos pontos de início de empilhamento, conforme seja completada a formação de um dado número de camadas. No caso da Usiminas, esses incrementos são realizados em cinco etapas, com cinco deslocamentos de 1,75 m cada um (Fig. 2.46). Dessa forma, é possível evitar a recirculação do semicone de início da retomada da pilha, mas não a do segundo, pois, apesar de o mesmo procedimento poder ser adotado no outro semicone, a flutuação da vazão em massa do material, por causa variação da seção transversal retomada, não pode ser contornada.

A solução radical, já mencionada, é a de não retomar as pontas das pilhas. Elas são deixadas no pátio, e as novas pilhas são construídas entre os semicones extremos, evitando, assim, todos os problemas.

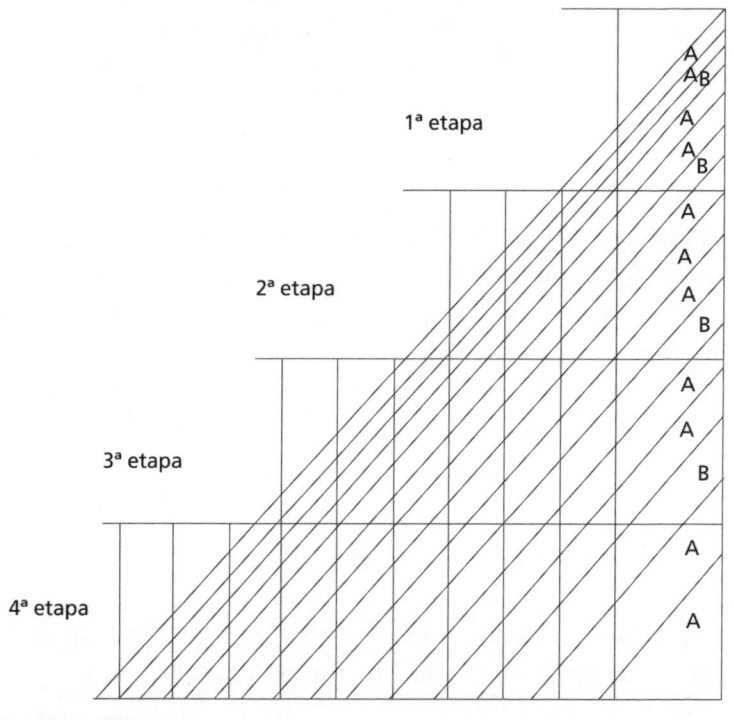

Fig. 2.45 Sequência de empilhamento de dois materiais (A e B) para máxima homogeneização

2.7 Modelos para o dimensionamento de pilhas
(Ferreira, 1989; Ferreira; Chaves; Delboni Jr., 1992; Ferreira; Chaves, 1992)

As matérias-primas que chegam da mina têm flutuações características em sua composição química e distribuição granulomé-

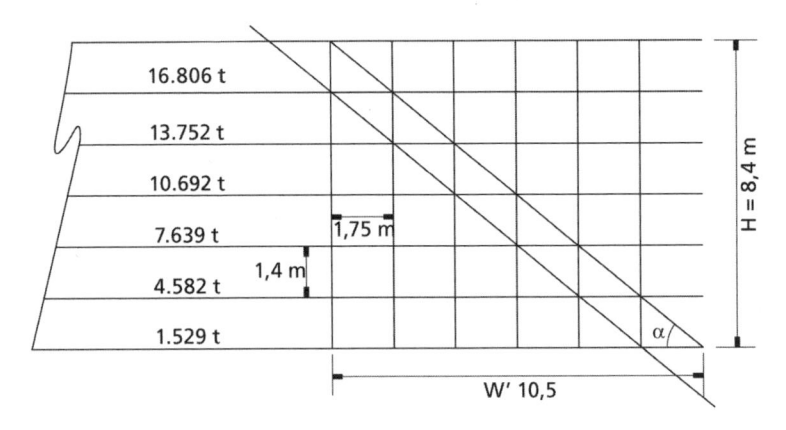

Fig. 2.46 Distanciamento das camadas sucessivas na ponta da pilha
Fonte: Azevedo (1979).

trica, as quais devem ser amortecidas se o processo exigir uma certa regularidade na sua alimentação. As pilhas longitudinais, como visto, oferecem uma maneira para reduzir tais variações de forma bastante simples. A Fig. 2.47 ilustra o método *chevron* de empilhamento, no qual o efeito teórico de homogeneização é alcançado da seguinte forma:

a) como resultado do empilhamento, camada sobre camada do material de entrada na pilha, o fluxo é dividido em intervalos iguais ΔR, onde ΔR é a massa de material em cada camada;

b) dada a forma de empilhar o material descrita em (a), as variações nas características da matéria-prima são também divididas em intervalos iguais a ΔR e superpostas umas às outras;

c) considerando-se a seção da pilha transversal à direção de empilhamento, pode-se ver que, em razão do efeito de superposição de camadas, ocorrem variações dentro de cada seção transversal, e de seção transversal para seção transversal;

d) a retomada total do material das fatias, conforme empilhado e misturado anteriormente (ΔK das fatias), irá reduzir somente as variações dentro da seção transversal, conforme o grau de mistura, ao passo que aquelas variações entre os valores médios das seções transversais são condicionadas por ΔR, ΔK e pelo número de camadas N.

Dependendo do método de retomada utilizado, as variações dentro das fatias individuais ΔK serão maiores ou menores. Exemplo: uma retomadeira de portal com um raspador geralmente produz material menos homogêneo que uma retomadeira de ponte com raspador, ou, ainda, que uma retomadeira de disco. Tais equipamentos irão misturar mais ou menos eficientemente o material de uma dada fatia, o que implica variações maiores ou menores nas características do material interno à seção transversal da pilha.

Construção da pilha Fatias homogeneizadas Variação dentro duma fatia

Fig. 2.47 Método chevron de empilhamento
Fonte: Ferreira (1989).

O método de empilhamento (Fig. 2.27 e Tabs. 2.1 e 2.2) também afeta o resultado.

Na exposição que se segue, consideram-se apenas pilhas longitudinais com retomada de toda uma fatia da sua seção transversal de uma só vez, em razão do seu grande potencial de aplicação na indústria e de sua simplicidade, apesar de outros tipos serem igualmente aplicáveis.

Ao se verificar a Fig. 2.48, vê-se que, numa pilha ideal de homogeneização, haverá variações somente dentro das seções transversais, e as médias das funções de densidade de probabilidade internas às fatias seriam iguais à média de toda a pilha. Na figura em questão, as curvas em negrito representam exemplos típicos da distribuição do material antes da homogeneização; as curvas pontilhadas representam as distribuições da matéria-prima das fatias já homogeneizadas. Diferentemente do caso ideal, as pilhas de homogeneização

2 Estocagem em pilhas 75

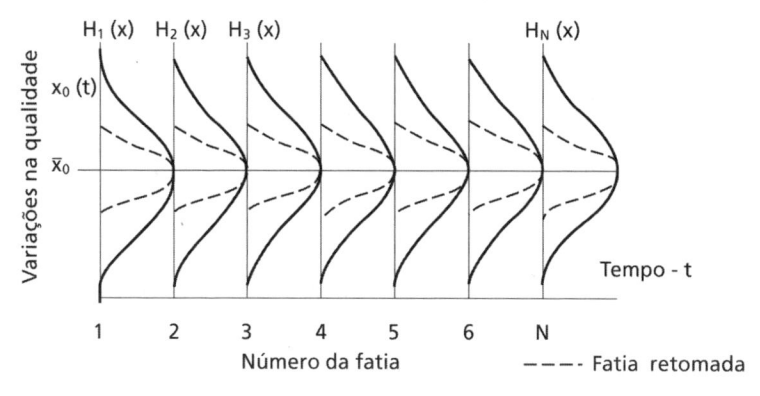

Distribuições de frequência típicas - homogeneizador ideal

Distribuições de frequência típicas - homogeneizador não ideal

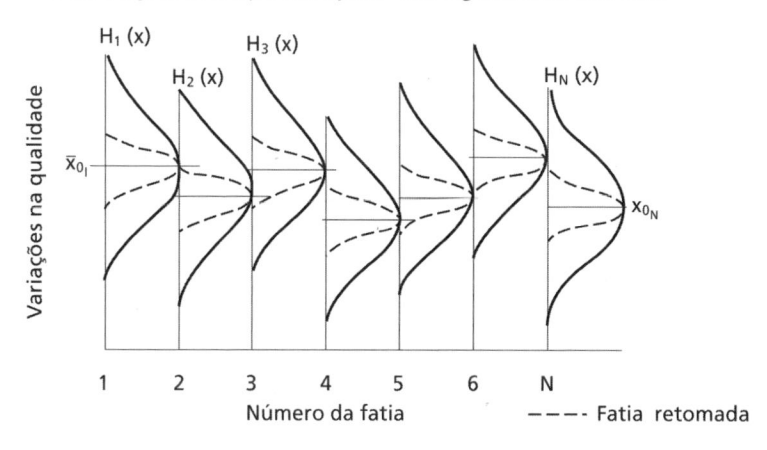

Fig. 2.48 Homogeneizações ideal e real obtidas na pilha

têm variações tanto dentro das seções transversais quanto entre fatias retomadas.

Assumindo-se que os valores médios das fatias Fj (j = 1,2,3,...,n) sejam estatisticamente independentes, a seguinte relação é válida:

$$s_p^2 = s_1^2 + s_f^2 \quad (2.1)$$

onde:

s_p^2 = variância do produto na pilha;

s_i^2 = variância interna à seção transversal;
s_f^2 = variância entre fatias retomadas.

As variações internas às seções transversais da pilha são tipicamente de curto prazo e devem ser completamente assimiladas pelos estágios posteriores do processo, enquanto as variações entre as seções retomadas (s_f^2) seriam aquelas de médio prazo. Portanto, uma pilha de homogeneização deveria ser projetada com vistas a minimizar a variância s_f^2.

Na verdade, as pilhas de homogeneização desempenham uma função de transferência da variabilidade do material de entrada, pois todo processo tem um dado volume máximo Q_c, cujas variações internas passam despercebidas. Portanto, o que ocorre é a transferência de variações do material que entrou na pilha para o volume Q_c (representado pelas fatias retomadas), de maneira que o desvio-padrão sentido na entrada da usina seja aquele representado pelos desvios entre as fatias transversais da pilha.

Várias tentativas têm sido feitas para projetar e especificar completamente as características físicas das pilhas de pré-homogeneização utilizando-se técnicas baseadas na Estatística clássica, que assumem distribuições de frequência aproximadamente normais, camadas estatisticamente independentes, além do uso de funções de autocorrelação, técnicas de análise espectral etc.

A maioria dos fabricantes de equipamentos utiliza métodos que são baseados essencialmente em relações estatísticas padrão das matérias-primas. Tais métodos são utilizados principalmente para definir o número de camadas do material que seriam necessárias para que a pilha consiga um certo fator de homogeneização (s_p/s_e), onde s_p e s_e são definidos, respectivamente, como os desvios-padrão do material na saída e na entrada da pilha.

A especificação de outros parâmetros do sistema, além do número de camadas (N), é baseada na hipótese de que a capacidade da pilha de pré-homogeneização (M) deverá ser definida antecipadamente. Não é de surpreender, portanto, que o valor de M seja invariavelmente baseado nas necessidades de estocagem (tipicamente da ordem de uma semana de produção), sem que muita atenção seja dada ao aspecto de amortecimento das variações do material de alimentação.

Duas considerações são importantes para o dimensionamento das instalações de homogeneização:

a) econômica: em pátios de pilhas alongadas, uma vez definida a capacidade de estocagem (que é função principalmente do estoque estratégico necessário para cada situação), o investimento em equipamentos é diretamente proporcional à largura das pilhas, enquanto que o investimento em transportadores de correia, cablagem e trilhos é diretamente proporcional ao comprimento.

b) de processo: as operações unitárias a jusante da pilha exigem um valor máximo para o desvio-padrão, que deve ser obtido da operação das pilhas de homogeneização. A redução conseguida para o desvio-padrão é função da geometria da pilha (largura e comprimento) e das características do material, como a distribuição probabilística dos teores (histograma), e da função de correlação entre amostras defasadas em relação ao tempo (variograma ou covariograma).

A otimização dos pátios é governada por esses dois aspectos e conseguida quando o ótimo do ponto de vista econômico satisfaz às exigências de variabilidade impostas pelo processo produtivo.

Os modelos mais importantes usados para projetar pilhas de homogeneização podem ser divididos em duas categorias: os que consideram a inter-relação interna ao minério e os que a desprezam. Os modelos mais importantes da primeira categoria são quatro, propostos, respectivamente, por Van der Mooren (De Wet, 1983), Zulauf (Frommholz; Zimmer, 1982), Gerstel (Anon, 1982) e Serra (Serra; Huijbregts; Ivanier, 1975; Fischer, 1981). À segunda categoria pertencem o descrito por Schofield (Schofield, 1980) e o modelo de Parnaby (David; Dowd; Koborov, 1974).

A simulação condicional é um método alternativo que pertence à primeira categoria, o que significa que leva em conta as características do minério. Ela foi utilizada por um dos autores deste capítulo e foi objeto de sua dissertação de mestrado (Ferreira, 1989). Ela foi concebida para projetar pilhas longitudinais de homogeneização, levando em consideração os parâmetros econômicos, geométricos e estatísticos do minério a ser homogeneizado e permitindo estimar o efeito de homogeneização resultante.

O primeiro passo é definir a capacidade da pilha. Isso decorre de muitos aspectos, tais como a periodicidade das operações a montante (por exemplo, a mina trabalha dois turnos por dia, seis dias por semana e a usina de concentração, três turnos, sete dias por semana), ou as paradas previstas por causa do tempo, feriados, manutenção etc.

Outras definições necessárias são os parâmetros do pátio, tais como número de pilhas, disposição destas, seus comprimento e largura, número de passadas do *stacker* etc.

Divide-se a pilha em um conjunto de blocos discretos, definidos por camada e fatia. Cada bloco representa uma camada em uma fatia.

É necessário que o histograma e o variograma temporal da variável em consideração sejam conhecidos, bem como todos os parâmetros que os definem. As informações adicionais necessárias são o tamanho máximo das partículas, a densidade aparente e o ângulo de repouso do minério.

O passo seguinte é calcular outros parâmetros, como: intervalo de tempo além do qual as amostras possam ser consideradas independentes, graus de inter-relação entre amostras tomadas dentro de um dado intervalo de tempo, massa associada à amplitude variográfica, massa dos blocos individuais, número de blocos por camada, número máximo de camadas que a pilha pode conter etc.

Para gerar um arquivo contendo blocos com a mesma covariância e histograma que o minério, usa-se o procedimento de David, Dowd e Koborov (1974), Journel e Dagbert (Journel, 1974). Trata-se da aplicação dos conceitos do método da "banda rotativa" de Matheron.

2 Estocagem em pilhas 79

Uma vez que os teores dos blocos estão estimados, simula-se a construção de uma pilha longitudinal, camada por camada, impondo-se um dado variograma e histograma para o minério. A simulação seguinte é a da retomada da pilha por fatias transversais de mesmo comprimento que os blocos. O teor médio de cada fatia é calculado e assume-se que o desvio-padrão entre as fatias seja o desvio-padrão na saída da pilha.

Fazem-se várias simulações variando as dimensões da pilha e o número das camadas. É possível, então, selecionar uma alternativa que otimize os parâmetros técnicos e econômicos em consideração.

O programa foi escrito em Turbo-Pascal e é apresentado em detalhe em Ferreira (1989), Ferreira et al. (1992) e Ferreira e Chaves (1998). Veja um exemplo numérico completo da aplicação desse método para o projeto de uma pilha longitudinal de calcário para uma usina fictícia de cimento portland, que deve manter o teor de sílica sob controle. As análises químicas são feitas sobre amostras tiradas a cada hora. O histograma e o variograma temporal são mostrados nas Figs. 2.49 e 2.50.

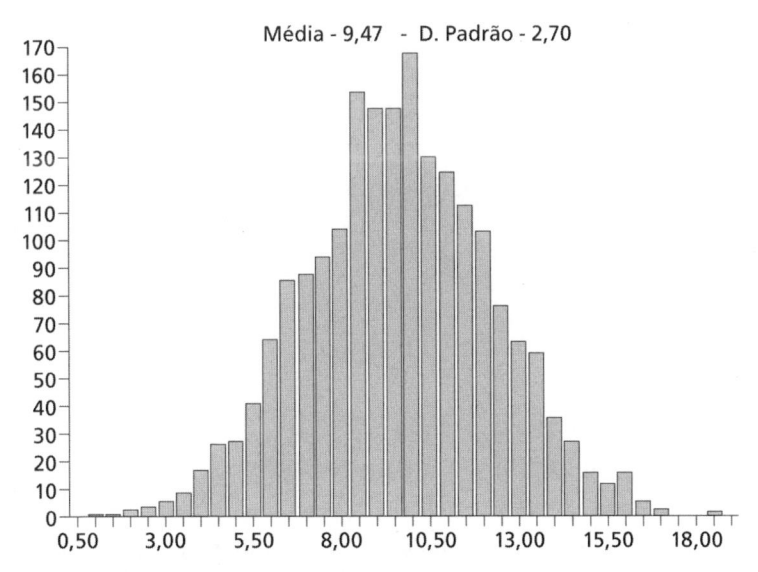

Fig. 2.49 Histograma temporal

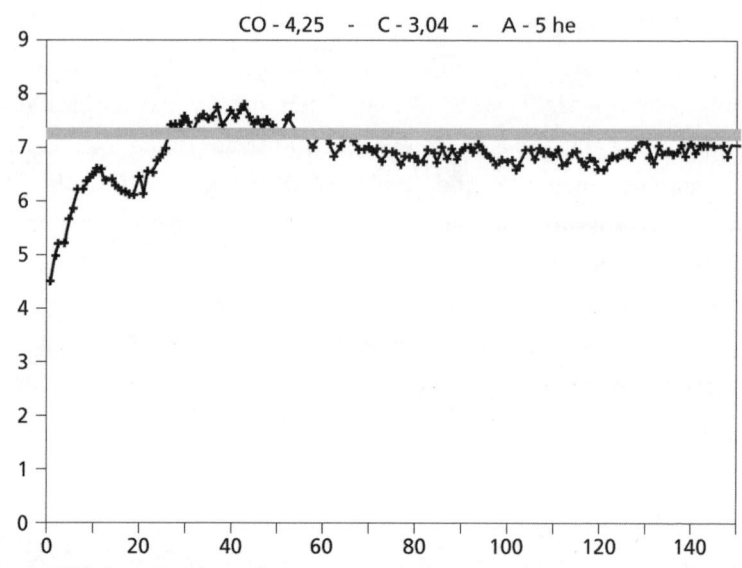

Fig. 2.50 Variograma temporal

O desvio-padrão dos teores de SiO_2 é o parâmetro mais crítico para o controle de processo e será usado para analisar o desempenho da pilha. Outros parâmetros além deste poderiam ter sido considerados, se necessário.

Da geologia da mina sabe-se que:

a] os teores de SiO_2 obedecem a uma distribuição normal (de Gauss) de média $m = 9{,}47$ e desvio-padrão $s = 2{,}70$;

b] a análise do variograma temporal permite concluir que o modelo variográfico do minério pode ser assimilado ao modelo esférico de Matheron, com os seguintes parâmetros:

efeito de pepita, $C_0 = 4{,}25$,
$C = 3{,}04$,
amplitude variográfica = 5 horas.

O tamanho mínimo da pilha é de 32.000 t, os transportadores de correia têm 30" de largura, o ângulo de repouso do calcário é de 30° e a sua densidade aparente é de 1,6 t/m³.

O pátio será construído com duas pilhas longas alinhadas, separadas por uma distância de 10 m. O *stacker* será do tipo de lança fixa, capaz apenas de elevar-se ou abaixar. A retomadeira será do tipo ponte, com ancinhos. Haverá dois transportadores de correia, um de cada lado das pilhas. Seu comprimento é a soma dos comprimentos das duas pilhas mais 20 m. Por simplificação, o investimento em trilhos, cabos e obras civis será considerado invariante com referência ao tamanho do pátio.

Com base nesses dados e na informação obtida junto ao fabricante quanto aos preços do equipamento, podem-se estabelecer os valores mostrados na Tab. 2.3. Pode-se concluir que, para esse caso particular, um pátio com pilhas de 20 m de largura e 295 m de comprimento seria a solução economicamente mais interessante. Deseja-se saber se tal pilha é capaz de fornecer um produto com as restrições de regularidade impostas pelas operações a jusante, ou seja, um desvio-padrão dos teores de sílica igual ou menor que 0,3.

Tab. 2.3 INVESTIMENTO EM TRANSPORTADORES E EQUIPAMENTOS DE PÁTIO PARA DUAS PILHAS DE 32.000 t E DIFERENTES LARGURAS (em US$ mil; 1989)

Capacidade da pilha	Largura da pilha	Comprimento da pilha	Investimentos				
(t)	(m)	(m)	Reclaimer	Stacker	Equipamento	TC	Total
32	15	549	460	400	860	1.297	2.157
32	18	385	550	490	1.040	917	1.957
32	22	262	670	600	1.270	631	1.901
32	26	193	875	705	1.580	471	2.051
32	30	150	1.050	795	1.845	372	2.217

Assumindo que os teores usados no cálculo do variograma temporal representam lotes de 20 t e que o *top size* das partículas seja de 37 mm, será simulado o empilhamento e a retomada das pilhas. Variando o número de camadas (N) de maneira consistente com o *top size* das partículas, obtêm-se os resultados apresentados nas Tabs. 2.4 a 2.7. Cada uma resume a simulação feita considerando, respectivamente, 50, 100, 150 e 200 camadas, com o desvio-padrão de entrada sendo 2,70.

Tab. 2.4 RESULTADO DA SIMULAÇÃO DE 10 PILHAS, 20 m DE LARGURA, 275 m DE COMPRIMENTO, 50 CAMADAS, PELO MÉTODO DA SIMULAÇÃO CONDICIONAL

Variância de entrada	Desvio-padrão de entrada	Variância de saída	Desvio-padrão de saída	Fator de homogeneização
7,20	2,68	0,084	0,29	0,1080
8,07	2,84	0,130	0,36	0,1269
7,49	2,74	0,144	0,38	0,1387
6,80	2,61	0,152	0,39	0,1495
7,24	2,69	0,078	0,28	0,1038
7,48	2,73	0,144	0,38	0,1387
7,88	2,81	0,144	0,38	0,1352
7,89	2,81	0,090	0,30	0,1068
7,05	2,66	0,084	0,29	0,1092
7,35	2,71	0,102	0,32	0,1178
7,445	2,73	Média		0,1235
	0,0700	Desvio-padrão		0,156

Tab. 2.5 RESULTADO DA SIMULAÇÃO DE 10 PILHAS, 20 m DE LARGURA, 275 m DE COMPRIMENTO, 100 CAMADAS, PELO MÉTODO DA SIMULAÇÃO CONDICIONAL

Variância de entrada	Desvio-padrão de entrada	Variância de saída	Desvio-padrão de saída	Fator de homogeneização
7,19	2,68	0,036	0,19	0,0708
7,50	2,74	0,017	0,13	0,0476
7,64	2,76	0,036	0,19	0,0686
6,72	2,59	0,053	0,23	0,0888
7,50	2,74	0,063	0,25	0,0917
6,87	2,62	0,073	0,27	0,1031
7,47	2,73	0,044	0,21	0,0767
7,38	2,72	0,078	0,28	0,1028
8,29	2,88	0,044	0,21	0,0729
7,37	2,71	0,058	0,24	0,0887
7,393	2,72	Média		0,0812
	0,0800	Desvio-padrão		0,0172 - 0,0163

O programa não consegue fazer o desvio-padrão manter-se nos 2,70 desejados, mas deixa-o variar entre 2,60 e 2,95. Isso impossibilita

Tab. 2.6 RESULTADO DA SIMULAÇÃO DE 10 PILHAS, 20 m DE LARGURA, 275 m DE COMPRIMENTO, 150 CAMADAS, PELO MÉTODO DA SIMULAÇÃO CONDICIONAL

Variância de entrada	Desvio-padrão de entrada	Variância de saída	Desvio-padrão de saída	Fator de homogeneização
7,10	2,66	0,040	0,20	0,0751
7,10	2,66	0,053	0,23	0,0864
7,88	2,81	0,044	0,21	0,0747
6,27	2,50	0,044	0,21	0,0838
6,98	2,64	0,053	0,23	0,0871
6,87	2,62	0,058	0,24	0,0919
7,43	2,73	0,020	0,14	0,0519
6,88	2,62	0,017	0,13	0,0497
7,75	2,78	0,0289	0,17	0,0612
6,53	2,56	0,023	0,15	0,0593
7,079	2,66	Média		0,0721
	0,0900	Desvio-padrão		0,0157 - 0,147

Tab. 2.7 RESULTADO DA SIMULAÇÃO DE 10 PILHAS, 20 m DE LARGURA, 275 m DE COMPRIMENTO, 200 CAMADAS, PELO MÉTODO DA SIMULAÇÃO CONDICIONAL

Variância de entrada	Desvio-padrão de entrada	Variância de saída	Desvio-padrão de saída	Fator de homogeneização
7,03	2,65	0,040	0,20	0,0754
7,14	2,67	0,029	0,17	0,0637
7,59	2,75	0,010	0,10	0,0363
7,82	2,80	0,010	0,10	0,0358
7,49	2,74	0,017	0,13	0,0476
7,03	2,65	0,040	0,20	0,0754
7,14	2,67	0,029	0,17	0,0637
7,59	2,75	0,010	0,10	0,0363
7,82	2,80	0,010	0,10	0,0358
7,49	2,74	0,017	0,13	0,0476
7,414	2,72	Média		0,0518
	0,0579	Desvio-padrão		0,0164

a análise da variância da saída da pilha, que é mascarada por essas imprecisões. Entretanto, pode-se assumir que o fator de homogeneização médio conseguido da simulação seja independente do desvio-padrão da entrada na pilha, sendo um estimador não viciado do desvio-padrão obtido da pilha real (para um dado número de camadas e com um minério de propriedades definidas).

Quando uma empresa compra uma instalação de homogeneização, ela exige uma garantia de desempenho. Para poder concedê-la, é necessário conhecer o fator médio de homogeneização da pilha e, também, estimar a dispersão do desvio-padrão na saída da pilha. Cuidado necessário é não confundir a dispersão dos valores do desvio-padrão da simulação com a dos valores do desvio-padrão da pilha real, pois a primeira refletirá a dispersão das estimativas do fator de homogeneização médio, sem qualquer relação com a dispersão dos desvios-padrão na saída da pilha.

Ao se admitir, como hipótese simplificadora, que o desvio-padrão na saída da pilha é o produto de duas variáveis randômicas, como s_p é o fator de homogeneização multiplicado por s_e (desvio-padrão do material de entrada), da teoria da propagação dos erros tem-se:

$$(Ss_p/s_p)^2 = (Ss_e/s_e)^2 + (Sf_h/f_h)^2 \qquad (2.2)$$

onde Ss_p é o desvio-padrão dos desvios do material na saída da pilha; f_h e Sf_h são, respectivamente, o fator de homogeneização da pilha e seu desvio-padrão; e Ss_e é o desvio-padrão dos desvios do material na entrada da pilha.

Deve-se prestar atenção ao fato de que o desvio-padrão dos fatores de homogeneização calculados nas Tabs. 2.3 a 2.7 é mascarado pela variação dos desvios-padrão simulados. Para ter uma estimativa do desvio-padrão do fator de homogeneização sozinho, precisa-se subtrair a parcela referente ao s_e simulado, ficando:

$$(Sf_h/f_h)^2 = (Sf_t/f_t)^2 + (Ss_t/s_t)^2 \qquad (2.3)$$

A Eq. 2.1 torna-se, então:

$$(Ss_p/s_p)^2 = (Ss_e/s_e)^2 + (Sf_t/f_t)^2 - (Ss_t/s_t)^2 \quad \textbf{(2.4)}$$

onde s_t é o desvio-padrão do material simulado de entrada (2,7 no exemplo numérico) e Ss_t é o seu desvio-padrão. Considerações análogas devem ser feitas para Sf_t e f_t.

Outro aspecto importante a ser considerado é o cálculo do desvio-padrão na saída da pilha. Como a pilha foi dividida em blocos discretos de modo que cada fatia retomada tenha o comprimento de um bloco, então, o produto do número de fatias pelo número de camadas e pela massa do suporte amostral utilizado deve ser constante e igual à capacidade da pilha simulada. Desse modo, quando o número de camadas aumenta, o número de fatias usado para calcular o desvio-padrão na saída diminui, tornando pior a estimativa do desvio-padrão de saída e, em consequência, também a estimativa do fator de homogeneização (resultando, assim, num aumento de seu desvio-padrão). Para evitar esse problema, pode-se diminuir o suporte amostral (por meio de uma nova campanha de amostragem) ou diminuir a precisão da estimativa usando para f, de modo arbitrário, o mesmo desvio-padrão f_h de pilhas com uma quantidade menor de camadas.

Para calcular os limites de variação do desvio-padrão com diferentes níveis de probabilidade, serão utilizados a Eq. 2.3, os fatores médios de homogeneização das Tabs. 2.3 a 2.7 e 2,70 ($s_p = f_t \cdot s_e$) como valores do desvio-padrão na saída da pilha; será assumido que o desvio-padrão na saída da pilha obedeça a uma distribuição normal, e sabe-se também que o coeficiente de variação é 5%. Assim, observa-se que, para 100 camadas, o desvio médio deveria ser 0,256. Desse modo, se for considerada uma faixa de 3 desvios-padrão em torno da média, tem-se uma faixa de 0,040 a 0,472, onde 99,9% dos valores do desvio-padrão na saída estão contidos. Usando o mesmo procedimento, pode-se gerar a Tab. 2.8.

Do exame da Tab. 2.8 pode-se, então, concluir que o objetivo de 0,3 máximo para o desvio-padrão da saída da pilha será conseguido em 99,9% dos casos por uma pilha com 150 ou 200 camadas e dimensões iguais às ótimas (do ponto de vista de custos), tornando, assim, possível minimizar o investimento.

Nesse caso, as restrições de comprimento ou largura não foram significativas, mas podem ocorrer casos em que é impossível adotar a solução econômica ótima, pois as restrições físicas do terreno não o permitem. Nesse caso, é necessário simular as várias soluções que atendam a essas restrições. Imagine-se um pátio que não pode abrigar uma pilha de 262 m de comprimento por causa de construções existentes e que o comprimento máximo pode ser somente 82 m, para um estoque estratégico de 16.000 t. Repetindo os passos dados, chega--se aos resultados apresentados na Tab. 2.9.

A conclusão obtida é que, a despeito do desvio existente da normalidade (veja 99,9% e 200 camadas na Tab. 2.9) e algumas imprecisões no algoritmo de simulação, dentro das condições definidas,

Tab. 2.8 RESULTADOS DA SIMULAÇÃO DOS DESVIOS-PADRÃO DE SAÍDA PARA PILHAS DE 32.000 t, COM 20 m DE LARGURA E 275 m DE COMPRIMENTO

Int. confiança	Limite inferior	Limite superior
nº camadas = 50		
66,7%	0,289	0,382
66,7%	0,244	0,426
66,7%	0,198	0,472
nº camadas = 100		
66,7%	0,172	0,266
66,7%	0,094	0,314
66,7%	0,077	0,361
nº camadas = 150		
66,7%	0,151	0,237
66,7%	0,108	0,280
66,7%	0,065	0,323

Tab. 2.9 RESULTADOS DA SIMULAÇÃO DOS DESVIOS-PADRÃO DE SAÍDA PARA PILHAS DE 32.000 t, COM 30 m DE LARGURA E 82 m DE COMPRIMENTO

Int. confiança	Limite inferior	Limite superior
nº camadas = 100		
66,7%	0,198	0,330
66,7%	0,132	0,396
66,7%	0,060	0,462
nº camadas = 150		
66,7%	0,142	0,248
66,7%	0,089	0,301
66,7%	0,036	0,354
nº camadas = 200		
66,7%	0,095	0,201
66,7%	0,042	0,254
66,7%	0,011	0,307

pode-se usar uma pilha de 150 camadas e satisfazer a condição de desvio-padrão igual ou menor que 0,3 em 95% dos casos e 0,3 em 99,9% dos casos com 200 camadas.

Fica também demonstrado o fato conhecido da prática e previsto pelo modelo de Gerstel de que pilhas curtas teriam desempenho pior que pilhas mais longas em termos de homogeneização, para o mesmo material e número de camadas.

Exercícios resolvidos

2.1 Um minério é estocado em pilha cônica de 15 m de altura. O ângulo de repouso é de 35° e a sua densidade aparente, 1,6 t/m³. Qual é a quantidade estocada?

Solução:

O problema é puramente de Trigonometria. Veja a Fig. 2.51:

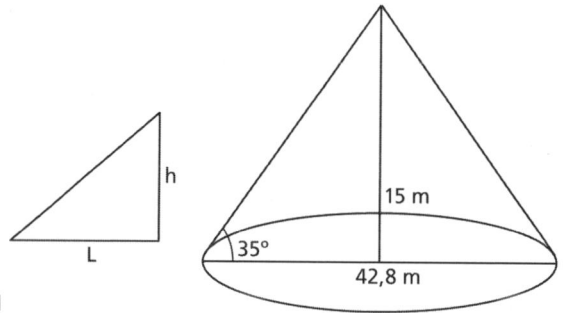

Fig. 2.51

tg 35° = h/L

base da pilha = 2 x 15 / tg 35° = 2 x 15 / 0,7002 = 42,8 m;

$$\text{volume do cone} = \frac{1}{3} \times \frac{\pi \cdot d^2}{4} \times h = \frac{\pi \cdot 42,8^2}{12} \times 15 = 7.194 \text{ m}^3$$

densidade aparente = 1,6 ⇒ massa do cone = 7.194 x 1,6 = 11.510 t.

2.2 Esta pilha é descarregada por baixo, por uma abertura central. O ângulo de escoamento do material é de 45°. Qual é o volume "morto" da pilha?

Solução:

Novamente, o problema é puramente de Trigonometria. Veja a Fig. 2.52:

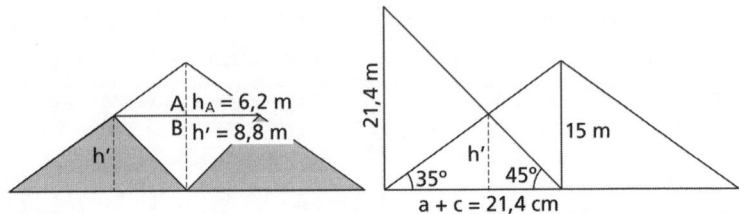

Fig. 2.52

$A\ h_A = 6,2$ m
$B\ h' = 8,8$ m
21,4 m
15 m
35° 45°
$a + c = 21,4$ cm

O volume do morto será o volume do cone inicial, calculado no exercício anterior, menos os volumes dos cones A e B.

Sendo o ângulo de escoamento de 45°, a altura do novo triângulo mostrado na figura da direita (equivalente ao cone B) será de 21,4 m (triângulo retângulo isósceles). Têm-se as seguintes relações:

h' = c

a + c = 21,4 m ⇒ a + h' = 21,4 m.

Por semelhança de triângulos, tem-se:

$$\frac{h'}{15} = \frac{21,4 - h'}{21,4} \Rightarrow 21,4 \cdot h' = 15 \cdot (21,4 - h') \Rightarrow h' = 8,8 \text{ m}$$

c = 21,4 - a = 21,4 - h' = 12,6 m.

A base dos cones superior (A) e inferior (B) é o dobro desse valor: 17,6 m;

volume do cone A = (⇒ x 17,6 / 4) x 6,2 / 3 = 502,8 m³;

volume do cone B = (⇒ x 17,6 / 4) x 8,8 / 3 = 713,6 m³;

volume do "morto" = volume do cone inicial – volume do cone A – volume do cone B = 7.194,0 – 502,8 – 713,6 = 5.977,6 m³.

Portanto, descarregam apenas 1.216,4 m³, ou seja, 16,9% do volume. 83,1% do material fica retido no "morto"!

O *Manual de Britagem Faço* (Allis Mineral Systems, 1994) apresenta as Figs. 2.53 e 2.54.

Ao se entrar na Fig. 2.53 com a altura da pilha de 15 m e com o ângulo de repouso de 35°, encontra-se a largura da pilha (diâmetro do cone) de 42,8 m.

Ao se entrar na Fig. 2.54 com o ângulo de escoamento de 45° e com o ângulo de repouso de 35°, encontra-se o volume útil de 17% do volume total.

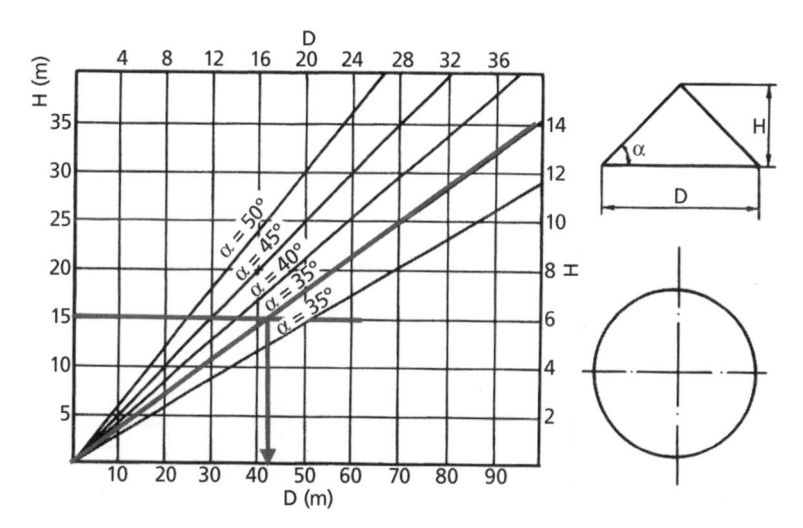

Fig. 2.53

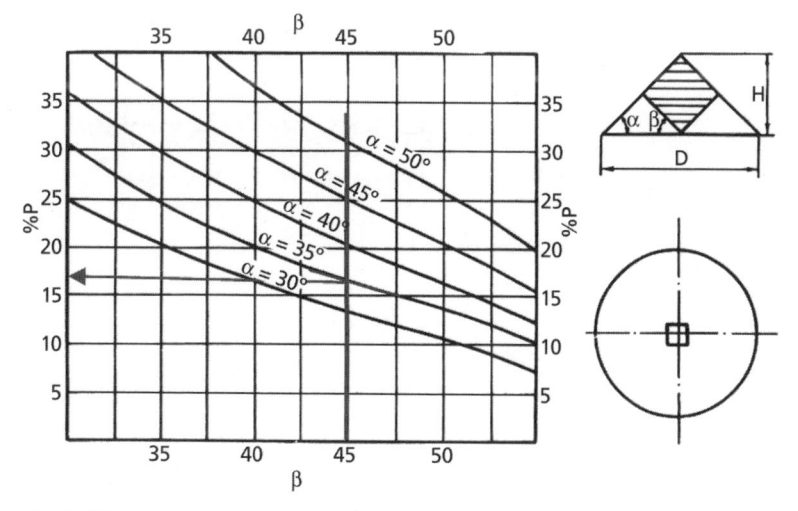

Fig. 2.54

90 Teoria e prática do Tratamento de Minérios – Manuseio de sólidos granulados

> **2.3** Se, em vez de uma única saída, houver duas saídas, simetricamente dispostas a uma distância do centro de 1/6 do diâmetro, qual passa a ser o volume "morto"?

Solução:

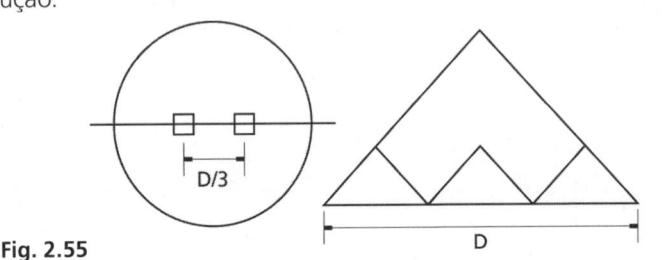

Fig. 2.55

O *Manual de Britagem Faço* (Allis Mineral Systems, 1994) apresenta a Fig. 2.56.

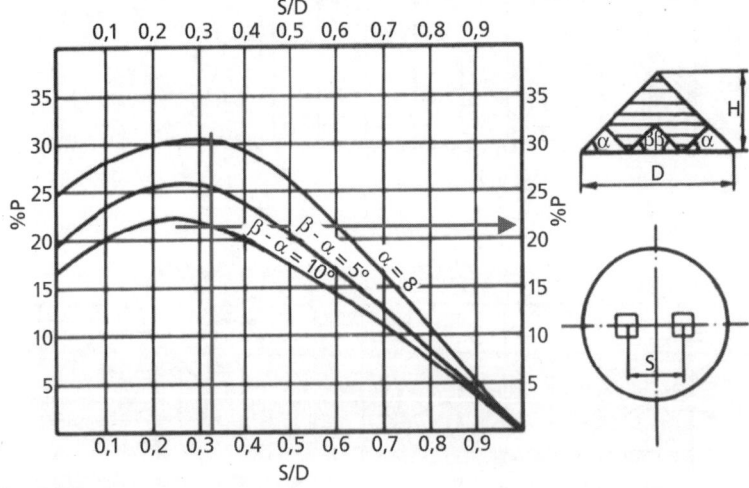

Fig. 2.56

$S = D/3 = 0{,}33$

$\alpha = 35°$, $\beta = 45°$, $\beta - \alpha = 10°$.

Entrando com esses dois valores na Fig. 2.56, encontra-se 21,5% de volume útil. Verifica-se que a introdução de uma boca de descarga adicional melhorou a recuperação, mas muito pouco.

2 Estocagem em pilhas 91

2.4 Qual a distância entre bocas que dá o melhor aproveitamento da pilha?

Solução:

O mesmo gráfico mostra que, para $\beta - \alpha = 10°$, o máximo da curva ocorre a $s = d/4$ e que o volume útil nessa condição é de 22,5%.

2.5 Retornar ao exercício 2.3, considerando agora quatro bocas de descarga.

Solução:

Tem-se agora que utilizar a Fig. 2.57, um gráfico do *Manual de Britagem Faço* (Allis Mineral Systems, 1994).

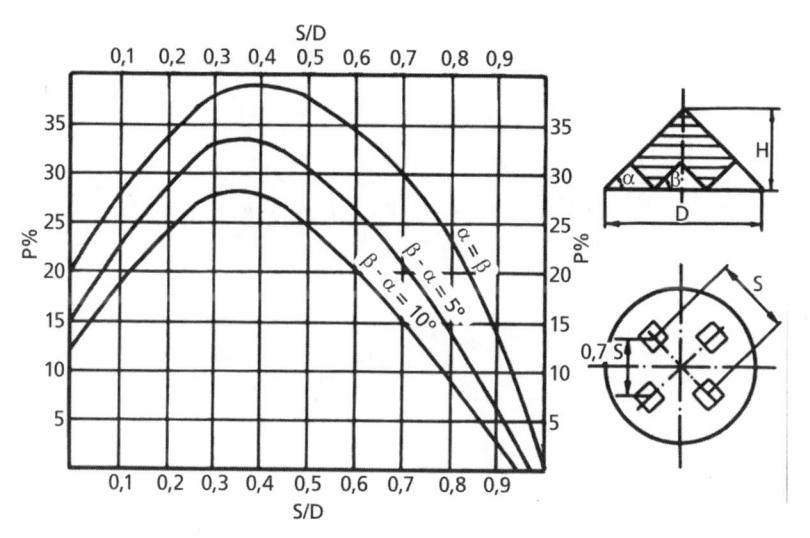

Fig. 2.57

O gráfico mostra que, para $\beta - \alpha = 10°$, o máximo da curva ocorre a $s/d = 0,35$ e que o volume útil nessa condição é de 28%.

> **2.6** No pátio de estocagem, tem-se 100 m disponíveis por 20 m de base. Precisa-se empilhar minério de ferro, areia seca e alumina, em épocas diferentes. As densidades aparentes e os ângulos de repouso são os seguintes:
> - minério de ferro: 3,5 t/m³ e 30°;
> - areia seca: 1,6 t/m³ e 45°;
> - alumina: 0,9 t/m³ e 22°.
>
> Quais os volumes e tonelagens estocáveis?

Solução:

Devem-se calcular inicialmente os volumes das pilhas. Cada pilha consiste de um prisma e de dois semicones, um em cada extremidade. Observe a Fig. 2.58.

Fig. 2.58 Geometria da pilha

volume da pilha = volume do prisma + 2 x o volume dos semicones = [(20 x h) / 2] x 80 + 1/3 (π x 10²/4) x h.

A massa estocada será o volume calculado multiplicado pela densidade aparente de cada material.

Para o minério de ferro:

α = 30° $\Rightarrow$ h = (20/2) x tg 30° = 5,8 m,

$V = [(20 \times 5{,}8) / 2] \times 80 + 1/3 \ (\pi \times 10^2/4) \times 5{,}8 = 4.791{,}8 \ m^3$,
massa estocada = $4.791{,}8 \times 3{,}5 = 16.771{,}5$ t.

Para a areia seca:
$\alpha = 45° \Rightarrow h = (20/2) \times tg \ 45° = 10 \ m$,
$V = [(20 \times 10) /2] \times 80 + 1/3 \ (\pi \times 10^2/4) \times 10 = 8.261{,}8 \ m^3$,
massa estocada = $8.261{,}8 \times 1{,}6 = 13.218{,}9$ t.

Para a alumina:
$\alpha = 22° \Rightarrow h = (20/2) \times tg \ 22° = 4 \ m$,
$V = [(20 \times 4) / 2] \times 80 + 1/3 \ (\pi \times 10^2/4) \times 4 = 3.514{,}2 \ m^3$,
massa estocada = $3.514{,}2 \times 0{,}9 = 3.162{,}7$ t.

Referências bibliográficas

ALLIS MINERAL SYSTEMS - FÁBRICA DE AÇO PAULISTA. *Manual de britagem Faço*. 5. ed. Sorocaba: Allis Mineral Systems, 1994.

ANON. Kontinuierliche mischbett-homogenisiersysteme. *Zement kalk gips*, v. 35, n. 4, p. 168-174, 1982.

ANON. Circular storage yards for bulk materials. *Bulk Solids Handling*, v. 19, n. 2, p. 253-260, 1999.

AZEVEDO, M. A. Evolução tecnológica da blendagem de matérias-primas na Usiminas. S.n.t. In: CONGRESSO ANUAL DA ASSOCIAÇÃO BRASILEIRA DE METAIS, 34., 1979, Porto Alegre. *Anais...* Porto Alegre, 1979.

DAVID, M.; DOWD, P. A.; KOBOROV, S. Forecasting departure from planning in open pit design and grade control. In: APCOM SYMPOSIUM, 14., 1974, Golden, *Proceedings...* Golden: APCOM, p. 131-149, 1974.

DE WET, N. Homogeneizing/blending plant applications in South Africa with special reference to Gancor's Hlobane and Optimum plants. *Bulk Solids Handling*, v. 3, n. 1, p.55-65, 1983.

DUSTEX® WATER-DISPERSION SYSTEMS. *Catálogo*, Mulhein/Ruhr, 1996.

FERREIRA, F. M. *Otimização do projeto de pátios de homogeneização através do método da simulação condicional*. 1989. Dissertação (Mestrado) – Escola Politécnica, Universidade de São Paulo, São Paulo, 1989.

FERREIRA, F. M.; CHAVES, A. P. Conditional simulation method for design of blendagem piles. *Boletim técnico da EPUSP*, BT/PMI/009, 1992.

FERREIRA, F. M.; CHAVES, A. P. ; DELBONI Jr., H. Conditional simulation method for design of blendagem piles. In: APPLICATION OF COMPUTERS AND OPERATIONS RESEARCH IN THE MINERAL INDUSTRY, 23., 1992, Littleton. Proceedings... Littleton: AIME, 1992. p. 614-23, ch. 59.

FISCHER, G. Design and operation of coal storage and homogeneization systems. Bulk Solids Handling, v. 1, n. 2, p. 317- 22, 1981.

FROMMHOLZ, W.; ZIMMER, H. Continuous bed blending technology in the cement industry. Zement kalk gips, v. 35, n. 6, p. 131-3, 1982.

GIBOR, M. Dust collection as applied to the mining and allied industry. Bulk Solids Handling, v. 17, n. 3, p. 397-403, 1997.

JOURNEL, A. G. Geoestatistics for conditional simulation of ore bodies. Economic Geology, v. 69, n. 5, p. 637-687, 1974.

LEAL FILHO, L. S.; CHAVES, A. P. Redução da umidade da bauxita da Mineração Rio do Norte via surfactantes. Relatório da EPUSP/LTM, São Paulo, 1994a.

LEAL FILHO, L. S.; CHAVES, A. P. Diminuição da umidade do sinter feed de Carajás via surfactantes. Relatório da EPUSP/LTM, São Paulo, 1994b.

PEREIRA, L. G. E.; LEAL FILHO, L. S.; CHAVES, A. P. Análise da viabilidade técnica de redução da umidade da bauxita da MRN via surfactantes. IN: CONGRESSO ÍTALO-BRASILEIRO DE ENGENHARIA DE MINAS, 2. Anais... Milão, 1994.

SCHOFIELD, C. J. Homogeneization/blending systems design and control for minerals processing: with Fortran programs. Clausthal-Zellerfeld: TransTech Publications, 1980.

SERRA, J.; HUIJBREGTS, C.; IVANIER, L. Laws of linear homogeneization in ore stock yards. In: INTERNATIONAL MINERAL PROCESSING CONGRESS, 11., Cagliari, 1975. Proceedings... Cagliari: Instituto di Arte Mineraria, Universitá di Cagliari, 1975. p. 263-91.

ZADOR, A. T. Technology and economy of blending and mixing. Bulk Solids Handling, v. 11, n. 1, p. 193-208, 1991.

Estocagem em silos

3

Arthur Pinto Chaves

A estocagem em silos tem interesse especial no armazenamento de matérias-primas de alto valor, de matérias-primas deterioráveis ou para evitar a perda das frações mais finas. Interessa também para atender a consumos de períodos curtos, em que se faz necessário não somente dispor fácil e rapidamente dessa quantidade, mas também tê-la perfeitamente individualizada, caracterizada e homogeneizada. É importante, ainda, para regularizar as vazões em pontos do fluxograma onde a sua constância seja importante para a operação industrial (silo pulmão).

Um bom silo é aquele que assegura um escoamento uniforme e regular do material, e não acarreta segregações nem zonas de escoamento preferencial. A matéria-prima que entra, sai nas mesmas condições, e a primeira porção a ser carregada no silo é a primeira a ser descarregada dele.

Os objetivos do processo de ensilagem são basicamente seis:

1 Armazenamento: um silo tem como principal função o armazenamento de matérias-primas de alto valor, de matérias-primas de algum modo deterioráveis ou, ainda, o armazenamento de matérias-primas de qualquer valor durante o período necessário para regularizar a vazão do processo a jusante.

2 Recuperação: um silo não pode permitir perdas das frações mais finas

3 Abastecimento: um silo tem por objetivo também o abastecimento das operações a jusante, constituindo-se em um instrumento de dosagem em curto e médio prazos.

4 Individualização: é necessário garantir a individualização do lote de matéria-prima estocado, sem que haja qualquer tipo de contaminação.

5 Homogeneização: um silo deve garantir que o material será descarregado sem estar segregado e, se possível, tão ou mais homogêneo do que quando entrou no silo.

6 Regularização: um silo deve ser também um instrumento de regularização de vazões, funcionando, dessa forma, como pulmão.

3.1 Construção de silos

A literatura estrangeira distingue "bins", "bunkers" e "silos". Os dois primeiros termos significam contêineres horizontais ou verticais com ou sem tremonha. O termo "silo" é usado para contêineres com a dimensão vertical predominante, como os silos usados para cereais. Nos EUA, o termo bunker é usado quase que exclusivamente para carvão.

Os silos podem ter as mais diversas formas, como mostrado no Quadro 3.1. De modo geral, eles têm um corpo (cilíndrico ou prismático, de seção quadrada ou retangular, destinado à armazenagem do material, embora outras seções, como hexagonal, por exemplo, sejam eventualmente encontradas) e uma tremonha prismática ou cônica em sua porção inferior. Muito frequentemente, essa tremonha é eliminada, fazendo-se o fundo reto. Nesse caso, o "morto" que se forma no fundo do silo exerce a função da tremonha.

A seção hexagonal dá a máxima economia de material de construção, mas complica a geometria da descarga (arranjo de alimentadores e transportadores de correia).

Os materiais de construção habitualmente utilizados são o concreto armado e o aço. Este tem melhores propriedades para o escoamento, mas apresenta problemas de corrosão. Entretanto, as propriedades de escoamento podem ser melhoradas por revestimento adequado das paredes. Para materiais muito abrasivos, é generalizado o uso de basalto fundido.

Quadro 3.1 Exemplos de formas de silos

Construção	Seção retangular ou quadrada		Seção circular	
Com tremonha		Tremonha piramidal, abertura de descarga quadrada		Tremonha cônica, abertura de descarga circular
		Tremonha prismática, abertura de descarga retangular		Tremonha em cinzel, abertura de descarga retangular
				Tremonha em transição, abertura de descarga retangular
				Tremonha em transição, abertura de descarga retangular
				Tremonha de projeto especial (fluxo expandido)
Fundo chato				Abertura de descarga circular
		Abertura de descarga retangular		

Fonte: adaptado de Woodcock e Mason (1995).

A carga do silo é geralmente feita por transportadores de correia colocados na sua parte superior.

O perfeito escoamento do material ensilado é a condição essencial para a boa mistura e para a homogeneização do material residente no silo. Ele depende das características da matéria-prima a ser estocada e de algumas características do silo:

♦ altura: a altura do silo exerce influência no escoamento no que diz respeito à pressão que o material suprajacente exerce sobre as camadas inferiores. Maiores alturas têm influência favorável sobre o escoamento (exceto se o material tiver tendência a aglomerar e ficar longos períodos dentro do silo);

♦ temperatura ambiente: ela age sobre o material estocado no que tange principalmente à sua umidade (material mais seco escoa com maior facilidade). Pode, entretanto, agir de forma adversa sobre materiais deterioráveis;

♦ tempo de estocagem: quanto maior o tempo de estocagem, maior a probabilidade de o material se aglomerar, dificultando o escoamento.

3.2 Características do material que interessam à ensilagem

Em primeiro lugar, merecem atenção aquelas características que afetarão o movimento do material dentro do silo. Essas características são usualmente expressas pela sua coesividade (ou, inversamente, pela escoabilidade) e medidas pelo ângulo de repouso e pelo ângulo de escoamento do material.

Quanto maior o teor de substâncias graxas e argilosas, mais difícil é o escoamento. A presença de argila ou de finos implica maior umidade e afeta a coesividade do material estocado.

O ângulo de repouso é o ângulo que a pilha do material, deixado acumular-se livremente, formará com a horizontal. O ângulo de escoamento é o ângulo em que o material, partindo do repouso, escoará, que pode acontecer caso o material deslize sobre si mesmo ou sobre uma outra superfície que esteja em contato com ele. Nesse caso, é chamado de ângulo de atrito com a parede (Fig. 3.1). Os três parâmetros variam com a granulometria do material, com os teores de umidade ou de substâncias graxas ou argilosas presentes, com a temperatura a que se encontra o material e com o tempo decorrido desde que o material foi estocado. A temperatura ambiente afeta o material estocado principalmente no que tange à sua umidade. Um material mais seco escoa com maior facilidade. Quanto maior o tempo de estocagem, maior a probabilidade de o material se agregar, dificultando o escoamento.

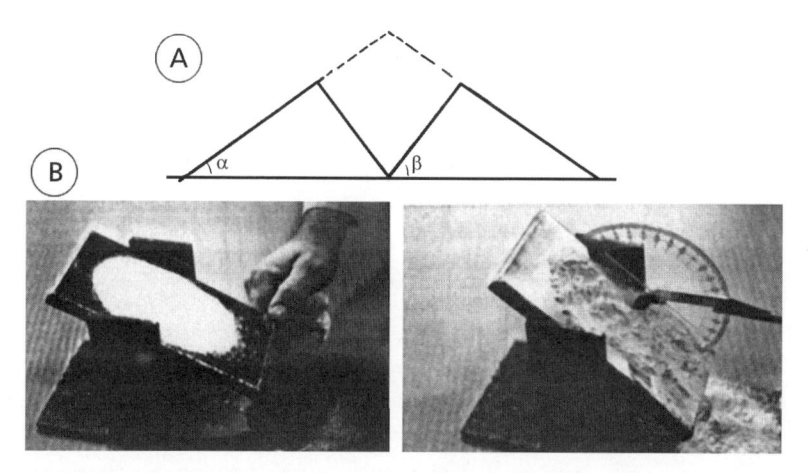

Fig. 3.1 (A) Ângulos de repouso e de escoamento; (B) ângulo de atrito com a parede

Convencionaram-se as faixas de valores do ângulo de repouso indicadas na Tab. 3.1. Outros autores, como Shamlou (1988), apresentam faixas diferentes. Para visualizar a diferença entre as faixas extremas, vá até a cozinha e encha uma colher com açúcar refinado seco e outra com pó de café. Quanto mais fácil o escoamento, melhor será a possibilidade de mistura com outros pós e de homogeneização do material no interior do silo ou de outro aparelho qualquer. Relacionam-se, na Tab. 3.2, os parâmetros de escoabilidade de diferentes matérias-primas.

A granulometria influencia muito o escoamento do material estocado no interior de um silo, como será discutido mais adiante.

Tab. 3.1 Faixas de valores do ângulo de repouso

Ângulo de repouso α	Situação
Menor que 15°	Escoamento livre (*free flow*)
Entre 15° e 30°	Escoamento fácil
Entre 30° e 45°	Escoamento regular
Entre 45° e 60°	Escoamento difícil
Maior que 60°	Pó coesivo

Tab. 3.2 Ângulos de repouso para alguns minerais

Material	Ângulo de repouso α (°)
Antracito, carvão de pedra em pó - 1/8"	35
Areia úmida	45
Areia seca	35
Arenito, grés (britado)	30-44
Argila seca granulada	35
Argila xistosa esmagada	39
Amianto, ROM	30-44
Amianto em fragmentos	45
Barita (minério)	30-44
Bauxita (minério)	31
Cal hidratada e pulverizada	42
Cal moída - 1/8"	40
Carbureto de cálcio (britado)	30-44
Carvão antracitoso uniforme	27
Carvão (linhito)	38
Carvão betuminoso - 50#	45
Carvão betuminoso, ROM	38
Carvão betuminoso uniforme	35
Carvão betuminoso fofo - 1/2"	40
Carvão de madeira	35
Pó de carvão	20
Cascalho molhado	23
Cascalho seco	30-44
Caulim - 3"	35
Caulim - 100#	45
Chumbo (minério)	30
Cimento Portland	39
Cinza, fuligem, terra	32
Cinza seca de carvão - 1/2"	40

Tab. 3.2 ÂNGULOS DE REPOUSO PARA ALGUNS MINERAIS (cont.)

Material	Ângulo de repouso α (o)
Cinza seca de carvão - 3"	45
Cinza úmida de carvão - 1/2"	50
Clínquer	30-40
Cobre, minério de	30-44
Dolomita granulada	30-44
Feldspato - 3"+ 1 1/2"	34
Feldspato peneirado - 1/2"	38
Ferro, minério de	35
Fosfato, rocha (quebrada, seca)	25-30
Gipsita, pedaços de 1 1/2" a 3"	30
Gipsita, peneirada de 1/2"	40
Gipsita, poeira exposta ao ar	42
Granito, pedaços de - 3"+ 1 1/2"	20-29
Granito, peneirado - 1/2"	20-29
Granito quebrado	30-44
Manganês, minério de	39
Mármore moído - 1/2"	30-44
Mica, flocos de	19
Mica moída	34
Pedra britada	20-29
Pedra calcária moída	38
Pedra calcária para agricultura	30-44
Pedra-pomes, 1/8" e abaixo	45
Pedregulho, seixo (cristal de rocha)	39
Pirita, pedaços de 2" a 3"	30-44
Poeira de pedra calcária	38
Quartzo	20-29
Sílica	20-29
Sínter	35
Terra e bauxita seca	35
Vermiculita expandida	45
Zinco, minério de	38

Fonte: adaptado de Allis Mineral Systems (1994).

Tanto materiais de granulometria muito fina dificultam o escoamento, como também materiais muito grossos.

Embora não diretamente ligadas ao escoamento, mas podendo afetá-lo seriamente e até mesmo irremediavelmente, devem ser consideradas ainda a *degradação granulométrica*, a *segregação granulométrica* e a *tendência à aglomeração (caking)*:

♦ *degradação granulométrica* – o material é esmagado sob a ação do peso das camadas suprajacentes, sofre abrasão e impacto durante a queda para dentro do silo e, ainda, sofre a abrasão mútua das partículas durante o movimento, alterando a sua distribuição granulométrica original e aumentando a porcentagem de finos;

♦ *segregação granulométrica* – as características de escoamento dependem da granulometria do material. Assim, as partículas grosseiras têm maior inércia (quantidade de movimento = massa x velocidade) e, por isso, movem-se mais depressa e melhor que as frações finas. Num silo com apenas uma entrada, as partículas grossas escorregarão para junto das paredes do silo, onde se concentrarão, enquanto que as finas se concentrarão no meio do silo, como procura mostrar a Fig. 3.2;

♦ *tendência à aglomeração* – certos materiais, sob a pressão exercida pelas camadas suprajacentes, tendem a se aglomerar, num verdadeiro processo de briquetagem, formando placas, às vezes de grande extensão e notável resistência mecânica, que podem chegar a impedir todo o escoamento do material (além de diminuir a capacidade útil do silo).

A considerar, restam ainda as características que nada têm a ver com o escoamento, mas que afetam o projeto:

Fig. 3.2 Segregação granulométrica

- *densidade aparente* – influi no cálculo da estrutura do silo, uma vez que um material mais denso exige uma estrutura mais reforçada do que um silo que vai armazenar um material mais leve;
- *abrasividade* – tem influência sobre a vida dos componentes estruturais ou, o que é a mesma coisa, sobre a escolha do material de revestimento do silo;
- *degradabilidade* – a degradabilidade do material tem forte influência nas dimensões de um silo, uma vez que limita a sua altura (degradabilidade sob queda) ou o tempo de estocagem (degradabilidade sob carga) e, por consequência, a capacidade de estocagem.

Enfrenta-se o problema de reduzir a degradação granulométrica durante o ensilamento com os seguintes artifícios:

a) mantendo o silo sempre cheio; assim, a altura de queda é diminuída e a degradação, evitada;
b) usando um dispositivo (tobogã) para fazer o material escorregar até o fundo do silo (Fig. 3.3);
c) instalando "mortos" e dispositivos (escada de pedra) que fazem o material cascatear ao cair, transformando o percurso até o fundo do silo em diversas pequenas quedas sucessivas (Fig. 3.4);
- *corrosividade* – tem efeito aditivo sobre a abrasividade e também afeta a escolha do material de revestimento do silo.

O projeto de silos deve prover as condições para que o material escoe livremente, isto é, para eliminar ou minimizar os problemas usualmente encontrados no escoamento do material ensilado.

As variáveis que o projetista dispõe para isso são apenas três:
- a abertura da boca de saída;
- a inclinação da tremonha de descarga;
- o material de construção dessa tremonha.

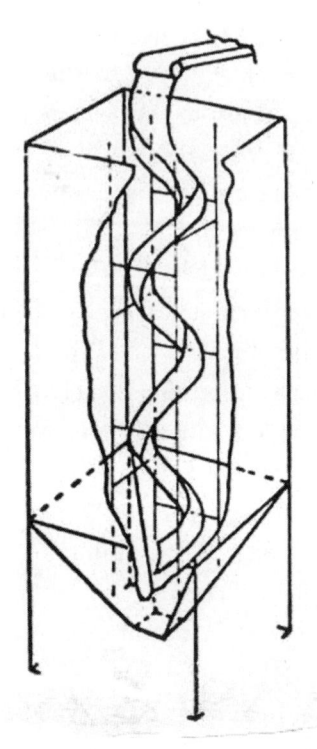

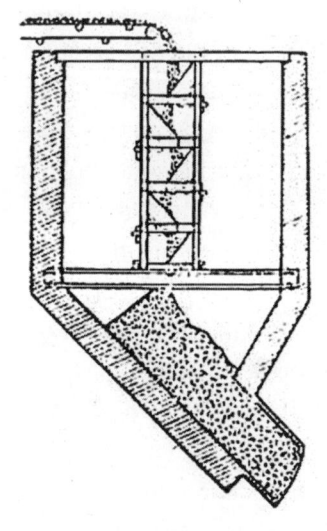

Fig. 3.3 Tobogã
Fonte: Reisner e Eisenhart-Rothe (1971).

Fig. 3.4 Escada de pedra
Fonte: Reisner e Eisenhart-Rothe (1971).

O objetivo é encontrar as medidas mínimas de boca de saída para que o material escoe livremente. Quanto menor ela for, mais barato ficará o projeto, tanto em termos estruturais do silo propriamente dito quanto nos equipamentos que receberão o material como alimentadores e transportadores de correia.

A abertura de saída é de suma importância para o projeto de silos e extremamente em termos financeiros. Logicamente, uma abertura de saída enorme vai impedir que o escoamento cesse, mas, por outro lado, vai requerer um alimentador mais caro na descarga, capaz de suportar tais vazão e impacto sem desenvolver problemas operacionais.

É instrutivo considerar as diferenças entre o escoamento de sólidos e o escoamento de líquidos: os sólidos podem formar

3 Estocagem em silos   105

pilhas quando em repouso, pois apresentam resistência ao atrito estático; já os líquidos formam apenas superfícies planas quando em repouso, pois apresentam resistência nula ao atrito estático. Os sólidos possuem coesão e retêm a forma após a aplicação de cargas, enquanto os líquidos não possuem coesão. Isso ainda os impede de formar obstruções e arcos, o que não é verdade para os sólidos. Os líquidos possuem a propriedade de exercer pressão hidrostática sobre as paredes do recipiente que os contém, enquanto os sólidos exercem pressão não hidrostática sobre as paredes do silo.

3.2.1 Distribuição granulométrica

As propriedades dos sólidos constituídos de partículas graúdas diferem das dos sólidos constituídos de partículas miúdas, e é interessante considerar essas diferenças. Por material graúdo entende-se sólidos a granel peneirados, cujo teor de finos (-6 mm) não exceda 10% do volume total manipulado.

Material graúdo

- ◆ apresenta escoamento geralmente livre, as partículas movendo-se em conjunto ou rolando umas sobre as outras durante o escoamento;
- ◆ existe, em contrapartida, a possibilidade de formação de arcos, em que uma partícula se apoia sobre outra e todas sobre as paredes da tremonha, fazendo cessar por completo o escoamento;
- ◆ o tempo de armazenagem no silo não tem, necessariamente, qualquer influência sobre o comportamento ao escoamento, exceto nos casos em que possam ocorrer reações químicas do material (minérios como pirita oxidam-se, aquecem-se e podem até fundir, formando aglomerados);
- ◆ a umidade não tem, via de regra, muita influência sobre o escoamento, já que se apresenta somente como umidade superficial. Como o minério é grosso, sua área específica é pequena;

- a vibração externa (por exemplo, ocasionada pela maquinaria em operação, como minério nos vagões ferroviários durante o transporte) poderá redistribuir ou relocar os fragmentos de material.

Material fino (-6 mm)
- adquire coesão por causa da pressão externa (por exemplo, quando a areia úmida é comprimida na mão, ela mantém sua nova forma, o que indica a presença de coesão, enquanto que a areia seca comprimida não mantém a sua forma, por não dispor de coesão). Em consequência, o material fino pode formar arcos, mas por causas diferentes das que formaram os arcos de material grosso;
- a umidade geralmente influencia – para mais ou para menos – a força de coesão, havendo, portanto, uma porcentagem ótima para a maioria dos sólidos;
- a coesão é afetada pelo repouso, demorado ou não, em decorrência dos seguintes fatores: migração de água, evaporação de água, reação química entre as partículas, alterações na superfície das partículas (cristalização, por exemplo), fuga do ar arrastado (aumento de densidade aparente), influência da temperatura sobre a coesão;
- ocorrem, durante o escoamento, deformações por cisalhamento, pois os finos coesivos movem-se sob cisalhamento.

Material misto

O material misto, isto é, composto de partículas graúdas e finas (estas numa porcentagem maior que 10% em volume), apresenta um comportamento intermediário entre os dois casos, a saber:
- a fração de graúdos move-se como um todo, enquanto que a fração de finos desloca-se por cisalhamento;
- via de regra, ocorre segregação granulométrica durante o carregamento do silo. Consequentemente, o comportamento

do escoamento na descarga será variável, ora com características do material graúdo, ora do material fino;
♦ a variação de umidade afeta mais intensamente o comportamento da fração de finos e, consequentemente, o seu escoamento. Como resultado, o escoamento da fração grossa também é prejudicado;
♦ a fração de graúdos de tamanho máximo ajuda, de forma geral, o escoamento, pois aumenta a heterogeneidade granulométrica, prejudicando a formação dos arcos de finos.

3.3 Problemas da operação de ensilagem

No silo de funcionamento perfeito idealizado no início deste capítulo, uma vez aberta a descarga, todo o material sólido carregado entraria em movimento de uma só vez. O escoamento seria uniforme e bem controlado, a vazão de saída independeria da altura carregada e, mesmo que tivesse havido segregação durante o carregamento, o material seria homogeneizado na descarga. Esse silo ótimo corresponde ao comportamento chamado na literatura de *mass flow* (Fig. 3.5A). Característica de

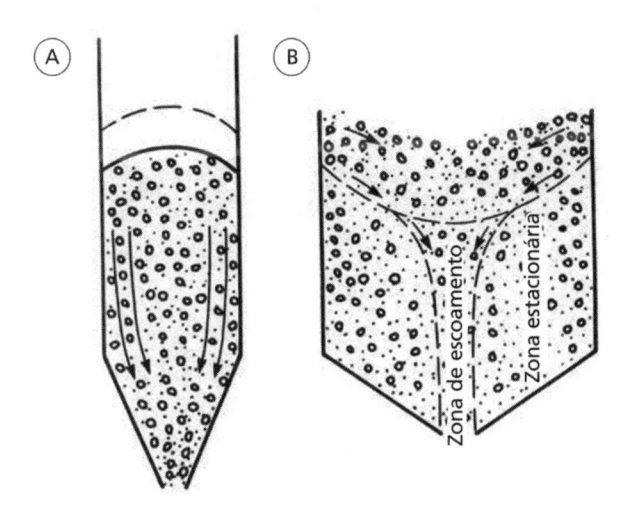

Fig. 3.5 (A) *Mass flow*; (B) *funnel flow*
Fonte: Shamlou (1988).

importância fundamental é que o primeiro material que entrou é o primeiro material a sair, chamado de sequência "primeiro que entra - primeiro que sai".

Esse comportamento, entretanto, é difícil de se conseguir, e os silos reais apresentam desvios, que se constituem em problemas operacionais sérios, tanto no controle do material estocado no silo quanto nos riscos de perda de qualidade desse material. Esses problemas passam a ser examinados a seguir.

3.3.1 Formação de chaminés

Chamado na literatura de *core flow* ou *funnel flow*, consiste em o material escoar através de uma chaminé que se forma no material estocado, a partir do orifício de descarga. Essa chaminé fica cercada de material imóvel. Conforme escoa todo o material do interior da chaminé, o seu nível abaixa e placas de material circunjacente começam a escorregar para dentro da chaminé, como esquematizado na Fig. 3.6.

As consequências da formação de chaminés são a perda de homogeneização, com variações na qualidade do material, bem como problemas operacionais no que diz respeito a variações de vazão.

Nota-se, de imediato, a inversão da sequência para "primeiro que entra - último que sai", pois o material carregado primeiro não sairá enquanto não for descarregado todo o volume ensilado. Em particular, tendo havido segregação, se houver tendência do material para aglomerar-se, degradar-se ou oxidar-se, tais problemas serão agravados.

Na verdade, na maior parte dos silos existentes ocorre esse

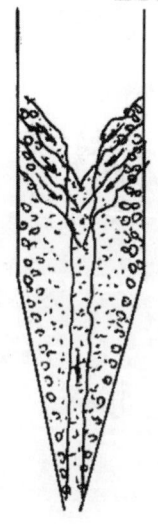

Fig. 3.6 *Funnel flow* ou *core flow* – formação de chaminés

fenômeno. Para solucioná-lo, pode-se tomar como sugestão o seguinte:

♦ instalar múltiplas saídas, o que favorece a descarga do material, revolve-o e evita a ocorrência de regiões imóveis (Fig. 3.7). Em cada uma das descargas resultantes ocorrerá segregação granulométrica que, dessa forma, acaba sendo distribuída por todo o interior do silo, e não apenas junto às paredes externas;

♦ instalar o dispositivo conhecido como chapéu chinês (um cone invertido, fixo ou dotado de movimento vibratório), com vistas a desviar a direção de escoamento do centro do silo (Fig. 3.8);

♦ instalar vibradores na parte externa do silo para evitar imobilização do material e favorecer o escoamento. Prestar atenção à possibilidade de rompimento, por fadiga, dos parafusos

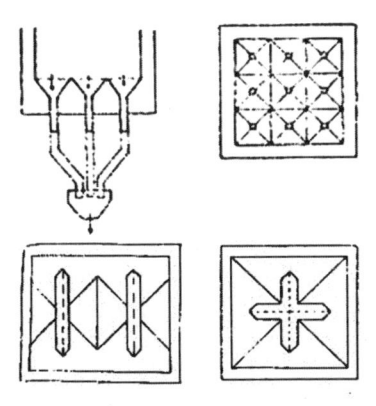

Fig. 3.7 Múltiplas saídas
Fonte: Reisner e Eisenhart-Rothe (1971).

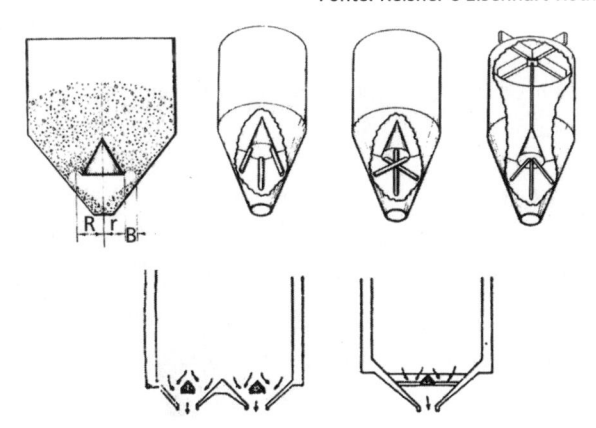

Fig. 3.8 Chapéu chinês
Fonte: Reisner e Eisenhart-Rothe (1971).

de fixação, com o uso prolongado ou muito frequente desse sistema;

♦ instalar injetores de ar atrás de placas perfuradas ou telas, que fluidizem o material junto às paredes da tremonha, propiciando o seu escoamento.

A Fig. 3.9 mostra os efeitos de diferentes configurações de saída sobre a variação da granulometria do material descarregado.

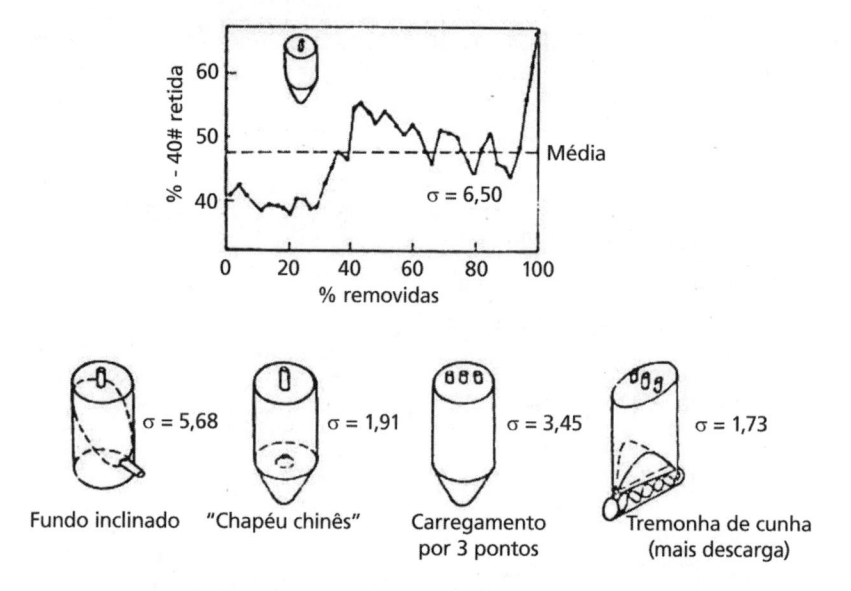

Fig. 3.9 Efeito da configuração de saída sobre a granulometria
Fonte: Reisner e Eisenhart-Rothe (1971).

3.3.2 Segregação granulométrica

A segregação granulométrica no silo, já mostrada na Fig. 3.2, se traduz pela predominância das partículas mais grosseiras junto às paredes, enquanto que as partículas mais finas ficam confinadas na parte central. Se os grãos grosseiros estiverem segregados na periferia do silo, só começarão a ser descarregados após ter saído todo o material de dentro da chaminé, ou seja, os finos. Não só a granulometria passa a variar com o tempo, destruindo

3 Estocagem em silos   111

toda a homogeneização do material, como também a descarga terá a granulometria variada no tempo, podendo comprometer as operações a jusante.

Para atenuar esse problema, sugere-se multiplicar o número de entradas (Figs. 3.10 e 3.11). Dessa forma, o material é distribuído de maneira mais uniforme.

Fig. 3.10 Múltiplas entradas
Fonte: Reisner e Eisenhart-Rothe (1971).

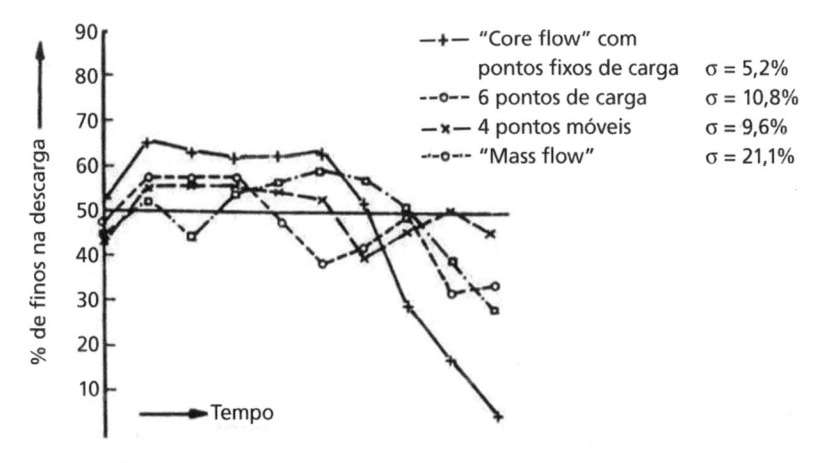

Fig. 3.11 Efeito resultante
Fonte: Reisner e Eisenhart-Rothe (1971).

3.3.3 Arqueamento

Ocorre a formação de arcos apoiados nas paredes da tremonha (Fig. 3.12), que suportam a carga e impedem sua descida, levando à cessação total do escoamento. Esse problema é mais frequente com partículas grosseiras, mas ocorre também com partículas finas.

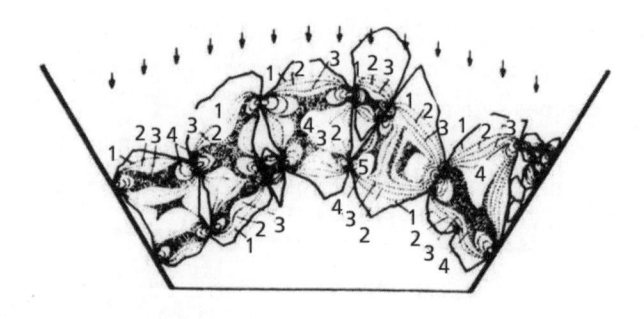

Fig. 3.12 Arco com partículas grossas
Fonte: Reisner e Eisenhart-Rothe (1971).

Problema adicional e muito grave é o rompimento súbito desse arco, fazendo com que grandes massas de material desabem subitamente sobre a porção inferior do silo. O impacto, com frequência, causa a ruína total da construção. Os engenheiros civis e de estruturas que vão calcular um futuro silo precisam ser prevenidos pelo engenheiro de processos a respeito dessa particularidade – a estrutura do silo não pode ser dimensionada apenas com base na carga estática que ele tem que suportar, mas também e, principalmente, no impacto dessa carga desabando.

Para solucionar esse problema, usam-se injetores de ar na tremonha (canhões de ar comprimido). O tiro destrói os arcos. Uma outra possibilidade de solução é a de projetar uma tremonha assimétrica, pois o princípio da formação de arcos prevê simetria ao seu redor.

Algumas observações devem ser registradas:

1 A forma e a textura da superfície das partículas têm influência decisiva nos arqueamentos de materiais graúdos. Quanto mais irregular a forma da partícula, maior a possibilidade de arqueamento. Da mesma forma, para quanto mais áspera for a sua superfície.

2 A altura do arco depende da inclinação da parede. Paredes íngremes não são recomendadas para materiais graúdos. Os arcos mais planos são geralmente mais fortes e mais resis-

tentes do que os arcos altos, exigindo o emprego de maior esforço mecânico para provocar o seu rompimento.

3 A possibilidade de formação de arcos decresce com o aumento do tamanho da abertura de descarga. Para impedir o bloqueio dos materiais graúdos acima da abertura de saída, recomenda-se que a menor dimensão lateral tenha pelo menos 3 vezes o tamanho da maior partícula ou pelo menos 6 vezes o tamanho da partícula média – adotando-se a maior das duas. Para materiais graúdos, são preferíveis as aberturas retangulares às quadradas ou redondas. A relação entre a largura e o comprimento da abertura deve ser de 1 para 3, tanto quanto possível.

3.3.4 Escoamento errático

Consiste na formação de arcos instantâneos e vazios que sofrem colapso após alguns instantes, não a ponto de impedir o escoamento, mas fazendo variar a vazão de descarga do silo.

3.3.5 Borbulhamento e fluidização

O borbulhamento (Fig. 3.13) se forma quando ocorrem arcos que entram em colapso em seguida. O ar contido nos arcos é aprisionado pelo material dentro do silo. Conforme a bolha vai subindo dentro do silo, a pressão sobre ela vai diminuindo e a bolha vai se expandindo. Ao chegar no topo, ela explode, fluidizando o material e até jogando-o para cima. Os problemas associados são o escoamento errático, o lançamento de material sobre os equipamentos, perdas de material, sujeira e lançamento de poeira. É muito frequente em silos de cimento.

3.4 Projeto de silos (Jenike, 1964a, 1964b; Johanson; Colijn, 1964; Ozster, 1970)

3.4.1 Aproximação teórica

Até data relativamente recente, o tratamento dado ao problema de ensilagem era totalmente empírico. Os projetistas,

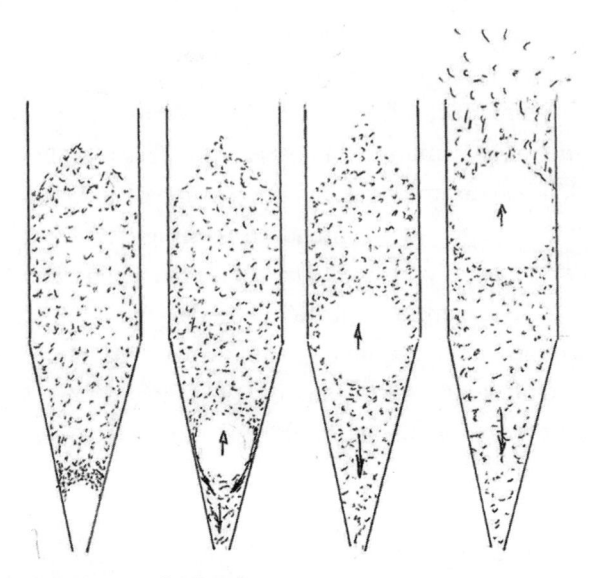

Fig. 3.13 Borbulhamento e fluidização

baseando-se na experiência pessoal de casos anteriores e nos resultados conhecidos de casos análogos, procuravam acertar. Em consequência, a literatura dessa época é muito pródiga em receitas sobre como eliminar ou contornar os inconvenientes decorrentes do mau projeto.

No início da década de 1960, a Universidade de Utah levou a cabo uma série de estudos sobre o problema, que culminou com o aparecimento da Teoria de Jenike e Johanson. Esse tratamento teórico fornece uma solução satisfatória para o problema de projetar um silo que assegure o fluxo de todo o material contido. A teorização recebeu considerável desenvolvimento posterior.

O comportamento do solo é bem conhecido. A Fig. 3.14, por exemplo, representa a ruptura de um talude. O peso P gera a tensão de cisalhamento τ numa superfície cilíndrica, perpendicular ao plano do desenho, e que aflora nos pontos A e B.

Quando essa tensão atinge o valor τ_r, que é a sua resistência ao cisalhamento, ocorre o recalque. É importante salientar que esse tipo de escoamento não envolve necessariamente deformações. "Em

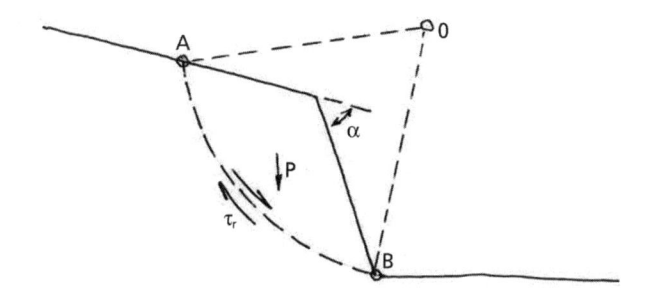

Fig. 3.14 Ruptura de um talude

outras palavras, nos problemas de ruptura (de solos), as deformações são indefinidas" (Vargas, 1977, p. 310).

A assimilação teórica é a de comparar o material ensilado a um solo: ambos são sólidos granulados, estão sob tensão, têm umidade, coesividade, sofrem variação de temperatura. A única diferença é que uma obra de terra é projetada para não escoar nunca, ao passo que, num bom silo, o material armazenado deveria escoar sempre.

O modelo básico para o estudo teórico é a assimilação do corpo sólido particulado contido dentro do silo a um sólido rígido-plástico de Coulomb, ou seja, a um corpo que, sujeito a um estado de tensão variável, não sofre de início efeito algum. Isso persiste até ser atingido um certo estado de tensão em que ele entra em escoamento. Essa situação é esquematizada na Fig. 3.15 – qualquer estado de tensão inferior à linha de escoamento (*yield locus* – YL) não causa efeito algum (semicírculo de Mohr O_1). Qualquer estado de tensão O_2 tangencial a YL

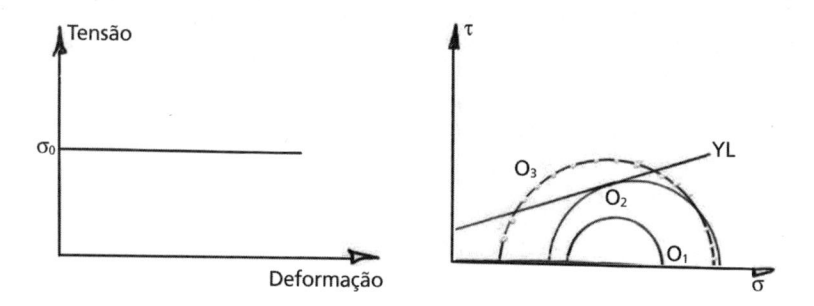

Fig. 3.15 Sólido rígido-plástico

causa o escoamento. Níveis de tensão correspondentes a semicírculos de Mohr secantes a YL (semicírculo O_3) obviamente não são possíveis, pois, ao tangenciá-lo, o sólido particulado já entrou em escoamento.

3.4.2 Revisão de conceitos de Mecânica dos Solos

O modelo utilizado para o estudo de materiais em silos é, portanto, baseado em conceitos de Mecânica dos Solos. Para que se possa entender como funciona esse modelo, o que possibilitará o dimensionamento dos silos, é preciso revisar alguns desses conceitos.

Estados de tensão

No solo não ocorrem tensões de tração (por isso, representa-se sempre apenas o semicírculo superior ao eixo das abscissas) e vários estados de tensão são possíveis.

Num ponto qualquer do interior de um solo, existe sempre um estado de tensão. Esse estado de tensão dá origem a diversas tensões que dependem de um plano de referência. Para se poder falar em tensão, é necessário associar o estado de tensão de um determinado ponto a um plano qualquer.

Nesse plano, e em qualquer outro no interior do solo, a tensão atuante pode ser decomposta numa componente normal e numa componente atuante no plano. Essas componentes são denominadas, respectivamente, tensão normal e tensão de cisalhamento. A relação entre essas duas tensões é denominada coeficiente de empuxo em repouso e representada pelo símbolo K_0.

A fórmula empírica para o cálculo dessa relação é a seguinte:

$$K_0 = 1 - \varphi \qquad (3.1)$$

onde φ é o ângulo de atrito efetivo.

Na Mecânica dos Solos, as tensões normais são consideradas positivas quando são de compressão e as tensões de cisalhamento

3 Estocagem em silos 117

são consideradas positivas quando atuantes em sentido anti-horário, convencionando-se também os ângulos como positivos quando tomados no sentido anti-horário.

Num ponto qualquer do solo, a tensão atuante e a sua inclinação em relação à normal ao plano (e, consequentemente, às tensões normais e de cisalhamento) variam conforme o plano considerado. Existem sempre três planos em que a tensão atuante é normal ao próprio, não existindo a componente de cisalhamento (como os planos horizontal e vertical no caso de solo com superfície horizontal). Demonstra-se que esses planos, em qualquer situação, são ortogonais. Eles recebem o nome de planos principais, e as tensões neles atuantes são chamadas tensões principais. A maior delas é chamada de tensão principal maior e a menor delas é chamada de tensão principal menor. A outra é chamada de tensão principal intermediária. Em casos especiais, a tensão intermediária pode ser igual a uma das outras duas, assim como as três podem ser iguais. De qualquer forma, as tensões intermediárias geralmente não são consideradas, pois sua influência costuma ser pequena e têm sido objeto de investigações só para situações muito peculiares.

No estado duplo de tensões, conhecendo-se os planos e as tensões normal e de cisalhamento, podem-se sempre determinar as tensões normal e de cisalhamento em qualquer plano passando por esse ponto. Esse cálculo pode ser feito utilizando-se as equações de equilíbrio dos esforços, aplicadas a um prisma triangular definido pelos dois planos principais e o plano considerado, conforme a Fig. 3.16.

Círculo de Mohr

O estado de tensões em todos os planos passando por um ponto pode ser representado graficamente num sistema de coordenadas em que as abscissas são as tensões normais e as ordenadas são as tensões de cisalhamento. Nesse sistema, as equações vistas na Fig. 3.16 definem um círculo.

Este é o círculo de Mohr. Ele permite que sejam facilmente determinadas as tensões que ocorrem em qualquer plano, no ponto

$$\sigma_\alpha = \frac{\sigma_1 + \sigma_3}{2} + \frac{\sigma_1 - \sigma_3}{2} \cos 2\alpha$$

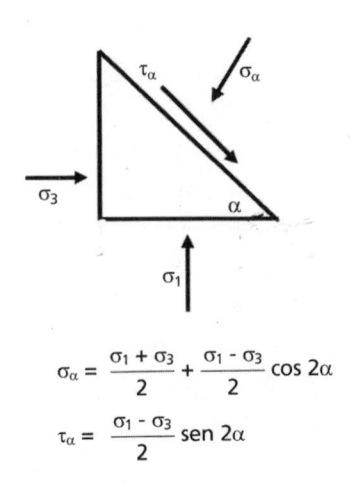

$$\tau_\alpha = \frac{\sigma_1 - \sigma_3}{2} \operatorname{sen} 2\alpha$$

Fig. 3.16 Determinação das tensões num plano genérico

cujo estado de tensão é por ele definido.

Os planos, no círculo de Mohr, são determinados pelo parâmetro α, que indica o ângulo desse plano com o plano principal menor. Plano principal, como mencionado anteriormente, é aquele plano cuja tensão atuante é, por si só, normal ao plano considerado, uma vez que não há tensão cisalhante. Dessa forma, o ângulo α é o ângulo que define um plano qualquer em relação a um plano principal, que, no caso, é o plano principal maior (no qual a tensão atuante é a maior das principais). Há sempre três planos principais para cada ponto em questão, e o círculo de Mohr é uma maneira prática de determinar a tensão atuante em qualquer plano que passa pelo ponto em questão, que tem, como ponto de partida, o estado de tensões daquele ponto.

O círculo de Mohr é facilmente construído, desde que sejam conhecidas as duas tensões principais, ou as tensões normais e de cisalhamento em dois planos quaisquer (desde que as tensões normais não sejam iguais, o que tornaria o problema indefinido).

No círculo de Mohr (Fig. 3.17), σ e τ são as coordenadas de um ponto M" de um círculo traçado no diagrama σ, τ. O seu centro está no ponto O, de abscissa $\sigma_o = (\sigma_1 + \sigma_2)/2$. O raio é $(\sigma_1 - \sigma_3)/2$. Os pontos A e B correspondem às tensões principais.

M" representa um plano que faz ângulo 2α com o eixo dos σ (dobro do ângulo entre o plano no qual atuam as tensões σ e τ e o plano sobre o qual age a tensão principal maior).

Também é possível traçar o círculo de Mohr a partir de σ_x, σ_z e τ_{xz} (ou τ_{zx}) atuantes nos planos horizontal e vertical. Os ângulos que os raios CM e CM' fazem com o plano onde age σ_1 serão $2\alpha_o$ e $\pi + 2\alpha_o$.

3 Estocagem em silos   119

Existe um ponto Q_p, denominado polo do círculo de Mohr. Ele é determinado traçando-se paralelas aos eixos σ e τ pelos pontos M e M'. Ligando Q_p a A e B, tem-se as direções dos planos I e III, em que agem σ_1 e σ_3, (Vargas, 1977, p. 315-6) (Fig. 3.17).

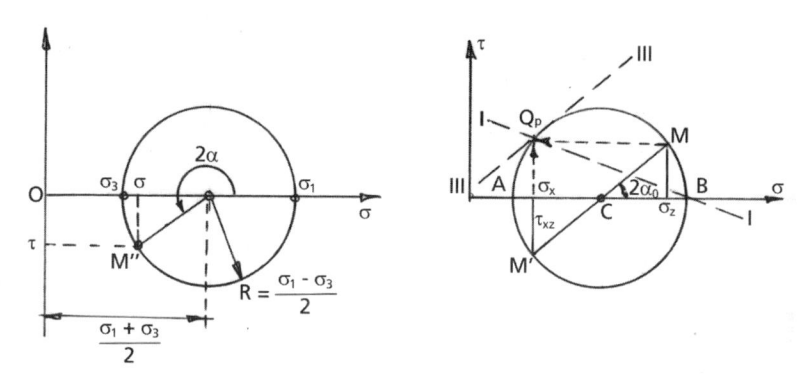

Fig. 3.17 Propriedades do círculo de Mohr

Traçando-se os círculos, como mostrado na Fig. 3.18, que cortam o eixo dos σ em σ_1, σ_2 e σ_3, pode-se demonstrar que o ponto representativo de um dado estado de tensão sobre qualquer seção inclinada só pode estar situado na área hachurada. Como consequência, $\tau_{máx}$ é igual ao raio do círculo maior, $(\sigma_1 - \sigma_3)/2$ (Caputo, 1983, p. 121).

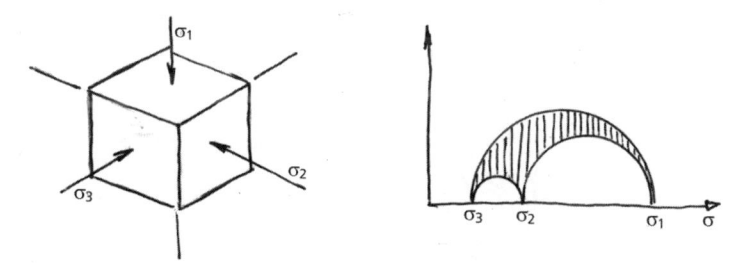

Fig. 3.18 Círculo representativo de um estado de tensão

Se duas das tensões principais são nulas ($\sigma_2 = \sigma_3 = 0$), dito estado simples de tensão, o círculo de Mohr tangencia o eixo das ordenadas, caso em que, para α = 45°, obtém-se $\tau_{máx} = \sigma_1/2$ (Fig. 3.19). Se as três tensões principais são iguais ($\sigma_1 = \sigma_2 = \sigma_3$), o círculo se reduz a um ponto (Fig. 3.20).

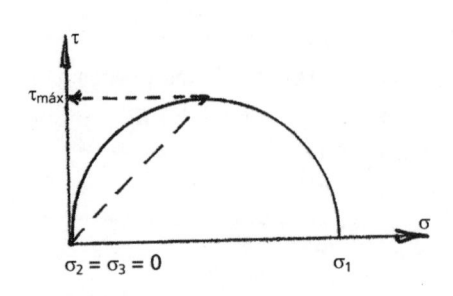

Fig. 3.19 Círculo para duas tensões principais nulas

Da análise do círculo de Mohr, diversas conclusões podem ser obtidas, como as seguintes:

1 A máxima tensão de cisalhamento ocorre em planos que formam ângulos de 45° com os planos principais.

2 A máxima tensão de cisalhamento é igual à semidiferença das tensões principais:

$$\tau_{máx} = \frac{\sigma_1 - \sigma_2}{2} \qquad (3.2)$$

3 As tensões de cisalhamento em planos ortogonais são numericamente iguais, mas de sinal contrário.

4 Em dois planos formando o mesmo ângulo com o plano principal maior, com sentido contrário, ocorrem tensões normais iguais e tensões de cisalhamento numericamente iguais, mas de sinal contrário.

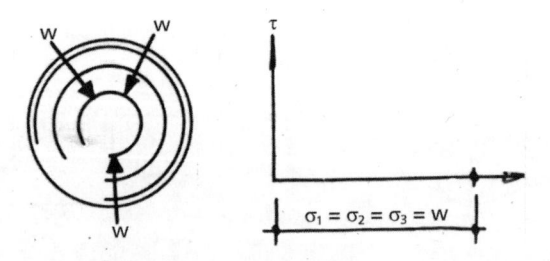

Fig. 3.20 Círculo para as três tensões principais nulas

Em Mecânica dos Solos, geralmente não se dá muita importância às tensões de cisalhamento e, inclusive, só se representa a metade superior do círculo de Mohr, adotando-se todas as tensões como positivas. Isso ocorre porque, na grande maioria dos problemas de engenharia de solos, os sentidos das tensões de cisalhamento são intuitivamente conhecidos.

Critérios de ruptura

Critérios de ruptura são formulações que procuram refletir as condições em que ocorre a ruptura dos materiais. Existem critérios que estabelecem tensões máximas de compressão, de tração ou de cisalhamento; outros se referem a deformações máximas; outros, ainda, consideram a energia de deformação. Um critério é satisfatório quando reflete o comportamento do material em consideração. Para os solos, os critérios mais empregados são o de Coulomb e o de Mohr, que refletem razoavelmente bem o comportamento dos solos e são de aplicação bastante simples.

O critério de Coulomb pode ser expresso como "não há ruptura se a tensão de cisalhamento não ultrapassar um valor dado pela expressão $c + f\sigma$", sendo c e f constantes do material, e σ a tensão normal existente no plano de cisalhamento. Os parâmetros c e f são denominados coesão e coeficiente de atrito interno do material, respectivamente. O coeficiente de atrito interno pode ser expresso pela tangente do ângulo definido pela inclinação da reta, denominado ângulo de atrito interno, e a equação de resistência pode ser escrita da seguinte forma:

$$\tau = c + \sigma \cdot \mathrm{tg}\,\varphi \qquad (3.3)$$

A representação gráfica da Eq. 3.3 é uma reta, que assume as posições indicadas na Fig. 3.21 conforme os valores de c e φ.

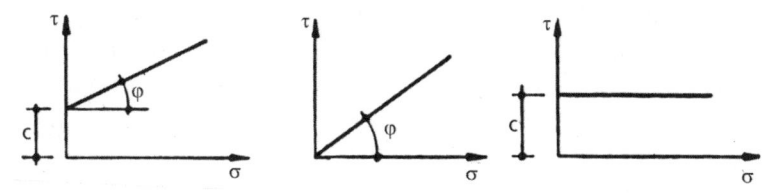

Fig. 3.21 Diferentes situações para a reta de Coulomb

O critério de Coulomb está representado na Fig. 3.22. A equação de resistência de um solo pode ser obtida determinando-se a tensão de cisalhamento na ruptura, para diversos valores de tensão normal, isto é, segundo as linhas AA', BB' etc.

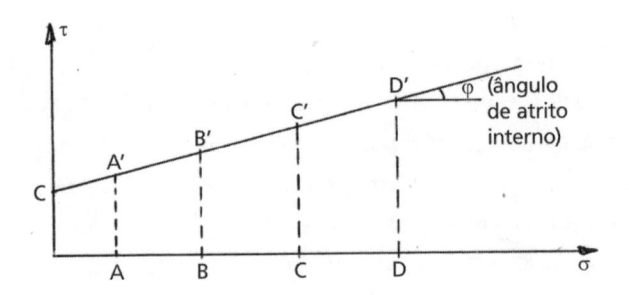

Fig. 3.22 Critério de Coulomb

O critério de Mohr pode ser expresso como "não há ruptura enquanto o círculo representativo do estado de tensões se encontrar no interior de uma curva que é a envoltória dos círculos relativos a estados de ruptura, obtidos experimentalmente para o material". A Fig. 3.23 representa a envoltória de Mohr, o círculo A, representativo de um estado de tensões em que não há ruptura, e um círculo B tangenciando a envoltória, indicativo de um estado de tensões na ruptura. Note-se que não é possível a existência de círculos que cortem a envoltória de resistência, pois, antes que as tensões tenham atingido os valores que definiriam esse círculo, já teria ocorrido ruptura.

Envoltórias curvas são de difícil aplicação. Por essa razão, elas são frequentemente substituídas pelos segmentos de reta que mais aproximadamente as representem no trecho em consideração. Nesse caso, a envoltória de Mohr coincide com a reta representativa do critério de Coulomb, justificando a expressão Critério de Mohr-Coulomb empregada costumeiramente em Mecânica dos Solos.

Esses critérios não levam em conta a influência da tensão principal intermediária. Ainda assim, eles refletem bem o comportamento dos solos, pois a experiência tem mostrado que, de fato, o valor da tensão principal intermediária tem pequena influência na resistência dos solos. Critérios mais

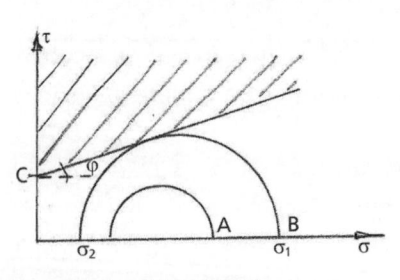

Fig. 3.23 Envoltória de Mohr

modernos de ruptura, em que as três tensões principais são consideradas, têm sido desenvolvidos e aplicados a problemas especiais. Considere-se um elemento do solo submetido a um acréscimo de tensão principal maior, enquanto a tensão principal menor é mantida constante. O estado de tensão vai evoluir segundo os círculos representados na Fig. 3.24, até que o círculo tangencie a envoltória. Nessa situação ocorre ruptura. Em que plano se dará a ruptura?

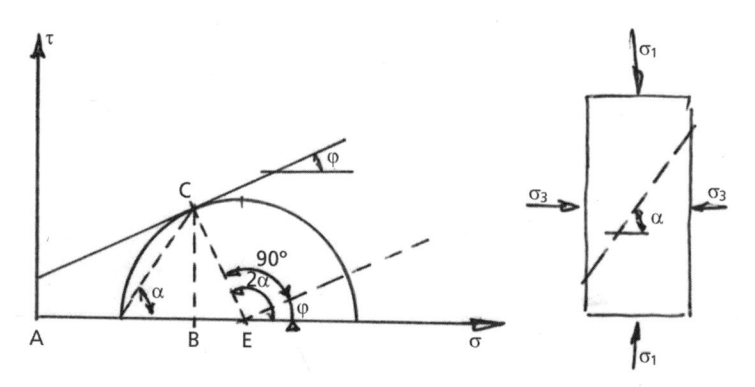

Fig. 3.24 Identificação do plano de ruptura

A ruptura se dará no plano em que estiver agindo a tensão normal indicada pelo segmento AB e a tensão cisalhante BC. Esse plano forma um ângulo α com o plano principal maior. Se do ponto E se traçar uma paralela à envoltória de resistência, constata-se que o ângulo 2α é igual ao ângulo de atrito interno mais $90°$. Portanto, o plano de ruptura faz com o ângulo principal maior um ângulo de $45° + \varphi/2$. A construção gráfica foi traçar por C a perpendicular à envoltória. Ela corta o eixo dos σ em E. Por este ponto E traça-se a paralela à envoltória (faz ângulo φ com o eixo dos σ, CE faz ângulo $2\alpha = 45° +$ Y com o eixo dos Y). Portanto, o plano de ruptura fará com o plano principal maior ângulo $\alpha = 45° + \varphi/2$.

3.4.3 Teoria de Jenike e Johansen

Como já assinalado, o modelo básico para o estudo teórico é o do sólido rígido-plástico de Coulomb, um corpo que, sujeito a um estado de tensão crescente, não sofre, de início, efeito algum, até ser atingido um estado em que ele entra em escoamento.

O princípio proposto para o projeto de silos é, então, assegurar que em todo o volume ensilado o nível de tensões seja suficiente para garantir o escoamento do material.

Para conseguir isso, duas condições independentes devem ser atendidas:

1. a inclinação das paredes da tremonha de descarga deve ser suficiente para não permitir o acúmulo de material nem servir de suporte para arcos; e,
2. a abertura de descarga deve ter dimensões suficientemente grandes para dar vazão ao material e atender às mesmas condições.

Recurso auxiliar é a escolha do material de revestimento da tremonha.

O modelo da Mecânica dos Solos difere do comportamento real dos sólidos granulares em silos nos seguintes fatos:

- YL não é uma reta, mas sim uma curva (Fig. 3.25);
- YL não se estende indefinidamente para tensões de compressão crescentes, mas termina num ponto E (onde ocorre a ruína ou a coesão do material granular), como é mostrado na Fig. 3.25.

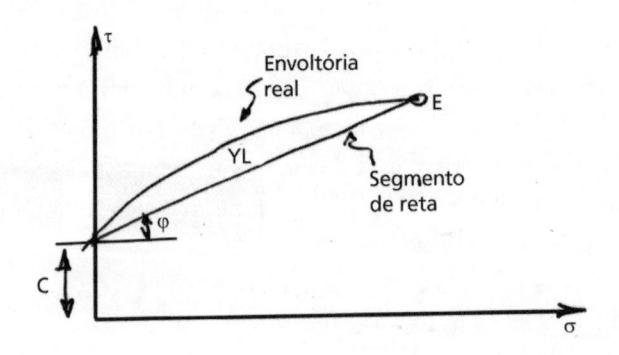

Fig. 3.25 Correção do modelo

De modo geral, uma linha de escoamento YL pode ser representada pela seguinte função:

$$\tau = c + \mu \cdot \sigma \qquad (3.4)$$

$$e \;\mu = tg\,\varphi \qquad (3.5)$$

onde φ é o ângulo de atrito interno.

O parâmetro c, dado pelo valor da tensão de cisalhamento no ponto onde YL corta o eixo das tensões de cisalhamento, é denominado coesão do material. A inclinação da curva YL nesse ponto é φ, que é o ângulo de atrito interno do material (Fig. 3.26).

Conforme mostrado na Fig. 3.26, existem dois círculos de Mohr especiais: o que passa por E e o que passa pela origem. Eles determinam valores de tensão de compressão notáveis, que são f_c = tensão não confinada (*unconfined yield strength*), σ_1 = tensão de consolidação e σ_2. Para uma melhor compreensão do significado físico de f_c, considera-se um cilindro imaginário cheio de material granular, como indicado na Fig. 3.27. Esse cilindro é ideal, isto é, não há atrito entre ele e o material contido nele. Aplica-se uma tensão capaz de consolidar o material granular confinado dentro do cilindro. Essa tensão σ_1 é, nesse caso, também a tensão principal maior. Após aplicar-se σ_1 e o material, por consequência, estar consolidado, o cilindro ideal é removido.

A amostra consolidada, livre do invólucro do cilindro é,

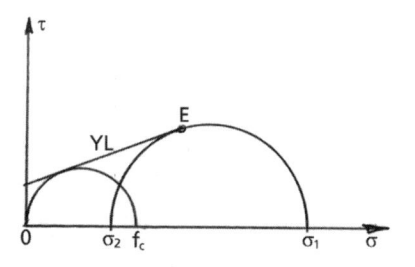

Fig. 3.26 Correção do modelo

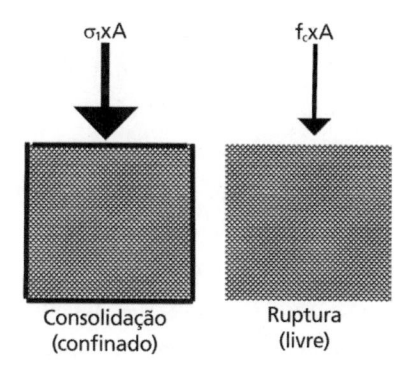

Fig. 3.27 Consolidação do sólido pulverulento e sua ruína

sem qualquer tipo de limitação, submetida a uma tensão crescente a partir de zero. A tensão na qual o material consolidado é rompido chama-se f_c, tensão de ruptura não confinada.

A consolidação do material dentro do silo depende da compressão a que uma camada de material é submetida pelas camadas suprajacentes, isto é, da altura do silo. Se for tomado um silo desde a sua entrada até a sua boca de saída, cada partícula de material é submetida a uma tensão de compressão crescente.

A partir desses dois parâmetros, define-se *flow function*, ou "função de escoamento", como a relação entre a tensão de consolidação e a tensão não confinada:

$$\text{Flow function}: FF = \sigma_1 / f_c = \frac{\text{tensão de consolidação}}{\text{tensão não confinada}}$$

Cada estado de pré-consolidação define um ponto da envoltória de ruptura (YL): os estados de tensão representados por círculos de Mohr que encostem na envoltória indicam os estados de tensão limites que se tem interesse em considerar. Devem-se determinar os dois círculos de Mohr particulares mostrados na Fig. 3.21: o círculo de Mohr cuja tensão principal menor é zero e o círculo de Mohr cuja tensão principal maior é a máxima possível, ou seja, aquele que tangencie o ponto de ruptura da amostra onde termina a *yield locus*.

Esses círculos de Mohr indicam as duas tensões notáveis: a σ_1, que é chamada de tensão de consolidação e é a maior tensão principal possível com aquele material dentro de um silo, e a f_c, a tensão não confinada ou força do material granular para aquela consolidação e que é representada pela tensão principal maior referente ao estado de tensão cuja tensão principal menor é igual a zero.

A função de escoamento fornece um critério quantitativo para a coesividade do material (Shamlou, 1988, p. 55), de acordo com a Tab. 3.3.

A tensão de consolidação é σ_1, a tensão principal maior. Essa tensão consolida o material de forma a gerar a força do material que pode ser designada por f_c e admitida como sendo a tensão não confinada de ruptura. No caso de materiais coesivos (materiais granulares

Tab. 3.3 CRITÉRIOS DE ESCOABILIDADE

Função de escoamento = FF = σ_1/f_c	Escoabilidade
> 10	Free-flowing
4 a 10	Slightly flowing
2 a 4	Cohesive
< 2	Very cohesive, non flowing

com partículas menores do que 0,1 mm são quase sempre coesivos), a força do material f_c ou a tensão confinada nunca começa com zero na entrada do silo, pois as forças coesivas exercem uma certa influência mesmo em condição de não consolidação.

Se a pressão atuante dentro do material ensilado é suficiente para consolidá-lo ao ponto de construir um arco, o escoamento cessará. Portanto, é necessário conhecer a resistência desenvolvida pelo sólido particulado durante a deformação contínua e as pressões desenvolvidas dentro da massa em escoamento. Resultados experimentais indicam que as condições para ocorrer deformação contínua são representadas por:

$$\operatorname{sen}\delta = \frac{\sigma_1 + \sigma_2}{\sigma_1 - \sigma_2} \quad (3.6)$$

onde δ é o ângulo de atrito efetivo, cujo valor é essencialmente constante para dado material, temperatura e umidade.

O YL mostrado na Fig. 3.24 corresponde a uma dada tensão de consolidação. Variando esta, obtém-se uma família de YL, como mostra a Fig. 3.28. A reta que passa pelos pontos E_i é denominada linha de escoamento efetivo (*effective yield locus*) e representada por EYL. O ângulo com a horizontal (δ) é o ângulo de atrito efetivo e caracteriza as condições de ruína para os vários estados de pré-consolidação. Ele varia entre 30 e 70° — sólidos finos e secos que geralmente apresentam δ baixo e sólidos graúdos e úmidos apresentando δ alto.

O critério de análise é o seguinte: enquanto a tensão de suporte é maior que a força do material ou a tensão não confinada, não há como se formar um arco estável, mas se a tensão f_c é grande o bastante para transmitir as tensões de suporte dos arcos, a estabilidade do arco é alcançada e o escoamento cessa.

Quando um material granulado escoa num silo, há contínua deformação por cisalhamento. A pressão exercida sobre o sólido em movimento vai mudando à medida que ele se move, assim como a densidade do sólido e a tensão f_c.

Evidências experimentais indicam que a contínua deformação durante escoamento constante ocorre somente para certas condições de tensão. Dessa maneira, o modelo reológico de escoamento dentro de um silo visa encontrar essa condição crítica de escoamento e, a partir dela, desenvolver cálculos que forneçam as dimensões mínimas de abertura da boca de um silo.

O princípio proposto para o projeto de silos é assegurar que, em todo o volume ensilado, o nível de tensões seja suficiente para assegurar o escoamento do material. Para conseguir isso, como já foi salientado, duas condições independentes devem ser atendidas:

1. a inclinação das paredes da tremonha de descarga deve ser suficiente para não permitir o acúmulo de material nem servir de suporte para arcos; e
2. a abertura de descarga deve ter dimensões suficientemente grandes para dar vazão ao material e atender às mesmas condições.

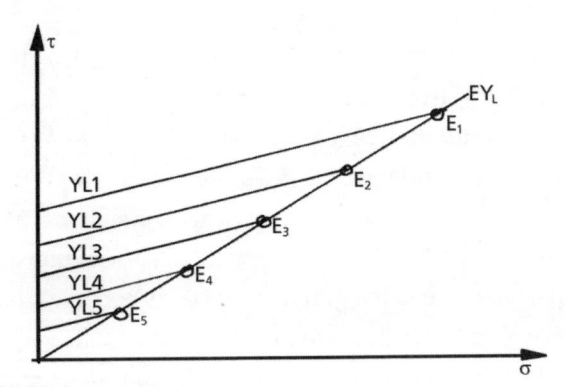

Fig. 3.28 Família de YL

A abertura de saída é de suma importância para o projeto de silos e afeta diretamente os custos de construção. Logicamente, uma abertura de saída enorme vai impedir que o escoamento cesse, mas, por outro lado, vai requerer um caro alimentador na descarga. Um recurso auxiliar é a escolha do material de revestimento da tremonha.

Jenike utiliza equações diferenciais complexas para determinar o valor das tensões de suporte necessárias para permitir um arco estável num certo nível do silo.

3.4.4 Pressões dentro do silo (Shamlou, 1988, p. 22ss)

As pressões dentro do sólido granulado e na superfície entre as partículas em movimento e as paredes do silo não são isotrópicas e não crescem hidrostaticamente. Na realidade, a pressão cresce quase exponencialmente com a altura da carga, até um valor assintótico que, na maioria dos casos, é atingido a alturas críticas de 2 a 5 diâmetros. A Fig. 3.29 mostra as pressões estáticas verticais (p_v) e as pressões sobre a parede (p_w) para silos com mass flow. O perfil muda na porção vertical do silo e na tremonha.

Quando o sólido granulado começa a escoar, o perfil muda substancialmente, como mostra a Fig. 3.29. Os valores de pressão sobre a parede aumentam muito, tendo sido reportados valores de 2 a 13 vezes maiores que a pressão estática. Um complicador é que a mudança de regime estático para dinâmico não é instantânea, mas transiente por sua própria natureza.

Para silos de fundo chato ou de escoamento em chaminé, a chaminé muda continuamente de posição, de modo que o ponto de transição das pressões muda de posição também, como mostra a Fig. 3.30.

3.4.5 Ensaio de cisalhamento sob carga

Para reproduzir a situação de consolidação do sólido particulado dentro do silo, executa-se um ensaio semelhante ao ensaio de cisalhamento sob carga usualmente utilizado pela Mecânica dos

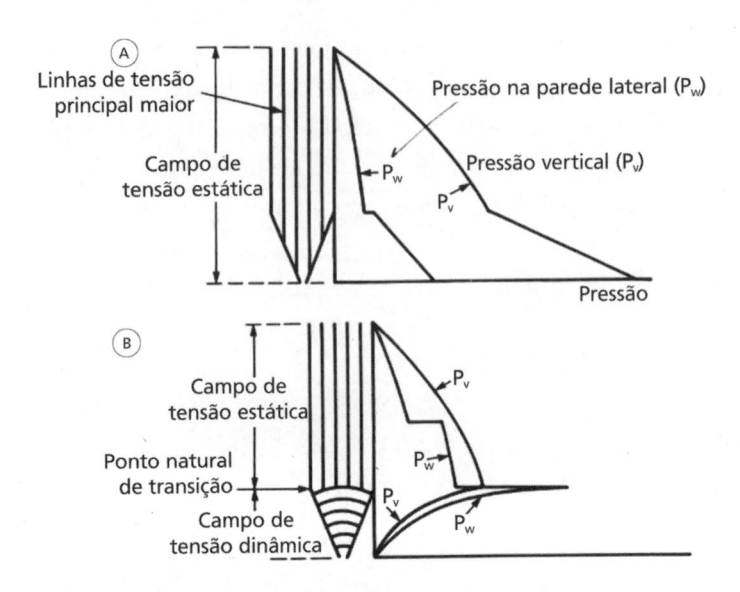

Fig. 3.29 Perfil das pressões dentro do silo

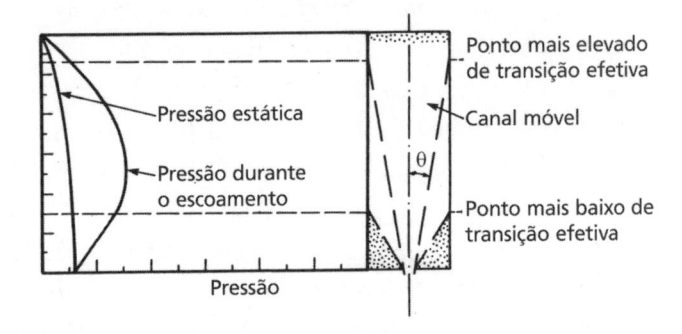

Fig. 3.30 Perfil de pressões num silo de fundo chato

Solos. As diferenças entre um ensaio e outro são:
- há necessidade de medir a variação da densidade aparente em função da carga;
- os níveis de tensão são bastante inferiores aos encontrados na Mecânica dos Solos, exigindo, por isso, aparelhagem mais sensível;
- como a umidade, a temperatura, o tempo de consolidação e a pressão de consolidação exercem efeitos notáveis sobre

a escoabilidade do material, os ensaios devem ser feitos variando todos esses parâmetros;
- há interesse em conhecer o efeito do atrito com as paredes.

Usa-se, portanto, um aparelho que é um aperfeiçoamento daquele utilizado nos ensaios de cisalhamento sob tensão da Mecânica dos Solos, e que está esquematizado na Fig. 3.31.

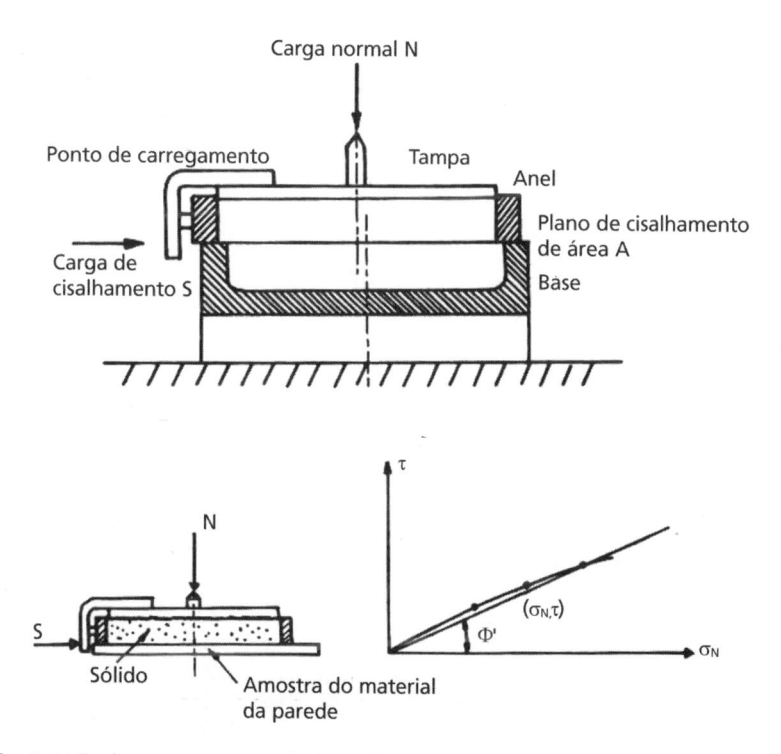

Fig. 3.31 Equipamento para ensaio de cisalhamento sob carga
Fonte: Reisner e Eisenhart-Rothe (1971).

Esse aparelho consiste de dois anéis, colocados um sobre o outro e dentro dos quais é colocada a amostra. O aparelho tem recursos para aplicar forças verticais e horizontais ao material dentro dos anéis.

O ensaio consiste das seguintes operações:

1. Para reproduzir a consolidação no interior de um silo, são pré-consolidadas várias amostras utilizando-se uma carga normal N_c por um determinado período de tempo.

2. Estabelecida a consolidação, remove-se a carga N_c e aplica-se a cada amostra uma carga normal N individual e menor que a de pré-consolidação. Passa-se a aplicar, então, uma força horizontal crescente ao anel que contém a parte superior do corpo de prova (sob efeito da carga N_c), provocando o seu deslocamento em relação à caixa onde se encontra fixada a metade inferior. O esforço resistente a esse deslocamento é a resistência ao cisalhamento. A amostra deve ser cisalhada até que se rompa. Anotam-se os valores da força cisalhante S e da carga normal N. Repete-se o mesmo procedimento para as amostras usando diferentes cargas N sempre menores que a carga N_c de pré-consolidação. As tensões de compressão e cisalhamento são o quociente das cargas normal e de cisalhamento pela área do anel.

3. Feitos vários ensaios de cisalhamento variando as cargas de consolidação, constrói-se um diagrama como o da Fig. 3.32.

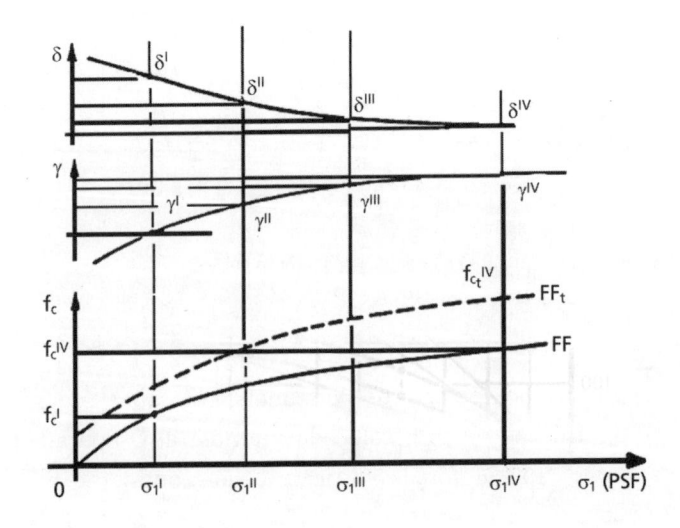

Fig. 3.32 Resultados experimentais do ensaio de cisalhamento sob carga

3 Estocagem em silos 133

Nele determina-se δ e medem-se as densidades γ correspondentes a cada estado de consolidação.

4 Toma-se cada círculo de Mohr correspondente a cada tensão de consolidação ensaiada, calcula-se σ_1 e f_c.
5 Constrói-se o gráfico para a *flow function* ou função do escoamento, definida como:

$$FF = \frac{\sigma_1}{f_c} \qquad (3.7)$$

(relação entre tensão de consolidação e tensão não confinada).

6 Repete-se o ensaio de cisalhamento, substituindo o anel inferior por uma superfície revestida com o material da parede.
7 Com os resultados, constrói-se um gráfico como o mostrado na Fig. 3.33, que mostra os valores da tensão de cisalhamento

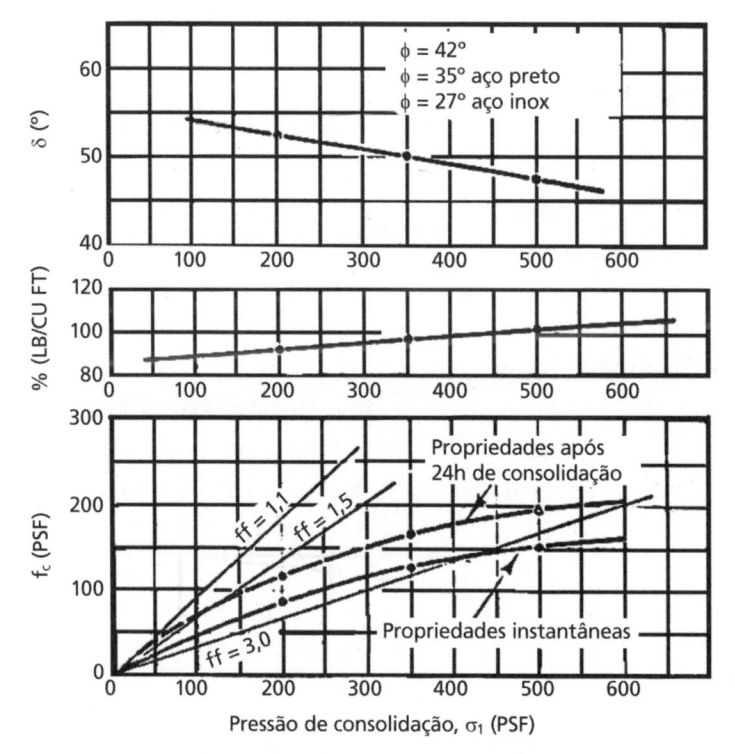

Fig. 3.33 Apresentação dos resultados do ensaio de cisalhamento sobcarga

necessários para mover o anel superior sob tensões de compressão diferentes para aquele material de parede. WYL representa a função *wall yield locus* e φ', o ângulo de atrito com a parede.

8 Repetem-se 1, 2 e 3, após 24 horas de ação das forças de compressão. Determina-se FF_t ou FF_{24h}.

A função de escoamento (*flow function*), representada por FF, é obtida plotando-se os valores de f_c e σ_1 para cada conjunto de amostras analisadas, tanto aquelas de pré-consolidação instantânea como aquelas de pré-consolidação demorada (FF_t) após um ou mais dias de pré-consolidação.

É necessário ensaiar apenas as amostras de finos, pois o material graúdo não interfere com o escoamento. Portanto, convencionou-se ensaiar amostras passantes em 20 #. A temperatura e a umidade devem ser mantidas nos valores do material que será depositado no silo, para simular as condições reais de operação. Essas amostras devem ser obtidas a partir de uma amostra inicial representativa, por processos corretos de quarteamento.

A título de exemplo, a Fig. 3.34 representa o ensaio de um conjunto de amostras pré-consolidadas por cargas que variaram de 1 até 10 lb. Vamos denominá-lo de conjunto de amostras I.

Como se pode notar na Fig. 3.34, cada amostra é representada por um número. Assim, está representado um conjunto de 4 amostras, todas pré-consolidadas a 10 lb. Após a pré-consolidação de cada uma a 10 lb, impõe-se a cada uma delas uma tensão de compressão diferente, mas menor que a de pré-consolidação, e cisalha-se cada amostra até romper-se. Registram-se os dados de cada ensaio de cisalhamento e, dessa forma, é possível traçar a curva. Após cisalhar cada amostra, medem-se o seu peso e volume, a fim de determinar a densidade γ.

Traçada a YL, determinam-se os dois círculos de Mohr especiais. Um deles é o círculo cuja tensão principal menor é zero, e o outro é o círculo cuja tensão principal maior é máxima, ou seja, é a máxima tensão principal maior possível, cujo círculo de Mohr contenha o

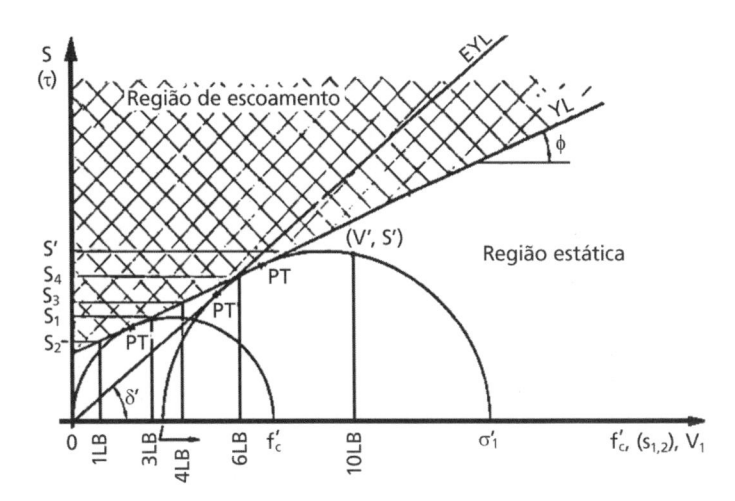

Fig. 3.34 Regiões de escoamento e de não escoamento

ponto da pré-consolidação. Portanto, possuímos o conjunto de pontos gerado pelo conjunto de amostras pré-consolidadas que definem a YL e o ponto da pré-consolidação.

Pelo ponto da pré-consolidação construímos o máximo círculo de Mohr tangente à YL. Esse círculo é extremamente importante porque a reta passando pela origem que o tangencia define o ângulo de atrito efetivo para a carga de pré-consolidação usada, γ.

Para cada conjunto de amostras são geradas tabelas preliminares, conforme a Tab. 3.4.

Tab. 3.4 TABULAÇÃO DOS VALORES PRELIMINARES

Amostras I	1	2	3	4
Densidade γ	γ_1	γ_2	γ_3	γ_4
Tensão normal V	V_1	V_2	V_3	V_4
Tensão de cisalhamento S	S_1	S_2	S_3	S_4

A partir das tabelas preliminares, constrói-se um gráfico similar ao da Fig. 3.33, e desse gráfico define-se cada estado de pré-consolidação particular, mediante:

♦ ponto de pré-consolidação: ponto (V', S') do gráfico da Fig. 3.34 e que pertence ao estado de pré-consolidação da amostra.

Seria o ponto de ruptura se a amostra não fosse depois cisalhada com cargas normais menores;
♦ envoltória de ruptura (YL): é a curva encontrada plotando-se os valores de V e S da tabela preliminar.

Finalmente, com os valores levantados, constrói-se a tabela conclusiva para o conjunto de amostras I (Tab.3.5)

Tab. 3.5 TABULAÇÃO DOS VALORES FINAIS

Parâmetros	Valor	Observações
Tensão de consolidação σ_1'	σ_1'	Tensão principal maior do círculo de Mohr que contém o ponto de pré-consolidação e é tangente à YL
Tensão não confinada f_c'	f_c'	Tensão principal maior do círculo de Mohr cuja tensão principal menor é zero
Ângulo de atrito efetivo δ'	δ'	Ângulo de atrito efetivo obtido da reta que passa pela origem e tangencia o círculo de Mohr que contém o ponto de consolidação e tange a YL
Densidade adotada γ'	γ'	Média de γ_1, γ_2, γ_3 e γ_4

Do mesmo modo como foi feito o ensaio para o conjunto de amostras I, procede-se para os conjuntos de amostras II, III, IV etc., que se diferenciam pela carga de pré-consolidação. As amostras I foram submetidas a 10 lb, as amostras II podem ser submetidas a 20 lb, as amostras III a 25 lb, e assim por diante. Com os parâmetros obtidos da tabela conclusiva de cada conjunto de amostras podem--se construir os gráficos de resultados.

Esses gráficos são quatro: variação do ângulo de atrito efetivo com a tensão de consolidação de cada conjunto de amostras pré-consolidadas, variação da densidade com cada tensão de consolidação, *flow function* FF e *flow function* FF do minério carregado durante um tempo predefinido (por exemplo, após três dias de pré-consolidação).

Os resultados do ensaio são como mostrado na Fig. 3.32 e a sua apresentação final costuma ser como mostrado na Fig. 3.33.

Os gráficos de tabulação dos resultados indicam a situação do minério a ser ensilado, de acordo com a umidade estipulada. Para cada umidade que se queira analisar haverá uma tabulação de resultados diferentes.

O ângulo de atrito do material e os ângulos de atrito com a parede não variam conforme a tensão de consolidação (parâmetros invariáveis). O ângulo de atrito interno do material é extremamente importante na determinação do fator de escoamento, que vai determinar as condições críticas.

O ângulo de atrito com a parede é necessário quando se trabalha com silos de tremonha cônica. Dependendo da inclinação da tremonha, pode ou não haver *mass flow*, que é o desejado.

3.4.6 Modelo de escoamento dentro do silo

Admite-se que:

a) o volume de sólidos particulados dentro do silo sofre deformação contínua sob cisalhamento;

b) a pressão sobre cada elemento de sólidos particulados dentro do silo varia conforme esse elemento se desloca de uma seção para outra;

c) a resistência e a densidade do sólido se alteram à medida que a pressão ou a sua posição dentro do silo se alteram;

d) cessando o escoamento, a pressão sobre o elemento deixa de variar;

e) o sólido particulado é anisotrópico, apresenta atrito e coesão.

É necessário definir um novo parâmetro, o fator de escoamento ou *flow factor*:

$$\text{Fator de escoamento} = \text{ff} = \frac{\sigma_1}{\sigma_2} = \frac{\text{tensão de consolidação}}{\text{tensão numa obstrução}} \quad \textbf{(3.8)}$$

O trabalho experimental provou que na ruptura do sólido particulado adensado há expansão (empolamento) e que a deformação contínua durante o escoamento regular ocorre somente para um determinado estado de tensão expresso por:

$$\frac{\sigma_1}{\sigma_2} = \frac{1+\mathrm{sen}\,\delta}{1-\mathrm{sen}\,\delta} \qquad (3.9)$$

Esse cociente, denominado "função efetiva de escoamento", é praticamente constante para um dado sólido, dentro das condições usuais de escoamento (Fig. 3.35).

Para $\delta = 30° \Rightarrow \sigma_1/\sigma_2 = 3$
$\delta = 50° \Rightarrow \sigma_1/\sigma_2 = 7,6$
$\delta = 30° \Rightarrow \sigma_1/\sigma_2 = 32,2$

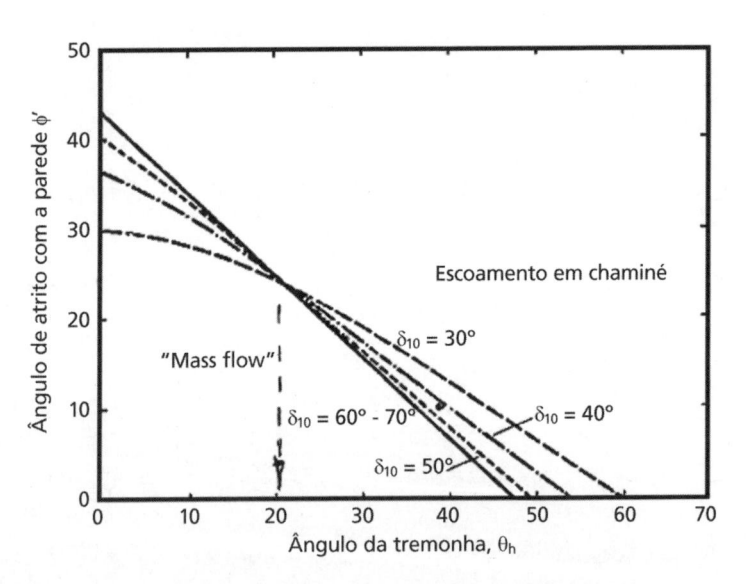

Fig. 3.35 Limites de compatibilidade entre o ângulo da tremonha (θ_h), o ângulo de atrito com a parede (φ') e o ângulo de atrito efetivo (δ) para tremonhas cônicas

O estudo cuidadoso das condições de escoamento e tensões na tremonha mostrou que existem limites bem definidos de compatibilidade entre a inclinação da tremonha, o ângulo de atrito com a parede e o ângulo de atrito efetivo do material ensilado que permitem o escoamento. As Figs. 3.36 a 3.40 mostram essas condições para diferentes situações.

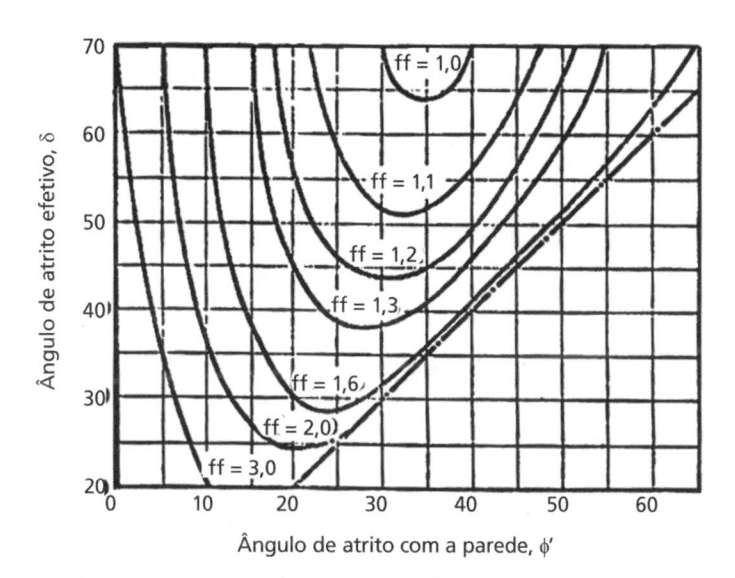

Fig. 3.36 ff de arqueamento para tremonha com $\theta' = 10°$

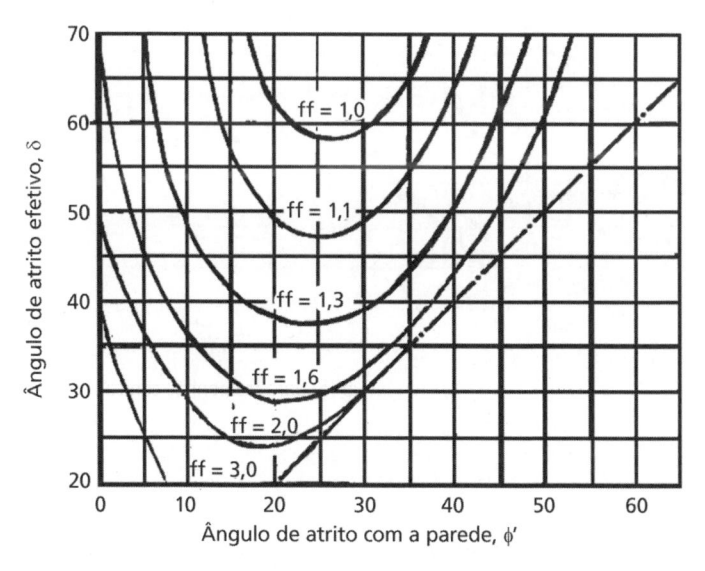

Fig. 3.37 ff de arqueamento para tremonha com $\theta' = 20°$

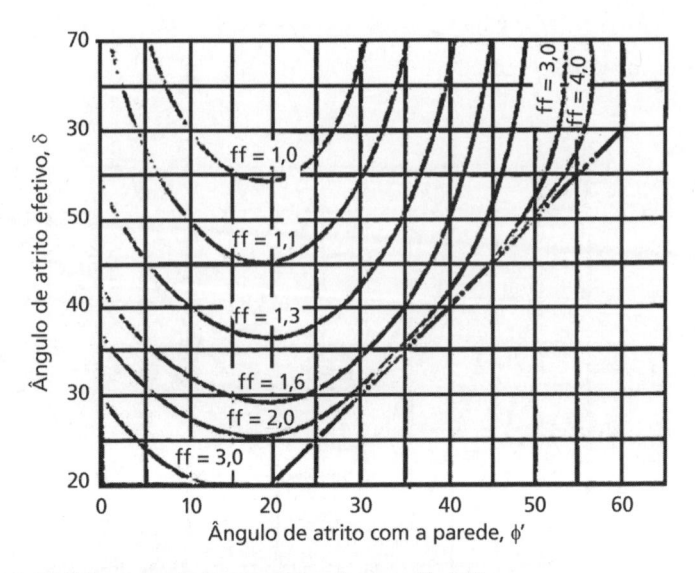

Fig. 3.38 *ff* de arqueamento para tremonha com $\theta' = 30°$

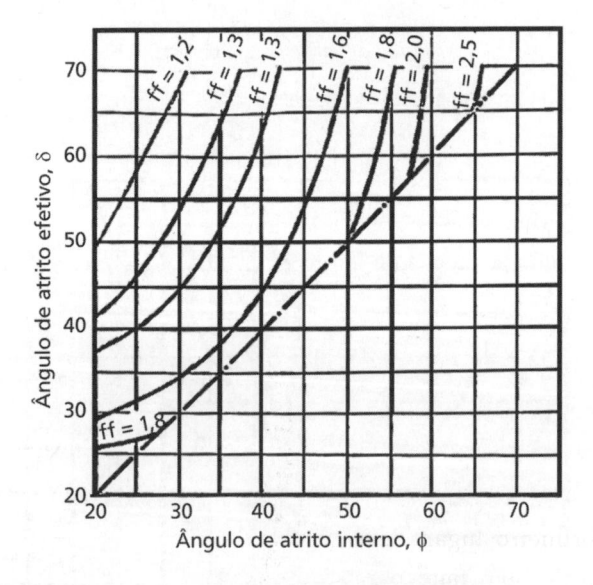

Fig. 3.39 *ff* de arqueamento para silo de fundo chato ($\theta' = 0°$)

Esses gráficos são bastante confiáveis e genéricos, razão pela qual podem ser utilizados em qualquer projeto de dimensionamento de silos.

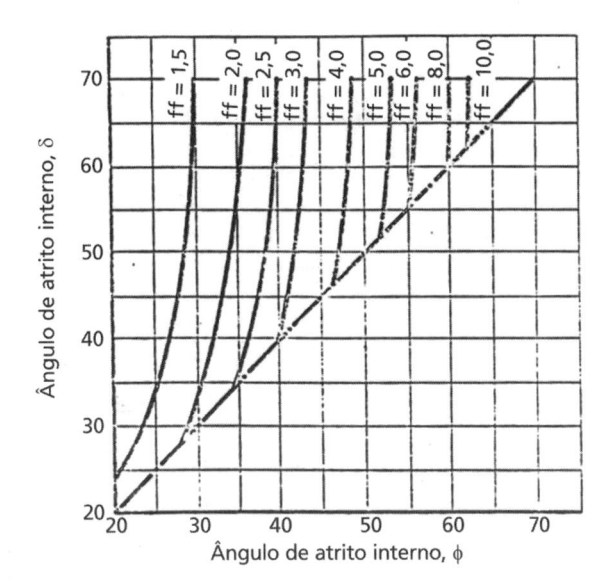

Fig. 3.40 ff de chaminé (em função de φ = ângulo de atrito interno)

Há gráficos ff para arqueamento em silos de fundo chato, para arqueamento em silos de tremonha cônica ou prismática, com ângulos de tremonha de 10°, 20° e 30° e gráficos ff para formação de chaminés (piping).

Quanto menor for o valor de ff, melhor será o escoamento. Uma vez formado um arco, a tensão σ_1 nele deve ser superior à resistência f_c do sólido a granel, ou seja:

$$\sigma_1 \geq f_c \text{ e } \sigma_1 / f_c \geq ff \qquad (3.10)$$

3.4.7 Condições de escoamento

Para se caracterizar a condição crítica de escoamento de um silo, é necessário que se tenha em mãos duas ferramentas.

Em primeiro lugar, deve-se obter a tabulação dos resultados de um ensaio bem feito para uma umidade previamente definida, com indicações de ângulos de atrito interno, ângulos de atrito com a parede, caso se deseje fazer uma tremonha cônica, e com gráficos de ângulos de atrito efetivo variando com tensões de consolidação, assim como de densidades variando com tensões de consolidação e *flow function*. Em segundo lugar, devem-se conhecer as condições do silo. Para tanto busca-se entender o fator de escoamento ou *flow factor*. As condições críticas de escoamento são obtidas do cruzamento do *flow factor* com a *flow function* num gráfico f_c x σ_1. Como exemplo visual, a Fig. 3.41 representada a *flow function* FF de dois sólidos, A e B. Assume-se que a reta *ff*, que representa o fator de fluxo do silo em consideração, seja válida para os dois sólidos. Ela foi encontrada considerando-se as condições de ângulo de atrito e ângulo efetivo provenientes dos ensaios de cisalhamento sob carga. Pode-se observar que a FF do sólido A difere da FF do sólido B pelo fato de este não possuir coesão. Há uma força interna no material A mesmo em situação de tensão de consolidação zero.

O ponto crítico indica que a tensão de consolidação σ_1 e a tensão não confinada f_c são as tensões mínimas possíveis para que o material comece a escoar. O par f_c x σ_1 é o par mínimo, isto é, acima dele não haverá escoamento. A força ou a tensão não confinada encontrada para esta σ_1 é a menor possível. Acima dela, qualquer tensão não confinada desenvolverá escoamento.

Porém, o par f_c x σ_1 deve ser satisfeito, e isso diz respeito à função de escoamento FF. Ela indica o lugar geométrico das mínimas combinações de tensão que ainda desenvolvem a escoabilidade. O ponto

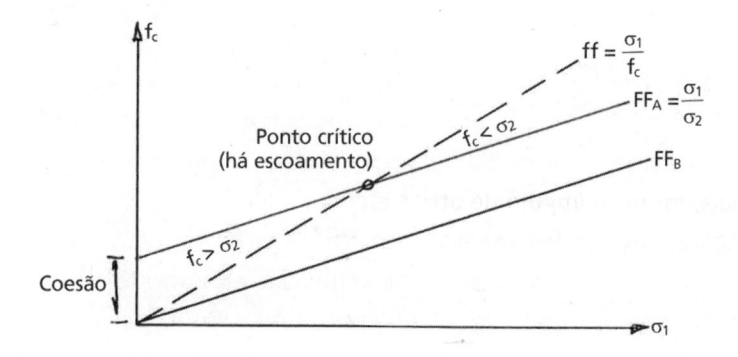

Fig. 3.41 Compromisso entre *ff* e *FF*

crítico é ponto limite que servirá de base para o cálculo das dimensões mínimas da boca de saída da tremonha do silo ou do silo propriamente dito, no caso de ser um silo de fundo chato, para que não ocorra formação de chaminés (no caso de ser um *ff* de formação de chaminés) ou arqueamento (no caso de ser um *ff* para arqueamento). A Fig. 3.41 indica que o FF do sólido A não cruza em nenhum ponto com a *ff*, e isso pode ser explicado pelo fato de a coesão de A ser zero.

Para $f_c > \sigma_1$ não haverá escoamento. Isso ocorre à direita do ponto crítico, como mostrado na Fig. 3.35.

> Não se pode confundir *flow function*, FF, com *flow factor*, *ff*. Este se refere às condições críticas de escoamento, ou seja, ao compromisso entre σ_1 (tensão de consolidação do sólido particulado) e σ_2' (a tensão que atua sobre um arco formado no material). Já a *flow function* se refere ao material, conforme definido no ensaio de cisalhamento sob carga. A intersecção de FF com *ff* fornece os valores de σ_1 e f_c críticos para o escoamento do material definido por FF nas condições definidas por *ff*.

O fator de escoamento é um fator sempre constante, que leva em conta a possível ocorrência de arqueamento e os consequentes problemas de ensilagem, de acordo com o material a ser ensilado, bem como as condições de pré-consolidação envolvidas.

Para silos de fundo chato, utiliza-se como base de análise o ângulo de atrito interno do material e nos demais, além da inclinação da tremonha, os ângulos de atrito com a parede. Para os dois casos, há necessidade de se saber o ângulo de atrito efetivo do material em relação a uma determinada pré-consolidação. Exatamente pelo fato de o ângulo de atrito efetivo variar conforme a pré-consolidação, para se determinar o ângulo de atrito efetivo, devem-se utilizar algumas iterações, que são feitas entre o ensaio e os gráficos de *ff*, até que a diferença entre as grandezas de uma iteração e a outra seja bastante pequena.

Para haver escoamento, não pode ocorrer a formação de arcos, nem a formação de chaminés e, deve haver *mass flow* sempre. A seguir, passa-se a examinar as condições para que ocorra cada uma dessas situações:

Arqueamento

Numa abertura retangular, o equilíbrio de forças é (Fig. 3.42):

$$W = 2 \cdot P \cdot L \cdot \cos \alpha \cdot T \cdot \sin \alpha = \gamma \cdot T \cdot B \cdot L \quad (3.11)$$

portanto, $B = \dfrac{P \cdot \sin 2a}{\gamma}$ (3.12)

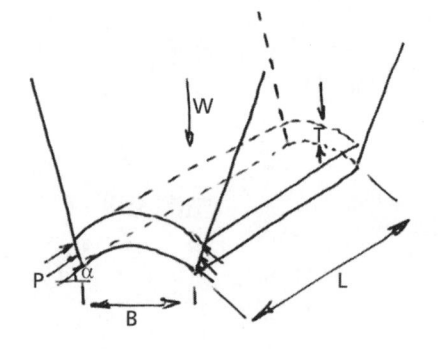

Fig. 3.42 Condição de arqueamento

onde:
P = pressão aplicada pela tremonha;
W = peso do material no arco;
g = densidade do material;
B = largura da abertura;
L = comprimento da abertura, $L \geq 2{,}5\,B$;
f_c = resistência do material (não confinado).

Ocorrerá escoamento se $P \geq f_c$.

O arco mais forte possível ocorre quando $\alpha = 45°$. Nesta condição, sen $2\alpha = 1$ e a dimensão B mínima para impedir o arqueamento deve ser:

$$B = \dfrac{f_c}{\gamma} \quad (3.13)$$

Considerando agora uma abertura circular:

$$W = P \cdot L \cdot \pi \cdot \cos a \cdot T \cdot \sin a = \dfrac{B^2 \cdot \pi}{4} \cdot \gamma \cdot T \quad (3.14)$$

onde B = diâmetro da abertura.

Novamente ocorrerá o escoamento quando $P \geq f_c$, ou seja, para sen $2\alpha = 1$ (máximo).

Chaminé

Em muitos casos, as aberturas da tremonha são suficientemente grandes para impedir a formação de arcos, mas pode ocorrer a formação de chaminés. A diagonal ou diâmetro crítico da abertura (D) pode ser calculada por meio da análise da estabilidade de uma chaminé e é:

$$D \geq 4\frac{f_c}{\gamma}\varphi \qquad (3.15)$$

onde φ = fator de chaminé, função do ângulo de atrito interno (φ') do sólido, conforme fornecido pela Fig. 3.43.

A formação de chaminés é uma condição de limitação de escoamento. Se houver *mass flow*, não pode haver a formação de chaminés, conforme mostra a Fig. 3.44.

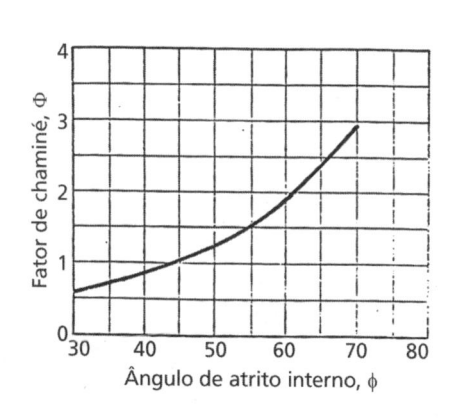

Fig. 3.43 Fator de chaminé

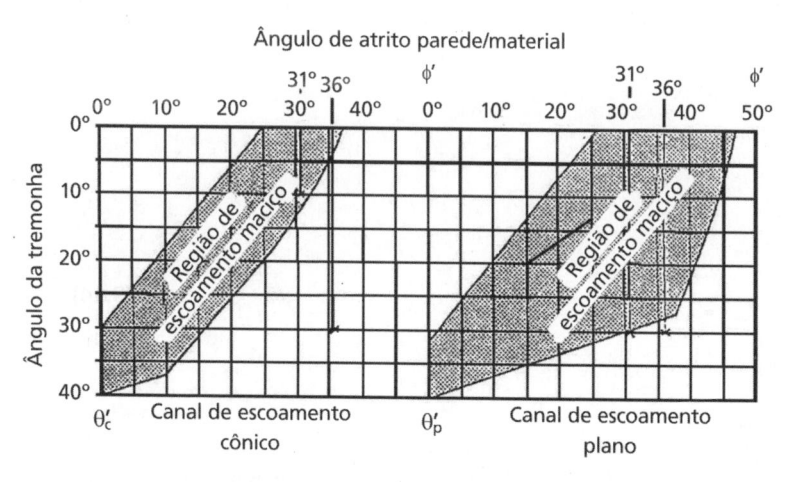

Fig. 3.44 Condições de escoamento

Vazão de descarga

O fato de as dimensões da boca de descarga serem suficientes para prevenir o arqueamento e a formação de chaminés não garante que a vazão seja suficiente para o valor desejado.

Para uma tremonha com abertura retangular, a vazão de descarga é dada por:

$$Q = B \cdot L \sqrt{\frac{B}{2 \operatorname{tg} \theta'}} \sqrt{1 - \frac{ff}{ff_a}} \qquad (3.16)$$

onde: ff_a = *flow factor* real na saída da tremonha.

Para uma tremonha cônica:

$$Q = \frac{\pi B^2}{4} \sqrt{\frac{B}{4 \operatorname{tg} \theta'}} \sqrt{1 - \frac{ff}{ff_a}} \qquad (3.17)$$

O ff_a é calculado por:

$$ff_a = \sigma_1 / f_c \qquad (3.18)$$

e

$$\sigma_1 = \gamma \cdot B \cdot ff \qquad (3.19)$$

Boxe 3.1
Conclusão – dimensões das aberturas de descarga

Abertura	Retangular		Circular
	B =	L =	D =
Escoamento	$\frac{f_c}{\gamma}$	$2,5 \cdot B$	$2 \cdot \frac{f_c}{\gamma}$
Arqueamento (uso da FF_t)	$\frac{f_c}{\gamma}$	$2,5 \cdot B$	$2 \cdot \frac{f_c}{\gamma}$
Formação de chaminés	$D^2 = B^2 + L^2$	$2,5 \cdot B$	$4 \cdot \frac{f_c}{\gamma} \cdot \varphi$
Formação de chaminés + caking (uso da FF_t)	$D^2 = B^2 + L^2$	$2,5 \cdot B$	$4 \cdot \frac{f_c}{\gamma} \cdot \varphi$

3 Estocagem em silos

Observações:

1 - os f_c que aparecem no Boxe 3.1 não são os mesmos.

2 - o f_c de escoamento vem do cruzamento após a iteração ter terminado da ff de arqueamento com a curva FF.

3 - o f_c de arqueamento vem do cruzamento após as devidas iterações da ff de arqueamento com a curva FF_t.

4 - o f_c de formação de chaminés vem do cruzamento da ff de formação de chaminés com a FF.

5 - o f_c de formação de chaminés + *caking* vem do cruzamento da ff de formação de chaminés com a FF_t.

Como já foi mencionado diversas vezes, os parâmetros f_c, σ_1, γ e γ são determinados por reiteração, isto é, como são inicialmente desconhecidos, admite-se um valor para δ, efetuam-se os cálculos dos outros parâmetros e chega-se a uma nova estimativa para δ. O processo é reiterado até os valores convergirem dentro de uma precisão satisfatória.

A lógica do processo iterativo é apresentada na Fig. 3.45.

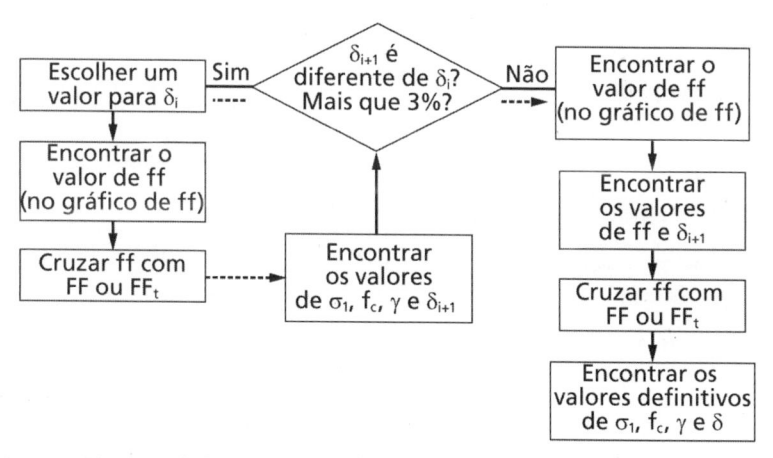

Fig. 3.45 Diagrama da lógica do processo iterativo

Exercícios resolvidos

Estes exercícios foram retirados de Ozster (1975).

3.1 Cálculo de um silo de fundo plano: minério de ferro - 4", grande porcentagem de finos e 10% de umidade.

As curvas FF, γ e δ obtidas dos ensaios de cisalhamento da fração de finos acham-se representadas na Fig. 3.33. As informações adicionais necessárias constam nas Figs. 3.36 a 3.40.

1º *passo*: determinação das condições de escoabilidade

Da Fig. 3.33 (ensaio de cisalhamento sob carga) pode-se observar que o ângulo de atrito efetivo (δ) varia entre 68° e 54°, e que o ângulo de atrito interno (φ) é igual a 46°.

a] Para iniciar os cálculos, adota-se δ = 54° (valor inferior). Entrando na Fig. 3.39 com φ = 46° e δ = 54°, encontra-se f_f = 1,62.

b] Volta-se à Fig. 3.33. Entra-se com f_f = 1,62 (reta inclinada, passando pela origem); cruza-se a linha FF no ponto de coordenadas $δ_1$ = 550 PSF e f_c = 321 PSF. Extrapolando os gráficos de g e de f_c, encontra-se: γ = 149 PCF e f_c = 61°.

c] Como 61° > 54° (valor adotado na primeira tentativa), deve-se reiterar o cálculo. Entra-se novamente na Fig. 3.39, desta vez com φ = 46° e δ = 61°. Encontra-se ff = 1,58.

d] Volta-se novamente à Fig. 3.33. A reta ff = 1,58 cruza a linha FF no ponto de coordenadas $δ_1$ = 430 PSF e f_c = 280 PSF.

Prolongando a ordenada: γ = 145 PCF e δ = 62,5°.

e] Volta-se mais uma vez à Fig. 3.33, com φ = 46° e δ = 62,5°. Encontra-se ff = 1,55.

f] A Fig. 3.33, para ff = 1,55, fornece $δ_1$ = 425 PSF e f_c = 270 PSF.

· Como esses valores são muito próximos aos que foram obtidos no passo anterior, pode-se considerar a iteração concluída e parar por aqui. Se os valores fossem mais diferentes, seria necessário repetir a operação.

2º *passo*: determinação da geometria da abertura

a] Abertura circular: o diâmetro mínimo é

$$B = 2f_c / \gamma = \frac{2 \times 270}{145} = 3,72\,\text{ft}$$

b) Abertura retangular: o valor mínimo do lado menor será

$$B = f_c / \gamma = \frac{270}{145} = 1,86\,\text{ft}$$

O lado maior será, então:

$$L = 2,5 \times B = 2,5 \times 1,86 = 4,65\,\text{ft}$$

c) Arredondando esses valores, ficam:
- abertura circular: $B = 4$ ft
- abertura retangular: $B = 2$ ft, $L = 5$ ft

3º *passo*: arqueamento

As condições anteriormente descritas garantem que o minério de ferro escoará. Deve-se verificar se as dimensões são suficientes para não ocorrer a formação de arcos. Para isto, todo o cálculo deve ser refeito, considerando agora a curva FF_t (funções de escoamento após 48 horas de consolidação) da Fig. 3.33.

a) Usando $ff = 1,55$, valor determinado no 1º passo, a intersecção com FF_t fornece:

$$f_c = 420\,\text{PSF}$$
$$\sigma_1 = 630\,\text{PSF}$$
$$\gamma = 150\,\text{PCF}$$
$$\delta = 60°$$

b) Entrando na Fig. 3.39 com $\delta = 60°$:

$$\varphi = 46° \Rightarrow ff = 1,57$$

Esse valor é muito próximo de 1,55. Não é necessário, portanto, reiterar o procedimento.

c) Os valores de f_c e γ definidos são, portanto, aceitáveis e com eles calculam-se os novos valores para as aberturas:

circular:

$$B_{48} = 2f_c / \gamma = \frac{2 \times 420}{150} = 5,6 \gg 6\,\text{ft}$$

retangular:

$$B_{48} = 2f_c / \gamma = \frac{420}{150} = 2{,}8 \text{ ft} \gg 3 \text{ ft}$$

$$L_{48} = 2{,}5 BB_{48} = 2{,}5 \times 2{,}8 = 7{,}0 \text{ ft} \gg 8 \text{ ft}$$

4° *passo*: chaminés

Estas dimensões, maiores que as determinadas no 2° passo, garantem que o arqueamento será evitado. Precisa-se agora verificar se elas são suficientes para impedir a formação de chaminés.

a] A Fig. 3.40 fornece as condições em que ocorre a formação de chaminés. Entrando nela com $\delta = 60°$:

$\varphi = 46°$, encontra-se $ff = 3{,}6$ (fator de escoamento crítico para a formação de chaminés).

b] Entrando na Fig. 3.33 com $ff = 3{,}6$, obtém-se (por extrapolação):

$$f_c = 480 \text{ PSF}$$
$$\gamma = 170 \text{ PCF}$$
$$\delta = 53°$$

c] Como o valor de δ é muito diferente do adotado, precisa-se reiterar o processo. Para isso, torna-se a entrar na Fig. 3.33, desta vez com $\delta = 53°$. Obtém-se $ff = 3{,}7$.

d] Entrando com esse valor na Fig. 3.33, verifica-se que a diferença é mínima, inferior à precisão gráfica. Fica-se, portanto, com o valor de $f_c = 480$ PSF e agora podem-se calcular as novas dimensões mínimas, capazes de impedir a formação de chaminés.

◆ Abertura circular: $D_{ch} = 4 f_c/\gamma \cdot \varphi$

Φ é o fator de chaminé, fornecido pela Fig. 3.43:

$$\delta = 46° \rightarrow f = 1{,}1 \therefore D_{ch} = \frac{4 \times 480}{170} \times 1{,}1 = 12{,}4 \text{ ft} \cong 12{,}5 \text{ ft}$$

◆ Abertura retangular: o valor de D_{ch} determinado anteriormente é o da diagonal D; $D^2 = B^3 + L^2$

$B = 2{,}5$ A. Portanto, A = 4,6 ft.

5° passo: chaminés no material consolidado

As novas dimensões garantem que não haverá formação de chaminés com material recém-colocado dentro do silo. Entretanto, se o material estiver consolidado por ter ficado dentro do silo por um período prolongado, a situação pode mudar. Precisa-se, portanto, conferir essa condição.

a) De modo análogo ao executado no 3° passo, obtém-se da Fig. 3.33, após 48 horas de consolidação, f_c = 650 PSF (por extrapolação), γ = 180 PCF e δ = 50°.

b) Entrando na Fig. 3.40 com δ = 50°, obtém-se ff = 3,7 (que é o mesmo valor obtido no passo anterior).

c) Abertura circular:

$$D_{ch}, 48 = 4 f_c / \gamma \cdot \phi = \frac{4 \times 650}{180} \times 1,1 = 15,9 \text{ ft} \cong 16 \text{ ft}$$

Abertura retangular: D_{ch}, $48^2 = B^2 + L^2$.

B = 2,5 A. Portanto, A = 6,4 ft.

Conclusão:

♦ minério de ferro - 4", alta porcentagem de finos;
♦ 10% de umidade;
♦ silo de fundo chato.

As dimensões mínimas (em ft) para geometria circular e retangular são:

Passo		Circular	Retangular	
		D	B	L
2°	Escoar (2° passo)	4	2	5
3°	Não arquear (3° passo)	6	3	8
4°	Não formar chaminés	12,5	3	12,1
5°	Não formar chaminés após consolidação	16	6	15
	Valor adotado	16	6	15

3.2 Silo retangular com tremonha prismática (cuneiforme) de inclinação de θ' = 30° (medida a partir da vertical), construída em chapa preta. É utilizado o mesmo material do exercício 3.1.

1º passo: determinação das condições de escoabilidade
Da Fig. 3.33, tem-se, para chapa preta enferrujada, $\varphi' = 36°$.
Entrando na Fig. 3.44 com $\varphi' = 36°$ e $\theta'' = 30°$, verifica-se que não haverá *mass flow* no interior deste silo. Entretanto, se φ' caísse para 31°, atingiria uma condição limite para o *mass flow* (escoamento maciço). Recomenda-se, portanto, substituir a chapa preta da tremonha por aço inoxidável, que tem esse valor de φ'' (Fig. 3.33).

2º passo: determinação da geometria da abertura
a) Admitindo a troca por aço inoxidável ($\varphi' = 36°$), entra-se na Fig. 3.38 (para $\theta'' = 30°$, $\varphi' = 36°$), com $\delta = 60°$. Obtém-se $ff = 1{,}05$.
b) Entrando na Fig. 3.33 com $f_f = 1{,}05$, obtém-se $f_c = 100$ PSI, $\delta = 67°$.
c) Entrando na Fig. 3.38 com $\delta = 67°$, obtém-se $f_f = 1{,}0$.
d) Entrando na Fig. 3.33 com $f_f = 1{,}0$, verifica-se que a diferença entre $f_f = 1{,}05$ e $1{,}0$ é muito pequena. Pode-se, portanto, parar por aqui.

$$f_c = 100 \text{ PSI}, \gamma = 130 \text{ PCF}, \delta = 67°$$

e) Abertura retangular:

$$B = f_c / \gamma = \frac{100}{130} = 0{,}77 \text{ ft} \cong 1 \text{ ft}$$

$$A = 2{,}5 \times B = 0{,}5 \text{ ft} \cong 1 \text{ ft}$$

3º passo: considerando o material ensilado por 48 horas:
a) Na Fig. 3.33, a intersecção de FF_t com $ff = 1{,}0$, fornece $f_c = 175$ PSI, $\gamma = 136$ PCF
b) Abertura retangular:

$$B_{48} = \frac{175}{136} = 1{,}29 \text{ ft} \cong 1{,}5 \text{ ft}$$

$$L_{48} = 2{,}5 \times B_{48} = 3{,}8 \text{ ft} \cong 4 \text{ ft}$$

4º e 5º passos: são desnecessários, pois, uma vez que há escoamento maciço, não podem ocorrer formações de arcos ou de chaminés.

NOTA: se houver insistência em manter a tremonha de chapa preta, haverá formação de chaminé. As aberturas podem, então, ser calculadas segundo os mesmos passos do exemplo anterior, mas tendo em mente essa limitação.

3.3 Projetar um silo cônico, de abertura de descarga circular, em chapa preta, para esse mesmo material.

1º *passo*: determinação das condições de escoabilidade

Como, no problema anterior, o material escoou com $\theta'' = 30°$, o estudo será iniciado a partir desse valor.

Como a chapa é preta e o minério, úmido, admite-se que a chapa esteja enferrujada → $\varphi' = 36°$. Entrando na Fig. 3.35 com $\delta = 60°$, $\theta' = 30°$ e $\varphi' = 36°$, verifica-se que se está na região onde não pode haver escoamento maciço (*mass flow*).

Caso se queria evitar a retenção de material junto às paredes, perda de capacidade e demais problemas, tem-se que mudar os parâmetros apresentados, até chegar à região de *mass flow*.

Uma das soluções possíveis é:
- trocar a chapa preta por aço inoxidável: $\varphi' = 31°$ (ver Fig. 3.33);
- reduzir o ângulo da tremonha de $\theta' = 30°$ para $\theta' = 10°$.

Usando aço inoxidável, tem-se:
a] Fig. 3.36:
$$\varphi' = 31°$$
$$\delta = 60° \Rightarrow ff = 1,05$$
b] Fig. 3.33: a intersecção de $ff = 1,05$ com FF fornece:
$$f_c = 100 \text{ PSF e } \gamma = 130 \text{ PCF}.$$

A interação com FF_t fornece: $f_{c48} = 175$ PSF, $\gamma_{48} = 136$ PCF.

2º *passo*: determinação da geometria da abertura

Abertura circular: o diâmetro mínimo é

$$B = 2fc/g = \frac{2 \times 100}{130} = 1,53 \text{ ft} \cong 2 \text{ ft}$$

3° *passo*: material consolidado

$$B = 2fc_{48} / \gamma_{48} = \frac{2 \times 175}{136} = 2{,}57 \text{ ft} \cong 3 \text{ ft}$$

4° e 5° *passos*: uma vez que há escoamento maciço, não ocorrem arqueamentos e chaminés.

3.4 (Adaptado de Kelly e Spottiswood, 1962) A Fig. 3.46 mostra as propriedades de um minério de ferro britado contendo 10% de umidade. Qual a abertura mínima de descarga que pode ser usada para esse minério, com um silo de aço de tremonha prismática e abertura de descarga retangular? Qual a abertura para vazão de 50 m³/min?

1° *passo*: determinação das condições de escoabilidade

a] Para minimizar a altura do silo, deve-se usar o maior ângulo da tremonha possível. A Fig. 3.35, entretanto, mostra que nenhum ângulo maior que 20° pode ser usado com esse minério, e 20° somente com aço novo.

b] $\theta' = 10°$, $\varphi = 46°$, $\varphi' = 25°$, $\delta = 60°$.

c] Fig. 3.36:

$$\varphi' = 25°$$
$$\delta = 60° \Rightarrow ff = 1{,}08$$

d] Da Fig. 3.46: a intersecção de $ff = 1{,}08$ com FF fornece:

$$f_2 = 9 \text{ Kpa}$$
$$\sigma_1 = 10 \text{ Kpa}$$
$$\delta = 66°$$

e] reiterando para:

$$\delta = 66°, \varphi' = 25° \cong ff = 1{,}06$$

Na Fig. 3.38:

$$ff = 1{,}06 \Rightarrow \sigma_1 = 9 \text{ Kpa}, \delta = 67° \therefore \text{OK}$$

Fig. 3.46:

$$f_2 = 8{,}5 \text{ Kpa}, \gamma = 2.120 \text{ kg/m}^3$$

3 Estocagem em silos   155

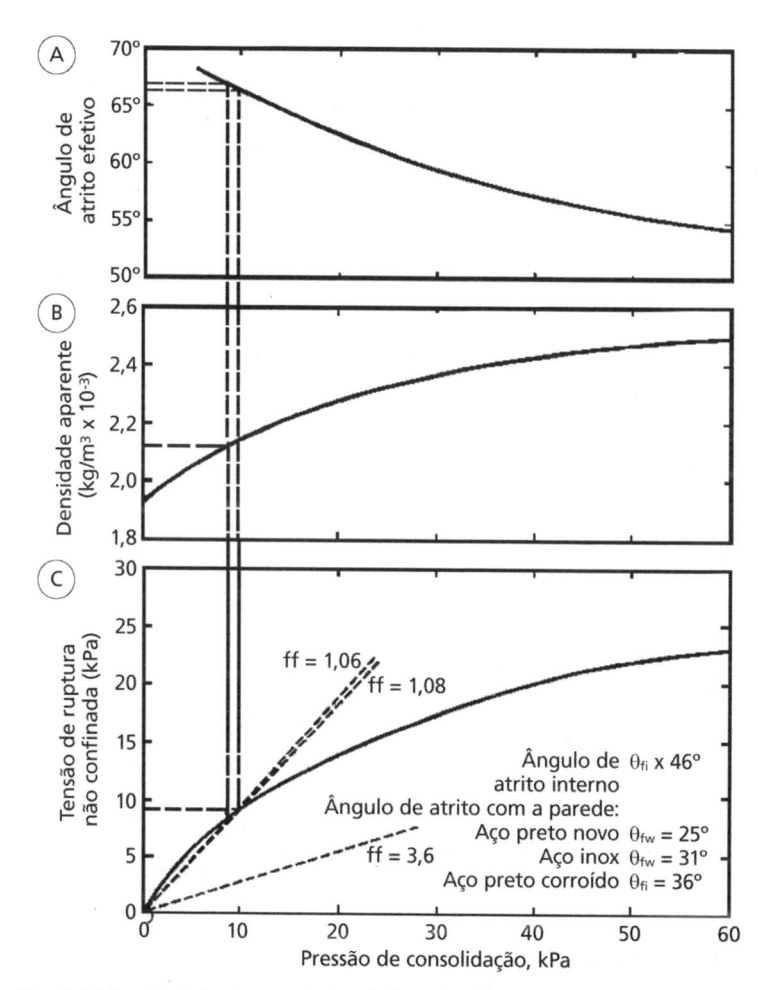

Fig. 3.46 Propriedades de um minério de ferro britado com 10% de umidade

2° *passo*: arqueamento

$$B = f_2 / \gamma = \frac{8.500}{2.120 \times 9,8} = 0,41\,\text{m}$$

$$L = 2,5 \times B = 1,025\,\text{m} \cong 0,41 \times 1,025\,\text{m}$$

3° *passo*: formação de chaminés
Fig. 3.40:

$$\varphi = 46°, \delta = 66° \Rightarrow ff = 3,6$$

Fig. 3.46: $ff = 3,6$, obtém-se (por extrapolação):

$$f_c = 2 \text{ KPa}$$
$$\gamma = 2.500 \text{ kg/m}^3$$

$$\varphi' = 46° \Rightarrow \Phi = 1,1 \Rightarrow Dp = 4 \times \frac{2.500}{2.500 \times 9,8} \times 1,1^3 \; 0,45 \text{m} \Rightarrow 0,45 \times 1,025 \text{m}$$

4° passo: cálculo da vazão
Qual é o L que dá a vazão desejada?

$$Q = B \cdot L \cdot \sqrt{\frac{B}{2 \cdot \text{tg}\theta'}} \cdot \sqrt{\left(1 - \frac{ff}{ff_a}\right)}$$

onde:
$$B = 0,45$$
$$\theta' = 10°$$
$$ff = 1,06$$

ff_a é o ff real da tremonha ($ff = \sigma_1/f_c$)

$\sigma_1 = \gamma \cdot B \cdot 9,8 \cdot ff = 2.120 \times 0,45 \times 9,8 \times 1,06 = 9.910$ Pa $= 9,9$ KPa

Fig. 3.46:
$9,9 \text{ KPa} \Rightarrow \gamma = 2.150 \text{ kg/m}^3 \therefore \sigma_1 = 2.150 \times 0,45 \times 9,8 \times 1,06 = 10,0 \text{ KPa}$
Fig. 3.46:
$10,9 \text{ KPa} \Rightarrow \gamma = 2.130 \text{ kg/m}^3 \therefore \sigma_1 = 2.130 \times 0,45 \times 9,8 \times 1,06 = 9,96 \text{ KPa} \therefore \text{OK}$

O ff real é $ff = \frac{9,96}{8,5} = 1,2$

$$\therefore Q = 0,45 \cdot L \cdot \sqrt{\frac{0,45 \times 9,8}{2 \text{tg} 10}} \cdot \sqrt{\left(1 - \frac{1,06}{1,2}\right)} = 50 \text{ m}^3/\text{min} = 0,83 \text{ m}^3/\text{s}$$

$0,54 L = 0,83 \Rightarrow L \geq 1,53 \text{ m} \therefore 0,45 \times 1,53 \text{ m}$

Referências bibliográficas

ALLIS MINERAL SYSTEMS - FÁBRICA DE AÇO PAULISTA. *Manual de britagem Faço.* 5. ed. Sorocaba: Allis Mineral Systems, 1994.

CAPUTO, H. P. *Mecânica dos Solos e suas aplicações.* 5. ed. Rio de Janeiro: Livros Técnicos Científicos, 1983.

JENIKE, A. W. Why bins don't flow. *Mechanical engineering,* p. 40-43, 1964a.

JENIKE, A. W. Storage and flow of solids. *Bulletin 123,* Utah University, Nov. 1964b.

JOHANSON, J. R.; COLIJN, H. New design criteria for hoppers and bins. *Iron and steel engineering,* p. 85-104, 1964.

KELLY, E. G.; SPOTTISWOOD, M. *Introduction to mineral processing.* Nova York: John Wiley & Sons, 1962. p. 370 ss.

OZSTER, Z. F. Improving material flow in plug flow type fine ore bins. Case study. *Canadian Institute of Mining and Metallurgy, Transactions,* v. 73, p. 180-187, 1970.

OZSTER, Z. F. Características do Escoamento de Sólidos a Granel em Silos e Cálculos Associados ao seu Projeto Básico. In: Congresso Brasileiro de Engenharia Mecânica, 3., 1975, Rio de Janeiro. *Anais...* Rio de Janeiro, 1975.

REISNER, W.; EISENHART-ROTHE, M. V. *Bins and bunkers for handling bulk materials.* Clausthal: TransTech, 1971.

SHAMLOU, P. A. *Handling of bulk solids.* Londres: Butterworks, 1988.

VARGAS, M. *Introdução à Mecânica dos Solos.* São Paulo: McGraw Hill do Brasil/ Edusp, 1977.

WOODCOCK, C. R.; MASON, J. S. *Bulk Solids Handling.* 3. ed. Glasgow: Blackie Academic and Profesional, 1995.

4 Alimentadores

José Renato Baptista de Lima

4.1 Definições e características

Alimentadores ou extratores (*feeders*) são equipamentos utilizados para extrair materiais granulares ou pulverulentos de moegas, pilhas e silos de forma controlada e, assim, levá-los à operação seguinte.

Alimentadores são, portanto, máquinas colocadas entre operações para a regulagem de fluxo, que permitem alimentar com diferentes vazões e até mesmo interromper totalmente o fluxo, quando necessário. Colocados sob pilhas ou silos, funcionam como equipamentos de regularização de fluxo. Assim, se uma operação trabalha em um regime diferente do da seguinte, será necessária a colocação de um estoque (pilha ou silo pulmão) e de um regularizador de fluxo que permita compatibilizar os regimes. Portanto, tanto para estocagem de grandes volumes como para de pequenos, o alimentador será responsável pela adequação das vazões entre processos.

Deve-se entender o alimentador como um conjunto composto do alimentador propriamente dito e da calha sobre este, que é chamada de moega – que não deve ser confundida com o silo de armazenagem. A moega é uma caixa que contém o material retirado da pilha ou do silo, e seu volume é pequeno; também visa manter o alimentador sempre abastecido com o material, além de evitar o impacto deste diretamente sobre o alimentador.

Quando dotada de comporta, a moega auxilia no controle da vazão de retirada do material da pilha ou do silo. Essa comporta permite regular a altura da camada sobre o alimentador, mais fina ou mais espessa e, dessa forma, atuar como um mecanismo auxiliar de regulagem da vazão descarregada pelo alimentador.

A Fig. 4.1 mostra o desenho esquemático do conjunto. Esta figura mostra uma moega com comporta regulável. Abrindo ou fechando essa comporta, regula-se maior ou menor vazão de material.

Quando opera sob silos, conforme recomendam Kelly e Spotswood (1982), o conjunto

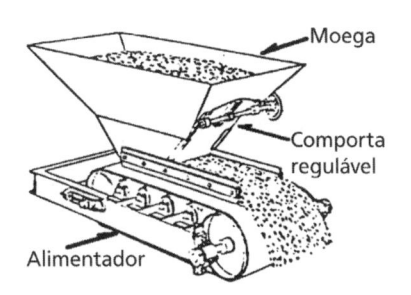

Fig. 4.1 Desenho esquemático do conjunto alimentador e moega

composto do silo, moega e alimentador deve ser projetado como sendo um sistema único, ou seja, os componentes devem ser dimensionados conjuntamente. Sabe-se que a boca da moega e a inclinação da parede da sua parte final são variáveis fundamentais para o escoamento contínuo e controlado do material estocado. A não observância dessa regra pode causar na moega os problemas típicos da ensilagem, como: fluxos irregulares, queda descontrolada do material do silo sobre o alimentador, descarga errática, interrupção parcial ou mesmo a parada completa do escoamento.

Tais fenômenos podem colocar em perigo a própria estrutura e estabilidade do silo, implicando riscos materiais e até humanos, pois uma enorme estrutura, como um silo entrando em colapso, pode pôr em perigo os trabalhadores. Assim, essa recomendação, mais do que garantir a continuidade de operação, visa preservar a integridade dos operadores e, em última instância, sua própria vida.

As operações de tratamento de minérios são operações extremamente pesadas, pois operam com material frequentemente grosso, denso, abrasivo e com bordas pontiagudas, podendo, ainda, gerar poeiras. Podem, também, trabalhar com materiais encharcados, gerando lamas. Assim, embora existam muitos tipos de alimentadores, poucos modelos são adequados a trabalho tão pesado e exigente quanto as operações de Tratamento de Minérios.

Os alimentadores usados no Tratamento de Minérios são, então, equipamentos bastante robustos que precisam apresentar condições mecânicas e estruturais adequadas a suportar os choques e esforços inerentes à sua operação. Assim, quando colocados sob pilhas ou silos, devem suportar toda a carga do material sobre eles, contendo-o e possibilitando a sua retirada o mais regularmente possível em termos de massa ou de volume, independentemente da quantidade de material existente no silo ou na moega. Isso implica dizer que o alimentador ideal desconhece a quantidade de material existente no silo e o descarrega a uma vazão constante, seja qual for a quantidade.

Ainda, em termos de carga, os projetistas mecânicos e de estruturas devem considerar a possibilidade de se formar um arco dentro da moega (analogamente ao que acontece nos silos) e este arco sofrer colapso. Nessa circunstância, todo o material que está sobre ela cai repentinamente sobre o alimentador, que precisa estar projetado para aguentar esse impacto.

Materiais pulverulentos e, particularmente, materiais coesivos ou grudentos (sticky materials), demandam alimentadores especialmente projetados para eles. Problema semelhante ocorre com materiais muito úmidos, pois, no caso de estes serem submetidos a vibração, como nos alimentadores vibratórios, esta pode causar ou acelerar a percolação da água para a base da pilha ou o fundo do silo, causando acúmulos de água no piso e a piora na escoabilidade do material nesses locais. Em razão disso, materiais molhados tendem a perder água mecanicamente até atingirem a umidade crítica, na qual a tensão neutra da água atinge o máximo e ocorre o ponto de maior coesão, ou seja, o mínimo de escoabilidade.

Essa condição é semelhante à construção de um castelo de areia: se a umidade for muito baixa ou muito alta, este não tem estabilidade. Na umidade crítica, atinge-se o máximo de coesão e pode-se construir o castelo. Acima dela, o castelo se desmancha sob seu próprio peso. O mesmo efeito pode ser observado sobre máquinas vibrantes ou pulsantes, como peneiras ou alimentadores vibratórios. A água migra para a base, sujando o piso, tornando-o perigosamente escorregadio, pois arrasta finos que revestem o piso com uma fina camada muito lisa e deixa o minério acumulado muito coeso, dificultando ou mesmo impossibilitando a descarga.

Esse problema é particularmente danoso quando se retomam materiais finos. O escoamento de blocos grosseiros é pouco influenciado pela umidade.

Para permitir a retirada controlada do material estocado, os alimentadores dispõem de um ou mais mecanismos que, combinados, permitem a variação da vazão de descarga:

◆ ajuste da altura da camada descarregada através da abertura da comporta da tremonha;
◆ variação de velocidade;
◆ possibilidade de variação de parâmetros especiais do alimentador (como, por exemplo, controle da frequência ou da inclinação de alimentadores vibratórios).

Quando a regulagem ocorre por meio da variação da altura da comporta de saída, deve-se adotar abertura mínima igual a, no mínimo, duas vezes o tamanho do maior bloco para material não bitolado e igual a três para material com granulometria uniforme. Essa altura (H) deverá, ainda, estar compreendida entre 1,2 e 1,5 vezes a altura da camada sobre o alimentador. Ela é calculada como função da largura do alimentador, da velocidade e da velocidade de transporte, pela expressão:

$$H = 1{,}2 \text{ a } 1{,}5 \cdot \frac{C}{60 \cdot W \cdot v \cdot \rho} \qquad (4.1)$$

onde:
H = altura da camada de saída (m);
C = vazão de retomada (t/h);
W = largura da calha (m);
v = velocidade de deslocamento do material (m/min);
ρ = densidade aparente do material transportado (t/m^3).

4.1.1 Características desejadas

Para um bom desempenho, é desejável que o conjunto alimentador e moega apresente as seguintes características:

a] O alimentador deve ser o mais curto possível. É sempre preferível colocar um transportador associado ao alimentador do que construir alimentadores muito longos, seja pelo fato de essas máquinas serem muito mais caras que as máquinas de transporte equivalentes, seja pela maior fragilidade que máquinas grandes desse tipo apresentam, quando comparadas a outras menores.

b] A inclinação da parede traseira da moega deve ser suficiente para permitir livre escoamento do material. Deve ser sempre superior a 60°, sendo razoável adotar 70° a 75°.

c] A inclinação da parede frontal também deverá ser suficientemente inclinada para o escoamento do material. Deve-se usar, no mínimo, inclinação de 5° maior que a da parede traseira, ou mesmo vertical, pois muito materiais apresentam dificuldades de escoamento, aumentadas pela compressão do material dentro da moega, causada pelo arraste contra essa parede em decorrência do movimento do material.

d] A largura da boca de saída (não é necessariamente a largura da calha do alimentador, como mostra a Fig. 4.2, vista frontal) deve ser, no mínimo, 2,5 vezes o diâmetro do maior fragmento presente na alimentação, para material não bitolado. Para material bitolado, recomenda-se de 3 a 5 vezes o diâmetro máximo ou de 3 a 7 vezes o diâmetro médio.

e] A inclinação das paredes laterais deve ser de 50° a 60°, mesmo para materiais de boa fluência.

f] A moega deve facilitar o escoamento do material, não criando "mortos" no seu interior. Para isso, a altura entre a moega e o alimentador deve crescer no sentido da descarga, como também mostra a Fig. 4.2, na vista lateral – é recomendável a adoção de um biselamento das paredes laterais da moega, abrindo no sentido do fluxo (do fundo para a descarga do material). Adota-se, geralmente, ângulo de biselamento de 5° (Fig. 4.2). Isso facilita o escoamento do material que está na moega, pois o material situado atrás descarrega antes do que está na frente. Se não houver o crescimento da seção de escoamento, o material da frente atrapalha o escoamento do material que vem de trás.

g] A relação entre o comprimento da abertura e a altura da comporta (T/h), para material de boa fluidez, deve estar entre 0,5 e 1,5, o que possibilita um escoamento bem uniforme. Relações T/h superiores a 1,5 podem levar a escoamento irregular; para material de escoamento mais problemático, é conveniente a adoção de abertura de saída na forma de fenda, em que T/h seja de 1,5 a 3,0.

Essas regras se aplicam para materiais granulados de bom comportamento ao escoamento. Materiais de difícil escoabilidade exigem soluções especiais.

Para regulagem por meio de variação de velocidade, são usados sistemas de acionamento de velocidade variável: motores elétricos de polos múltiplos (4, 6, 8, 12 polos), motor de anéis, motor de corrente contínua, embreagem hidráulica, embreagem magnética, redutor tipo polias Reeves ou os inversores de frequência, que são atualmente os mecanismos mais usados.

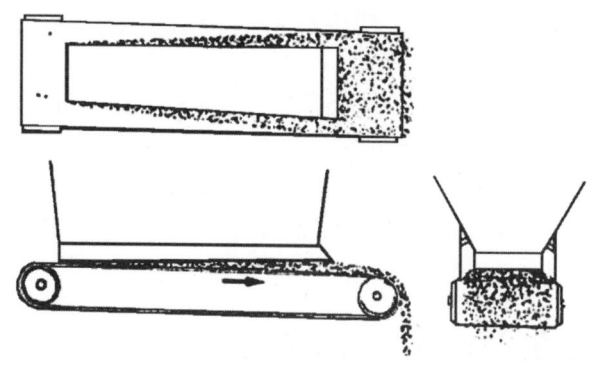

Fig. 4.2 Modelo da moega de alimentadores

Inversores de frequência apresentam excelente desempenho no que tange à faixa de variação de velocidade. Em passado recente (até os anos 1970), eram acessórios muito dispendiosos e de uso muito restrito. Nos últimos anos, houve uma acentuada queda de preços nesses equipamentos, particularmente para equipamentos de baixa e média potência (até cerca de 400 kW). Assim, estes passaram a ser adotados em muitas aplicações, pela sua versatilidade, facilidade de controle, precisão, confiabilidade e simplicidade operacional.

4.1.2 Tipos de alimentadores

Existe uma grande variedade de equipamentos, embora, como já informado, sejam limitados os modelos que podem ser usados em Tratamento de Minérios. Assim, os principais tipos usados em mineração são:

- alimentador de sapatas (*apron feeder*);
- alimentador de esteiras (*belt feeder*);
- alimentador vibratório (*vibrating feeder*);
- alimentador de gaveta (*reciprocating feeder*);
- alimentador de espiral ou de parafuso (*screw feeder*);
- alimentadores especiais: *wobler feeder*, válvula rotativa, alimentador de mesa e outros.

A determinação do tipo de alimentador a ser indicado para cada aplicação depende de diversos fatores. Quando são usados no Tratamento de Minérios, as principais características a serem consideradas são:

- **propriedades dos materiais**: tamanho, distribuição granulométrica, umidade, fluência, coesividade, geração ou presença de pó, abrasividade, densidade, dentre outras;
- **escala de produção**: vazões de alimentação instantânea e média;
- **condições de arranjo** (*layout*): espaço disponível, altura máxima aceitável, dentre outras;
- **precisão** desejada; e

◆ **características do processo**: necessidade de alimentação contínua ou se é aceitável que seja pulsante.

O Quadro 4.1 apresenta, de forma resumida, as características de aplicação de alimentadores frequentemente usados no Tratamento de Minérios. A Tab. 4.1 mostra exemplos de alimentadores usados em minerações de diversos bens minerais.

Para materiais pulverulentos secos, são usados principalmente alimentadores espirais e válvulas rotativas. Na descarga de silos, utilizam-se alimentadores de mesa ou parafuso e válvula rotativa se o material for pulverulento. O alimentador *wobler* foi desenvolvido especialmente para materiais muito pegajosos, como os minérios argilosos, a bauxita úmida (natural) ou carvão muito úmido.

4.1.3 Controle da vazão

Todos esses modelos são, em princípio, volumétricos, isto é, descarregam volumes constantes, por meio do elemento mecânico que o nomeia. A variação da vazão é feita, então, de duas maneiras:

◆ pela variação do volume que está sendo deslocado pelo elemento mecânico (altura ou largura da camada sobre a calha, passo da espiral, ângulo entre as palhetas da válvula rotativa etc.);
◆ pela velocidade imprimida a esse volume.

Pode-se calcular o volume alimentado pela equação de transferência de massa, que assume a forma simplificada:

$$Q = v \cdot w \cdot h \qquad (4.2)$$

onde:
Q = vazão volumétrica;
v = velocidade de deslocamento;
w = largura da camada;
h = altura da camada, em unidades coerentes.

Quadro 4.1 Dados básicos de alimentadores e sua indicação

Máquina	Capacidade (t/h)	Tamanho máximo	Aplicações principais	Vantagens	Desvantagens
Sapatas	até 10.000	até 50% da largura da esteira	– serviços pesados – alimentação primária – retomada de grandes volumes	– alta resistência ao impacto – alta carga por unidade de área – disponibilidade elevada – boa regulagem de vazão – pode elevar o material – comprimento conforme necessidade – pode reduzir a altura da instalação – manuseia bem materiais argilosos e úmidos	– alto custo de aquisição – permite a passagem de finos
Vibratório apoiado ou suspenso	até 2.000	até 80% da largura da mesa	– serviços pesados – alimentação primária – retomada de materiais graúdos	– alta segurança de funcionamento – separação dos finos – pouca e fácil manutenção – bom controle de vazão – baixo custo de aquisição	– não pode ser usado para elevar o material – comprimento limitado – potência instalada elevada – limitado com relação à argila e à umidade
Calha vibratória	até 300	até 30% da largura da mesa	retomada de materiais de granulometria média de silos e pilhas	– baixo custo de aquisição – pouca e fácil manutenção – pequenas dimensões – funcionamento confiável – bom controle de vazão mediante inversor de frequência	– tamanho máximo de partícula = 12" – limitado com relação à argila e à umidade

Quadro 4.1 DADOS BÁSICOS DE ALIMENTADORES E SUA INDICAÇÃO (cont.)

Máquina	Capacidade (t/h)	Tamanho máximo	Aplicações principais	Vantagens	Desvantagens
Gaveta	até 160	até 20% da largura da gaveta	– alimentação de transportadores de correia – dosagem	– bom controle de vazão – baixo custo de aquisição – pequena potência instalada – menos sensível à presença de material argiloso – grande capacidade de arrancar materiais de pilhas ou silos	– desgaste significativo do revestimento – manutenção cara
Calha Vibraline II	até 1.500	até 30% da largura da mesa	– alimentação em dosagens precisas e vazões médias e altas	– controle preciso de vazão – alta capacidade – pequenas dimensões – baixo nível de ruído	– tamanho máximo de partícula limitado – limitado com relação à quantidade de argila e à umidade
Correia	até 5.000	até 10% da largura da correia	– retomada de materiais finos e úmidos de silos e pilhas	– baixo custo de aquisição – controle de vazão preciso – manuseia bem materiais argilosos e úmidos	– tamanho máximo de partícula limitado – desgaste elevado da correia

Fonte: Faço (1994).

Tab. 4.1 ALIMENTADORES USADOS EM MINERAÇÕES DE DIVERSOS BENS MINERAIS

Tipo de Material	Tipo de alimentador	Material	Peso espec. (kg/m³)	Tamanho (pol.) Máx.	Tamanho (pol.) Médio	Formato	Umidade (%)	Capacidade anual (mil t)	Tamanho (pés)	Velocidade (pés/min ou RPM)	Potência (HP/W)
Muito grosso	Sapatas	Fe	3.200	78	36	Bordas cortantes	3-4	17.700	7 a 42	22-33	135
	Vibratório apoiado mecânico	Cu, Zn	4.000	36	8-12	Blocos angulares	1	1.500	6 x 12	800	20
	Vibratório apoiado mecânico	Arenito	1.700	36	24	Placas cortantes	1-3	200	4 x 20	800	15
Grosso	Sapatas	Fe	3.200	8	3-4	Bordas cortantes	3-4	17.700	6 x 14	40-60	50
	Sapatas	Cu, Au	1.600	24	5-6	Placas cortantes	2-3	1.000	4 x 26	4-20	7 ½
	Sapatas	Taconita	2.000	18	6-8	Placas de vários tamanhos	1-2	1.200	4 ½ x 12	37	30
	Vibratório apoiado elétrico	Cu, Ni	1.800	12	2	Placas corrosivas	2-3	675	36 x 54	3.600	1.750 W
	Vibratório apoiado elétrico	Taconita	2.000	12	6-8	Placas de vários tamanhos	1-2	3.200	36 x 72	3.600	1.750 W

Tab. 4.1 ALIMENTADORES USADOS EM MINERAÇÕES DE DIVERSOS BENS MINERAIS (cont.)

Tipo de Material	Tipo de alimentador	Material	Peso espec. (kg/m³)	Tamanho (pol.) Máx.	Tamanho (pol.) Médio	Formato	Umidade (%)	Capacidade anual (mil t)	Tamanho (pés)	Velocidade (pés/min ou RPM)	Potência (HP/W)
Grosso	Vibratório apoiado elétrico	Cu	1.700	8	4	Cortante de vários tamanhos	2	825	37 x 72	3.600	1.750 W
Grosso	Alimentador de gavetas	Fe	3.200	6	3-4	Bordas cortantes	3-4	17.700	6 x 11	10-12	40
Médio	Alimentador de correias	Taconita	1.400	4	1 ½	Bordas cortantes	1-2	2.700	48 x 18	70-130	10
Médio	Alimentador de correias	Clinquer	1.600	2	½ a 1	Bordas cortantes	-½	80	–	–	–
Médio	Alimentador de correias	Cu, Ni	1.700	½	1/16	Bitolado	2	500	24 x 3 1/16	8,8	35
Fino	Alimentador de correias	Cu	1.600	3/8	3/8	Bitolado	2	825	30 x 7	9	115
Fino	Alimentador de correias	Cu, Au	1.700	1	1/8	Bitolado	2-3	1.000	5 ½ x 10	11	115
Fino	Alimentador de correias	Taconita	1.600	3/4	1/9	Bitolado	1-2	2.700	3 3/16 x 53	16-53	15

Tab. 4.1 ALIMENTADORES USADOS EM MINERAÇÕES DE DIVERSOS BENS MINERAIS (cont.)

Tipo de Material	Tipo de alimentador	Material	Peso espec. (kg/m³)	Tamanho (pol.) Máx.	Tamanho (pol.) Médio	Formato	Umidade (%)	Capacidade anual (mil t)	Tamanho (pés)	Velocidade (pés/min ou RPM)	Potência (HP/W)
Fino	Alimentador de correias moega com vibrador	Areia, calcário, Fe	1.600, 1.400, 2000	1 ¼	Finos	Bitolado	5-10	78	3 x 7	3.600	¾
Fino	Aliment. correias moega com vibrador	Calcário	1.100	-	Finos	Bitolado	0-14	7	3	800	2 x 3 ½
Pulverulento	Alimentador de correias	Conc. Cu e Ni	2.400	½	0,074 mm	Corrosivo	9	410	24 x 20	8	3
Pulverulento	Alimentador de correias	Conc. pesados	2.500	-	< 0,044 mm	-	15	1.400	8" diâm.	-	7 ½
Pós-coesivos	Alimentador de correias	Cimento	1.400	-	0,074 mm	-	0	150	5" diâm.	-	-
Pós-coesivos	Alimentador de correias	Gesso calcinado	900	-	0,074 mm	-	0	31	12 x 25	8	7 ½

Fonte: Faço (1994).

4 Alimentadores 171

Comumente se adotam a velocidade em m/min e a altura e largura de camada em m. Assim, a fórmula assume a seguinte configuração, sendo a vazão de alimentação calculada em m³/h:

$$Q = 60 \cdot v \cdot w \cdot h \tag{4.3}$$

Caso se deseje calcular em vazão mássica em t/h, a fórmula assume a versão mais frequentemente encontrada na literatura:

$$Q = 60 \cdot v \cdot w \cdot h \cdot \rho \tag{4.4}$$

onde ρ é a densidade aparente do material em t/m³.

Para que isso seja verdadeiro, assume-se que a camada tem largura e altura constantes. Sabe-se, no entanto, que o enchimento não é perfeito e, portanto, é necessário considerar uma perda de capacidade pelo não preenchimento completo da camada, que pode ser descrita por um parâmetro de eficiência.

Além disso, é bastante improvável que a calha esteja completamente cheia, pois a largura da descarga é necessariamente menor que a largura da calha do alimentador. Portanto, para o cálculo da largura da camada é preferível usar a largura da boca de descarga da moega em vez da largura da calha.

Cada tipo de alimentador apresenta características próprias e para o cálculo de capacidade existem modelos próprios, que serão discutidos adiante.

A altura da camada é regulada pela abertura de saída. Geralmente se preveem aberturas reguláveis, de modo a permitir o controle rápido dessa variável. Esse controle, no entanto, não é eficiente para vazões muito elevadas, que são materiais muito grosseiros ou pegajosos (baixa escoabilidade). Nesses casos, a variação da altura da saída é muito difícil, em geral, sendo praticamente impossível regulá-la em operação ou mesmo com o alimentador parado mas cheio. Nessa condição, essa variável acaba sendo ineficaz para a regulagem da vazão de alimentação.

Nos alimentadores que utilizam um elemento móvel para o transporte (como os alimentadores de sapatas, de correia, de gaveta, entre outros) é mais prático usar variadores de velocidade para regular a vazão.

Nos equipamentos que fluidizam o material para permitir o transporte, como nos alimentadores vibratórios (apoiados, suspensos, calhas, entre outros), regula-se a vazão pela frequência de vibração, uma vez que a regulagem da amplitude é mais trabalhosa.

Assim, a vazão de alimentação é regulada pela frequência da vibração (alimentadores vibratórios), frequência do movimento reciprocativo (alimentadores de gaveta) ou velocidade de translação (demais alimentadores). A inclinação do alimentador também age nesse mesmo sentido.

4.1.4 Válvula de agulhas

Válvula de agulhas é um sistema adotado para possibilitar a retirada ou a manutenção do alimentador com o silo ou a moega carregado. Trata-se de um sistema de simples montagem e de baixo custo que funciona adequadamente com materiais granulares. Nem sempre pode ser operado, particularmente quando o material contido no silo é grosseiro ou pulverulento.

A Fig. 4.3 mostra um sistema desse tipo. A colocação das agulhas com o silo cheio é feita uma a uma, que são empurradas, em geral manualmente, forçadas pelas aberturas usando-se marreta. Quando todas as agulhas são colocadas, a carga fica presa e permite a descarga do material sobre o alimentador e a retirada deste. Uma vez recolocado o alimentador, retiram-se as agulhas e a alimentação pode ser retomada.

Embora sua colocação possa ser indicada para quaisquer alimentadores, os de sapatas alimentando ROM podem não ter ganhos com a colocação desse dispositivo, pois muitas vezes não é possível colocar as agulhas sob a moega quando se alimenta material muito grosseiro. Além disso, esse alimentador pode ser acionado até que a peça que necessita de manutenção seja posicionada onde possa ser manuseada.

Fig. 4.3 Válvula de agulhas para reter a carga quando é necessário retirar o alimentador com o silo carregado

No caso dos alimentadores vibratórios suspensos, esse mecanismo é muito necessário, pois, como não têm bases fixas, se ocorrer qualquer eventualidade que implique a sua retirada, esta somente poderá ser feita interrompendo-se a saída do material e, nesse caso, o dispositivo precisa ser usado.

Mesmo quando se usam comportas reguláveis e, nesse caso, seria possível fechar totalmente a comporta para permitir a retirada do alimentador, ainda assim recomenda-se o uso da válvula de agulhas, pois essa comporta frequentemente emperra com o material e não pode ser fechada. As agulhas, por outro lado, como são inseridas uma a uma, geralmente podem ser forçadas para dentro e, assim, consegue-se bloquear a saída de material de forma mais confiável.

4.2 Alimentador de sapatas

São os equipamentos de alimentação mais robustos do mercado, tanto em termos de capacidade de suportar o impacto de grandes blocos como de arrastá-los, mesmo para materiais muito coesivos. São também os alimentadores mais caros. Sua aplicação típica é a de receber o ROM e alimentá-lo a britadores primários. Dessa forma, são capazes de suportar o impacto da queda de matacões descarregados diretamente do caminhão sobre eles.

A Fig. 4.4 mostra um esquema de instalação de alimentador de sapatas, utilizado para a alimentação e dosagem de britador primário – nesse caso, de material trazido por caminhões.

O alimentador de sapatas tem a peculiaridade de ser capaz de elevar a carga, característica rara entre os alimentadores, pois pode elevar o material em ângulos superiores aos dos transportadores de correia.

O elemento transportador é uma esteira de trator, apoiada em roletes de trator ou em roletes mais leves, dependendo da aplicação. Essa esteira se move dentro de uma saia revestida de material resistente à abrasão. As placas de revestimento das saias são, com frequência, fabricadas em aço manganês. Os roletes e as correntes de trator utilizados geralmente são de fabricantes tradicionais, o que facilita a manutenção e substituição de elementos desgastados. As sapatas utilizadas são disponíveis em diferentes

Fig. 4.4 Desenho esquemático de instalação de alimentador de sapatas

larguras padronizadas, podendo ser fornecidas fundidas em aço manganês, para aplicações pesadas que requeiram alta resistência ao impacto e desgaste, ou em chapas de aço laminado, para aplicações mais leves.

As correntes onde se fixam as sapatas podem ser posicionadas externa ou internamente à região da tremonha, em função dos requisitos de maior facilidade de acesso para manutenção ou de reduzido espaço disponível no local onde a máquina será instalada. O equipamento é montado sob a abertura da moega, possibilitando que o material fique permanentemente sobre ele.

O acionamento das correntes é feito por motor e redutor (ou motorredutor) acoplados à roda motriz. A chaveta desse acoplamento serve de fusível mecânico, que se rompe em caso de travamento, preservando os componentes mais caros. São frequentemente usadas embreagens para a alimentação de britadores primários, bem como sistemas de variação de velocidade.

Existem diferentes modelos de sapatas, como mostra a Fig. 4.5. Em muitas aplicações, procura-se manter sobre as placas uma camada do próprio material que se está alimentando ("lastro"), recobrindo-as para reduzir o escoamento do material entre estas, o que é um dos grandes problemas operacionais desse equipamento: materiais finos passam por entre as placas, pois estas não são

Fig. 4.5 Alimentador de sapatas

estanques, causando perdas seletivas de material e enorme sujeira do piso. Essa camada ainda serve como uma proteção contra impactos diretos e abrasão sobre as sapatas. A Fig. 4.6 mostra diferentes tipos de sapatas usadas nesse equipamento.

Fig. 4.6 Diferentes tipos de sapatas

Assim, por causa da impossibilidade de vedação entre as placas, os finos caem no chão debaixo do alimentador, exigindo a sua remoção permanente. Para solucionar esse problema, são adotados transportadores de correia largos sob o alimentador de sapatas, para recolher esse material. Isso demanda espaço para a colocação desse transportador, além dos custos dessa solução e suas implicações quanto à manutenção, em um local, em geral, de difícil acesso, de iluminação precária e com muito material fino em suspensão.

Os alimentadores de sapatas fornecem uma vazão muito regular (independentemente do volume contido na moega) e podem ser fabricados em comprimentos variáveis (as larguras são padronizadas), para adaptarem-se às necessidades de *layout*. Outra vantagem é que eles manuseiam bem materiais coesivos, tais como materiais argilosos e úmidos. Têm grande poder de "arrancamento" do material, o que os qualifica a operar com materiais de difícil retomada, como materiais finos e coesivos ou materiais grossos que formam estruturas embricadas e resistentes, sob silos ou pilhas.

As desvantagens desse tipo de alimentador são, inicialmente, o elevado valor de investimento, o elevado custo de manutenção e a potência maior que nos outros modelos (que, nas grandes máquinas, pode superar 800 hp). A impossibilidade de vedação entre as placas gera o problema já citado de passagem de finos. São máquinas grandes e, portanto, demandam espaço para a sua instalação, e precisam ser previstas facilidades para a sua manutenção, pois suas peças são grandes e pesadas, o que exige a utilização de pontes rolantes ou equivalentes para a sua retirada no caso de troca ou manutenção.

Recomenda-se, no dimensionamento, usar altura máxima da camada (abertura da comporta) de 2/3 da largura do alimentador e sempre maior que o dobro do diâmetro do maior bloco. A velocidade deve ser mantida a mais baixa possível, uma vez que, operando com blocos grandes, o aumento de velocidade implica desgaste elevado e, principalmente, esforços muito maiores para o arrancamento dos blocos contidos na moega, pilha ou silo.

Esse equipamento, em princípio, pode suportar a descarga de grandes blocos diretamente do caminhão, como dito anteriormente. Isso, entretanto, em certos casos, pode não ser recomendável, pois o impacto causado por um bloco de ROM (que pode superar 1 m de diâmetro e pesar mais de 5 t) caindo do alto de uma caçamba – que, quando é levantada, fica a vários metros de altura –, dependendo da posição do bloco caindo sobre uma caixa escavada (que geralmente tem mais de 2 m de altura), pode ser devastador sobre o equipamento, suas bases e acessórios. Assim, na Fig. 4.7, apresenta-se um esquema simples de descarga, no qual se observa a formação de uma camada ("morto") que fica permanentemente na caixa, mantendo-a cheia, e sobre essa camada o material é descarregado. Essa camada amortece e dissipa boa parte da energia de queda e direciona o material para o alimentador, reduzindo sobremaneira o impacto direto do bloco.

Esse erro de projeto muitas vezes é relegado, pois, em geral, há uma camada de material sobre o alimentador que reduz o impacto direto. Porém, em sistema de descarga direta de caminhões, sempre haverá o risco imediato de não existir material sobre o alimentador, além do fato de que um bloco de grandes dimensões, ainda que caindo sobre uma camada preexistente ou que a máquina seja robusta, sempre pode causar danos.

Os alimentadores de sapatas, embora sejam máquinas muito pesadas e com grande capacidade de arranque de material, mesmo

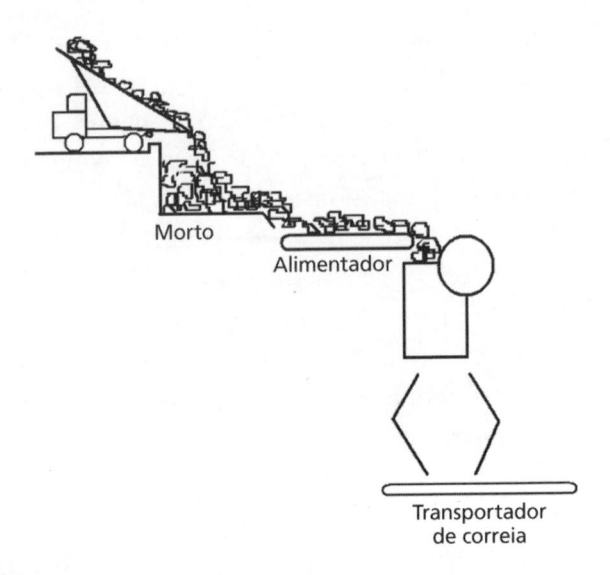

[Figura: esquema de instalação de britador com caminhão descarregando em pilha "Morto", Alimentador, e Transportador de correia]

Fig. 4.7 Esquema de instalação de britador que recebe ROM

para materiais coesivos, podem operar com potências relativamente baixas, pois as velocidades são baixas.

Em razão do seu elevado peso, demanda base muito robusta e, consequentemente, cara. Assim, esse equipamento somente se justifica quando as exigências são extremas, pois existem máquinas mais baratas.

Seu uso intensivo em minerações, no entanto, demonstra tratar-se de equipamento extremamente confiável, que apresenta grande disponibilidade e durabilidade. Por operarem bem com materiais coesivos, sofrem menos com as variações climáticas, particularmente nos períodos chuvosos, nos quais os materiais tendem a tornar-se ainda mais coesivos.

4.2.1 Capacidades

A Tab. 4.2 apresenta as características dos alimentadores de sapatas produzidos pela Metso. Observe que as larguras são padronizadas, porém o comprimento, dentro de certos limites, é determinado pela aplicação.

Tab. 4.2 CARACTERÍSTICAS DOS ALIMENTADORES DE SAPATAS
FORNECIDOS PELA METSO

Tipo	Dimensões da esteira (mm)	Elementos móveis	Pesos (t) Alimentador sem tremonha	Alimentador com tremonha
MT-30075	3.000 x 750	3,9	5,8	7,3
MT-45075	4.500 x 750	4,6	6,5	8,4
MT-60075	6.000 x 750	5,5	7,4	9,8
MT-90075	9.000 x 750	7,5	10,3	13,9
MT-120075	12.000 x 750	10,1	13,4	17,3
MT-30100	3.000 x 1.000	4,6	6,7	8,6
MT-45100	4.500 x 1.000	5,9	8,0	10,5
MT-60100	6.000 x 1.000	7,2	9,3	12,4
MT-90100	9.000 x 1.000	9,7	13,1	17,2
MT-120100	1.200 x 1.000	12,5	17,0	22,2
MT-30120	3.000 x 1.200	5,2	7,4	9,6
MT-45120	4.500 x 1.200	7,0	9,3	12,1
MT-60120	6.000 x 1.200	8,5	11,0	14,5
MT-90120	9.000 x 1.200	11,5	14,9	19,3
MT-30150	3.000 x 1.500	6,1	8,5	11,1
MT-45150	4.500 x 1.500	7,8	11,0	14,3
MT-60150	6.000 x 1.500	9,5	13,5	17,5

Esse fornecedor oferece equipamentos com larguras que variam de 1.000 mm a 3.000 mm, projetados especificamente para cada caso, que podem atingir a capacidade de alimentação de até 10.000 t/h. Os comprimentos máximos podem atingir 20 m e potências instaladas, 800 hp. Os acionamentos simples ou duplos podem ser formados por combinação de coroa/pinhão com redutor, redutor direto ou motores hidráulicos de alto torque acoplados diretamente ao eixo motriz.

A Tab. 4.3 mostra a capacidade volumétrica média dos referidos alimentadores em função da largura do alimentador e da velocidade.

A capacidade do alimentador de sapatas pode ser calculada pela expressão:

$$Q = 60 \cdot v \cdot B \cdot h \cdot \rho \cdot \varphi a \qquad (4.5)$$

onde:

Q = capacidade em t/h;
v = velocidade da esteira (m/min);
B = largura útil da tremonha (m);
h = altura da camada (m);
ρ = densidade aparente do material (t/m^3);
φa = fator de enchimento.

Tab. 4.3 Capacidade média dos alimentadores de sapatas (Metso) (m^3/h)

Velocidade da esteira (m/s)	Largura da esteira (mm)			
	750	1.000	1.200	1.500
3	40	67	93	150
5	67	111	155	250
7	93	155	18	350
9	120	200	280	450
11	147	244	343	550

4.2.2 Potência

Para a determinação da potência (Fig. 4.8), utiliza-se fórmula da CEMA (1996), em que a potência é calculada como a soma das parcelas que demandam energia para serem vencidas, quais sejam:

◆ esforços em razão do atrito nos roletes;
◆ esforços em razão do atrito do material com as paredes da tremonha;
◆ esforço em razão do atrito do material que está sendo movido em relação ao material suprajacente (parado) contido no silo ou moega; e
◆ esforço em razão da elevação do material.

Para o cálculo da potência, conforme *Manual de Britagem da Faço* (Faço, 1994), os esforços resistentes ao movimento da esteira são:

$$Pt = P1 + P2 + P3 + P4 \qquad (4.6)$$

onde:

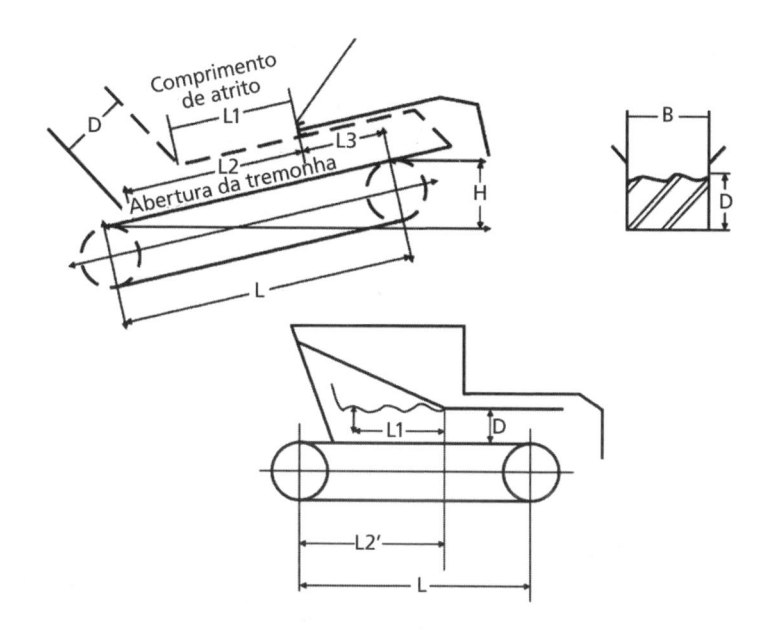

Fig. 4.8 Dimensões a serem consideradas no cálculo da potência demandada pelo alimentador de sapatas, em metros

Pt = esforço total (kgf);
P1 = esforço em razão do atrito nos roletes (kgf);
P2 = esforço em razão do atrito do material com a tremonha (kgf);
P3 = esforço em razão do atrito entre material movido e material parado (kgf);
P4 = esforço em razão da elevação do material (kgf).

Na Eq. 4.6:
$$P1 = f \times (1{,}2 \times B2 \times L2 \times p + B \times D \times L3 \times p + M) \times 1.000 \quad \textbf{(4.7)}$$

$$P2 = Fs \cdot L \quad \textbf{(4.8)}$$

$$P3 = 900 \times B2 \times L1 \times p \times SF \quad \textbf{(4.9)}$$

$$P4 = 1.000 \times p \times B \times D \times H \quad \textbf{(4.10)}$$

onde ainda:
B, D, H, L, L1, L2, L3 = dimensões (m) (Fig. 4.8);

f = coeficiente de atrito nos roletes (0,1 para alimentadores com sapatas de aço manganês e 0,14 para os outros alimentadores);
ρ = densidade aparente do material (t/m³);
M = peso dos elementos móveis (t) (Tab. 4.2);
Fs = resistência em razão do atrito do material com a tremonha por metro de alimentador (kg/m) (Tab. 4.4);

Tab. 4.4 VALORES DE FS

D (m)	ρa (t/m³)			
	0,8	1,2	1,6	2,4
0,3	7,5	12,0	16,5	24,0
0,45	18,0	27,0	35,5	53,5
0,60	32,5	49,0	65,5	98,0
0,75	50,5	76,0	101,0	152,0
0,90	71,0	107,0	143,0	214,0
1,00	98,0	147,0	196,0	294,0
1,20	128,0	192,0	256,0	383,0
1,40	165,0	248,0	330,0	495,0
1,50	198,0	297,0	397,0	595,0
1,80	287,0	431,0	575,0	862,0

SF = fator de cisalhamento. É um fator de correção relacionado com o tipo de material, umidade e tamanho máximo, utilizado para dimensionamento mais preciso da potência requerida. Para estimativas iniciais com segurança, utiliza-se Sf = 1,0.

NOTA: Para o caso de grandes blocos de material e tremonhas abertas, considera-se:

$$L3 = 0 \text{ e } L1 = 1/3 \text{ } L2'$$

sendo L2' o comprimento do talude de material na tremonha do alimentador.

A potência necessária para vencer todos esses esforços é determinada pela expressão:

$$N = \frac{P_t \cdot V}{4.500 \times \eta} \qquad (4.11)$$

onde:
N = potência necessária (hp);
V = velocidade da esteira (m/min);
η = rendimento mecânico.

No fim deste capítulo apresentam-se exemplos de cálculo de seleção de alimentadores de sapatas.

4.3 Alimentadores vibratórios

Trata-se de uma calha metálica, revestida de material resistente à abrasão, que tem um movimento vibratório gerado por vibradores mecânicos ou eletromagnéticos, chamados também de excitadores, que fluidizam o material.

Embora não seja tão robusto como o alimentador de sapatas, esse equipamento suporta bem serviços pesados. Pode ser usado para materiais muito grossos, como a alimentação de britadores primários (alimentação de ROM), porém não pode ser alimentado diretamente pelos caminhões, exigindo a colocação de um pré-silo para amortecer a queda do material e evitar que este impacte diretamente sobre a sua calha. Quando alimentado diretamente por caminhões, deve-se preservar uma camada de lastro que proteja a calha contra impactos diretos.

O alimentador vibratório fornece vazão muito regular para materiais de boa fluidez (*free flowing*), mas essa característica decresce com a presença de material argiloso e úmido. Material fino costuma acumular-se na calha. Se houver também umidade, a calha pode ficar completamente atolada.

A calha é estanque e sem vazamentos e pode ser projetada totalmente confinada, de modo a impedir o levantamento de poeiras.

Em termos de *layout*, o alimentador vibratório é muito compacto e exige pequena altura para a sua instalação. A disponibilidade de modelos tanto suspensos como apoiados torna-o muito versátil. Deve-se lembrar apenas que o seu comprimento é limitado e que não tem a capacidade de elevar o material. Como possui poucas peças móveis e sua vedação é excelente, apresenta razoáveis custos de operação e manutenção.

Pelo princípio de operação, entende-se claramente uma das limitações desse equipamento, que é justamente a sua incapacidade de elevar o material. A descarga só pode ocorrer na horizontal ou no sentido descendente. Isso também possibilita entender que, quanto mais inclinada a calha, maior a vazão de descarga a ser obtida.

É um equipamento muito flexível em termos de projeto de máquina. Existem três variantes:

- alimentadores vibratórios apoiados: destinados a serviços pesados, como a alimentação de britadores primários. A calha é apoiada numa base metálica, que pode servir de suporte também para a moega, o que resulta numa instalação econômica em termos de investimento. Para serviços pesados, geralmente dispõem de mais de um vibrador, que normalmente são mecânicos;
- alimentadores vibratórios suspensos: destinados à retomada de materiais ensilados ou em pilhas. A estrutura de suporte é suspensa na laje da base do silo ou da pilha. A calha é apoiada sobre molas helicoidais nessa estrutura. Utilizam vibradores mecânicos, como os apoiados;
- calhas vibratórias: são alimentadores vibratórios suspensos, mais leves que os anteriores e de menores dimensões. Alguns modelos usam vibradores mecânicos e outros, eletromagnéticos, o que é muito conveniente em termos de regulagem da vazão alimentada (facilidade de regulagem e de variação), pois fornecem regulagem muito precisa. A potência instalada também é menor. A sua grande limitação se refere ao tamanho máximo do material alimentado, que deve ser sempre inferior a 300 mm (12").

A escolha do mecanismo de agitação depende de vários fatores, porém os agitadores eletromagnéticos permitem um controle mais acurado da frequência de vibração, embora sejam limitados quanto à amplitude de movimento, além de mais frágeis e mais caros. Aplicam-se melhor aos alimentadores que trabalham com materiais mais finos.

Os agitadores mecânicos geralmente são compostos de dois motores independentes com dois pares de cargas desbalanceadas por motor, que promovem a vibração. Entretanto, não constituem um equipamento que permita regulagem fácil e alteração da regulagem durante a operação, a não ser que sejam fornecidos com motor com variador de velocidade. Como são usados dois motores, o variador precisa atuar simultaneamente sobre ambos para evitar desbalanceamento.

As referidas cargas giram em sentidos opostos e entram em fase dinamicamente. O início do movimento é irregular, mas em segundos os agitadores entram em sincronismo e o sistema se equilibra. Obtém-se a regulagem da taxa de alimentação pela variação da amplitude e da frequência, além da inclinação da calha. Porém, uma vez instalado, é difícil variar a inclinação e, assim, a regulagem durante a operação é feita pelas variáveis amplitude e frequência. Pode-se, ainda, variar a vazão pela altura de descarga, variando-se a altura da placa da tremonha, porém esse mecanismo tende a não funcionar adequadamente, pois a tremonha tende a emperrar por causa do material.

Regula-se a amplitude do movimento pela variação da posição das massas desbalanceadas. Embora esse mecanismo seja de regulagem mais difícil que os vibradores eletromagnéticos, permite amplitudes maiores. São mecanismos robustos e mais baratos que os sistemas eletromagnéticos. Aplicam-se a materiais finos e grossos.

A Fig. 4.9 mostra um sistema de agitação mecânica. Observe que a regulagem da amplitude demanda a parada do equipamento e

Fig. 4.9 Mecanismo de agitação mecânica de alimentador vibratório

é trabalhosa, pois o desbalanceamento de ambos os agitadores deve ser o mesmo e regulado para cada par de massas, fato que obriga a regulagem de quatro pares – tarefa executada por tentativas –, ainda que os sistemas de melhor qualidade tragam impressos nos contrapesos escalas que facilitam a colocação do sistema em equilíbrio.

Para equipamentos de grande porte, alguns fornecedores oferecem a opção de vibradores mecânicos engrenados, ou seja, o sincronismo é garantido pelo engrenamento entre os eixos. Essa opção implica custos de investimento e de manutenção maiores, pois necessita de lubrificação cuidadosa, além de exigir sistemas de vedação contra pó muito elaborados e, portanto, mais caros. São recomendáveis apenas quando o alimentador torna-se tão grande que o eventual desbalanceamento da carga poderia danificá-lo.

Alimentadores vibratórios são excepcionalmente limitados quando operam com materiais pegajosos e, particularmente, com materiais úmidos, visto que a vibração tende a compactar ainda mais o material e a facilitar a percolação da água para a base, ou seja, para a calha do equipamento. Isso se torna crítico, pois o material tenderá à umidade de coesão, impossibilitando a fluidização, o que provoca a parada da alimentação ou faz com que esta se torne irregular.

A potência instalada é maior que em outros tipos de alimentadores, embora, em geral, este não seja um aspecto crítico, pois a potência costuma não ser muito elevada. A título de exemplo, um alimentador vibratório apoiado Metso AV-6x20, para blocos de até 1.200 mm e capacidade que atinge 750 m^3/h, utiliza dois motores de 30 CV.

Outro aspecto a ser comentado é que são máquinas relativamente ruidosas, podendo causar incômodo aos operadores, além de movimentos vibratórios serem extremamente perigosos para as estruturas, pois, se estas entrarem em fase com o movimento podem se colapsar. Evita-se, portanto, instalar tais equipamentos em estruturas metálicas, as quais, por serem muito mais flexíveis, acabam vibrando muito mais, preferindo-se a instalação em estruturas de concreto armado, mais rígido.

Essa vibração tende a ser extremamente incômoda aos operadores. Quando instaladas na descarga de pilhas e silos, em geral, ficam em locais remotos e afastados de áreas de maior circulação, não causando maiores incômodos, porém o cálculo da estrutura do silo e suas bases deve levar em conta tal vibração, pois a carga dinâmica é bastante elevada. Esse problema é particularmente crítico se o projetista, geralmente um engenheiro civil ou mecânico, não estiver familiarizado com o processo.

Alguns modelos trazem uma grelha na porção final da calha com a função de separar uma parte da fração fina ("escalpe"), separando-a da fração grossa, que está sendo descarregada na extremidade do alimentador.

É claro que um alimentador vibratório com grelha na extremidade não substitui uma grelha escalpadora. Embora exista todo o trabalho de convencimento do mercado, por parte dos fabricantes, de que essa grelha tem capacidade de atuar nessa função, a experiência demonstra que tal sistema é bastante limitado, pois a amplitude da vibração necessária para o transporte é muito baixa para se conseguir um escalpe adequado de finos. A camada suprajacente também, em geral, é muito espessa para se conseguir uma eficiência razoável e, finalmente, a área da mesa do alimentador que contém a grelha de escalpe é muito pequena, ou seja, o tempo de retenção sobre esta é insuficiente para que se consiga eficiência minimamente razoável para recomendar a sua aplicação substituindo uma grelha.

Assim, embora haja uma passagem de finos por essa grelha, a eficiência é muito baixa, e isso deve ser levado em conta, visto que esta, ao ser colocada na parte final do alimentador, apresentará desgaste maior e vida útil menor do que se fosse adotada uma placa. Isso reduzirá a disponibilidade da instalação e, consequentemente, aumentará o custo operacional do equipamento. Portanto, essa grelha não substituirá um equipamento dedicado ao escalpe. Caso essa operação seja necessária, deve-se prever o equipamento separado.

Recomenda-se, no caso do uso de grelha no alimentador vibratório, que, se este for abastecido por uma pá carregadeira, lateralmente ao alimentador, a parte cega da calha seja maior que a largura total da caçamba da pá carregadeira, ou seja, que as pedras, quando jogadas dentro do alimentador, não atinjam diretamente a grelha.

No caso de a alimentação ser feita pela parte traseira do alimentador, por exemplo, por uma retroescavadeira, recomenda-se que a parte cega do alimentador seja suficientemente longa para que as pedras caiam sobre a retroescavadeira, e não diretamente sobre a grelha. Vale lembrar que, ao serem lançadas sobre o alimentador, deve-se prever a trajetória das pedras, para que não sejam espirradas diretamente sobre os trilhos.

Para o cálculo da abertura da grelha, calcula-se inicialmente o valor médio da abertura, lembrando que a grelha é uma fenda que tem um formato trapezoidal, que se abre da alimentação para a descarga. O valor médio será calculado pela média aritmética entre a menor e a maior abertura.

Sobre esse valor médio, aplica-se um acréscimo de 20% para o cálculo da abertura a ser adotada, ou seja:

$$A = (A_{mín} + A_{máx})/2 \qquad (4.12)$$

$$A_{nominal} = 1,2 \times A \qquad (4.13)$$

A Fig. 4.10 mostra essa relação e a Tab 4.5 apresenta, aproximadamente, os valores de tamanho máximo e médio passante pela grelha. Observe que nada se diz sobre a eficiência de separação, que, conforme já destacado, é baixa.

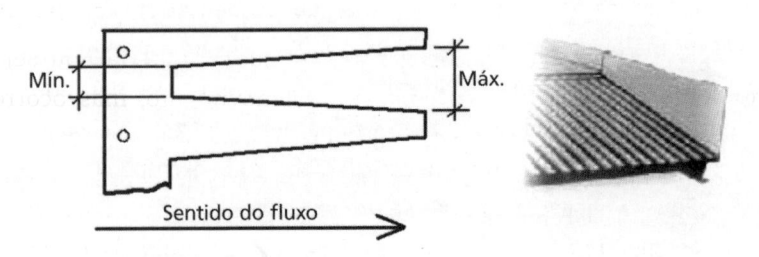

Fig. 410 Cálculo da abertura da grelha

Tab. 4.5 ESTIMATIVA DE TAMANHO MÁXIMO E MÉDIO PASSANTE NA GRELHA (mm)

Abertura nominal (mm)	Rocha desmontada/britada		Areia e pedregulho	
	Tamanho máximo passante	Tamanho médio	Tamanho máximo passante	Tamanho médio
45	75	60	65	50
60	100	80	90	70
80	130	105	115	90
95	160	130	140	110
120	200	160	160	130
140	240	190	210	165
170	280	225	250	195
190	320	255	280	220

4.3.1 Alimentadores vibratórios apoiados

São máquinas robustas que podem alimentar blocos grandes, até 1.200 mm de diâmetro. Apresentam custo de aquisição menor que os alimentadores de sapatas e concorrem diretamente com estes em aplicações pesadas, com materiais grosseiros, na alimentação de ROM ou blocos muito grossos.

Eles podem ter grelha na parte final e, por trabalharem com materiais, em geral, mais grosseiros, utilizam mecanismo de vibração mecânica.

Essas máquinas, por operarem com dois motores sincronizados (dinamicamente ou engrenados) com movimento a 45°, possibilitam a montagem na horizontal ou com inclinação na direção do movimento, o que aumenta significativamente a sua capacidade, pois o material é lançado para a frente pela ação dos vibradores. Isso, teoricamente, possibilitaria montar o alimentador elevando o material, ou seja, com inclinações na direção contrária ao movimento, mas ocorre, na prática, uma capacidade de elevação muito baixa. Portanto, é permitido afirmar que a máquina não eleva o material, mas possibilita, em casos bastante específicos, montar o alimentador com inclinação negativa pequena, cuja função é reter uma parte da água que eventualmente migre para a calha e desviá-la para a parte posterior do equipamento, que pode ter uma pequena grelha ou furos para permitir a drenagem dessa lama.

Conforme já salientado, o alimentador vibratório não é adequado para operar com materiais molhados, mas pode ser usado nessa condição se o material a ser alimentado for grosseiro, pois a água, nessa granulometria, não causa um aumento significativo da coesão do material.

A Fig. 4.11 mostra o esquema de movimento dessa máquina. Observe que a calha se movimenta apenas com vibradores instalados na posição horizontal nas posições a 45° e 225°. Em qualquer outra posição, a ação de um agitador é anulada pelo outro.

A Fig. 4.12 mostra um alimentador vibratório apoiado, no qual se pode ver a grelha na porção final da calha de alimentação. Observe que a grelha é muito curta para que haja uma retirada eficiente de finos.

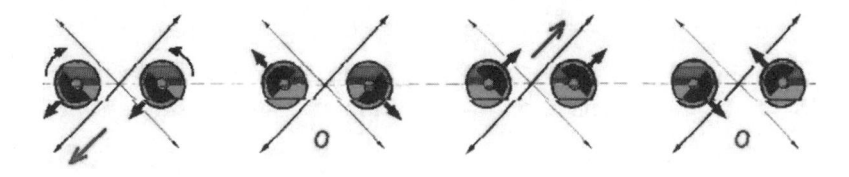

Fig. 4.11 Movimento sincronizado dos dois eixos do mecanismo de agitação

Fig. 4.12 Movimento sincronizado dos dois eixos do mecanismo de agitação

Embora a calha possa ser fabricada em tamanhos variáveis, não pode ser muito longa, pois haverá perda de eficiência no transporte. Assim, em geral, a calha é fornecida em tamanhos padrões. Se houver necessidade de transportar o material para distâncias maiores, é recomendável a colocação de um transportador de correia ou de outro tipo, ou, caso essa opção não seja adequada, recomenda-se a troca por um alimentador de sapatas.

O acionamento e a motorização variam mas, em geral, utilizam-se motores e vibradores acoplados ou com polias, correias V e eixo cardã para cada mecanismo vibratório, ou, ainda, acionamento direto com eixo cardã.

A motorização pode ser com motores de dupla polaridade de IV ou VI polos ou com motores padrão de VIII polos para 60 Hz e VI polos para 50 Hz, combinados com inversor de frequência.

Os mecanismos vibratórios giram em sentidos opostos, produzindo o fenômeno de autossincronismo. Para os alimentadores destinados a serviços extrapesados, é opcional o uso de vibradores com caixa de engrenagem para sincronização.

A vazão de alimentação é controlada pela rotação dos vibradores. No caso dos motores de dupla polaridade, a baixa rotação (VI polos) leva a vazão a praticamente zero, eliminando a necessidade de desligar os motores elétricos, quando se deseja interromper temporariamente a alimentação.

Assim, máquinas mais pesadas, dependendo do fabricante, possuem no mecanismo de agitação uma montagem na qual os motores ficam destacados da parede vibrante do equipamento, com evidentes vantagens no que se refere à durabilidade dos motores. Por outro lado, além de serem mais caras, exigem a colocação de eixos cardã e a montagem de bases externas para os motores. A Fig. 4.13 mostra um mecanismo desse tipo.

A Tab. 4.6 mostra as principais características dos alimentadores vibratórios apoiados fabricados pela Metso.

Fig. 4.13 Sistema de agitação com eixos cardã e motores destacados do corpo do alimentador

Tab. 4.6 ALIMENTADORES VIBRATÓRIOS APOIADOS FABRICADOS PELA METSO

Modelos	MV 20040	MV 27070	MV 35080	MV 40090	MV 40120	MV 55120	MV 60128	AV 5 × 20	AV 6 × 20	AV 6 × 22
Peso total com base e tremonha (t)	1,6	3,2	5,54	5,98	7,0	7,9	11,5	16,37	19,7	25,6
Peso da máquina (t)	0,9	1,6	2,34	2,85	3,5	4,73	6,9	9,52	12,5	17,9
Dimensões com base e tremonha (m)										
Comprimento	2,82	3,43	4,36	4,78	4,8	6,5	6,78	6,8	6,1	7,4
Largura	1,94	2,31	2,7	2,57	2,84	2,7	2,7	3,1	2,6	3,5
Altura	1,45	1,56	1,76	1,78	1,83	2,85	2,85	2,7	1,7	2,8
Dimensões da mesa vibrante (m)	0,4 × 2	0,7 × 2,7	0,8 × 3,5	0,9 × 4	1,2 × 4	1,2 × 0,6	1,2 × 6	1,5 × 6	1,8 × 6	2 × 6
Comprimento da grelha (m)	0,67	1,2	1,25		1,2 a 1,8			1,1 a 2,2		1,1
Abertura da grelha (")	2-3			2 a 4				4 a 7		
Capacidade (m³/h)	15-60	30-150	50-200	80-250	120-350	140-450	180-500	180-600	260-750	260-750
Motores – quantidade					2					1
Motores – potência (hp)	3	5	7,5	8	16	20	20	25	30	60
Vibradores (2 unidades) – modelo	V10	V20	V30	V30	V40	V50	V50	V60	V70	5NF

4.3.2 Alimentadores vibratórios suspensos

Os alimentadores vibratórios suspensos foram projetados para a retomada de material graúdo debaixo de pilhas ou silos. Por serem suspensos, eliminam a necessidade de bases de concreto e facilitam a montagem e a manutenção, não só do alimentador, como também do acionamento, das bicas e das correias transportadoras.

Em princípio, seriam muito adequados para esta função – descarregar pilhas e silos –, pois a vibração imposta à base do depósito agita todo o estoque e facilita o seu escoamento, essa característica pode ter efeitos positivos, quando auxilia na fluidização do material, bem como efeitos negativos, quando o material, ao ser agitado, se compacta ou permite a migração da água para a base. Assim, para cada material e aplicação é necessário verificar o comportamento do material e se o equipamento é adequado.

O equipamento é composto basicamente por uma mesa vibratória apoiada em molas helicoidais sobre uma estrutura de suporte suspensa, com bica e tremonha, formando um conjunto de fácil instalação, simples e robusto, que permite o manuseio de materiais graúdos e de alta densidade.

Esses alimentadores geralmente utilizam, vibrador mecânico e sua regulagem pode ser feita por meio da variação na posição das massas (contrapesos) do vibrador, que pode ser obtida através da variação da velocidade dos motores, a qual, por sua vez, pode ser obtida pela troca de polias ou através de inversores de frequência; e, ainda, por meio da variação na altura da camada alimentada, que pode ser obtida pela alteração da posição da comporta da calha de descarga.

Os alimentadores vibratórios suspensos podem também vir equipados com grelha de trilhos na sua porção dianteira, ou com placa revestida em aço. São recomendados para operar com material intermediário a fino, de até 600 mm de tamanho máximo, e com capacidade superior a 600 m^3/h.

As Figs. 4.14 e 4.15 mostram alimentadores vibratórios suspensos.

Fig. 4.14 Alimentador vibratório suspenso

Fig. 4.15 Alimentador vibratório suspenso em operação

Esses alimentadores podem causar dificuldades caso precisem ser removidos para manutenção. O uso da válvula de agulhas é sempre recomendável, particularmente pelo fato de não terem base para apoio.

A Tab. 4.7 mostra as principais características dos alimentadores vibratórios suspensos fabricados pela Metso.

4.3.3 Calhas vibratórias

As calhas vibratórias são projetadas para serem instaladas sob pilhas ou silos, provendo alimentação para os transportadores de correia ou outros equipamentos subsequentes.

Tab. 4.7 Principais características dos alimentadores vibratórios suspensos (Metso)

Modelo	25070	35090	35120	50158
Peso total (t)	2,6	4,73	6,1	9,53
Dimensões da mesa vibrante (m)	2,5 × 0,7	3,5 × 0,9	3,5 × 1,2	5,0 × 1,5
Comprimento da grelha (m)	0,67	1,2	1,2	1,2
Abertura da grelha (")		2 a 4		
Partícula máxima alimentada (")	14	20	20	24
Capacidade (m³/h)	45-220	120-370	180-520	260-650
Abertura máxima p/ alimentação (m)	1,1 × 1,0	1,9 × 1,57	1,8 × 1,8	2,8 × 1,45
Motores - quantidade	2			
Motores – potência (hp)	5	8	16	20
Vibradores (2) - modelo	V20H	V30	V40	V50

A sua construção é bastante simples e menos robusta que a dos modelos anteriores. Uma mesa vibrante, revestida contra desgaste na face superior, é isolada da estrutura de apoio por quatro molas helicoidais de grande flexibilidade e resistência. A estrutura de apoio é normalmente fixada no teto de túneis ou no flange inferior de silos, podendo apoiar-se no solo, se necessário.

Em geral, as calhas vibratórias são bastante curtas, pois alimentam o transportador de correia, que é um equipamento de transporte, razão pela qual se torna desnecessária a construção de calhas longas, que exigiriam uma estrutura muito mais reforçada, além de demandar potências maiores.

Assim, trata-se de equipamentos muito compactos, que podem ser instalados em espaços restritos, como é o caso de túneis sob pilhas.

As calhas vibratórias podem ter acionamento eletromagnético, mas, por causa das condições agressivas e, frequentemente, da dificuldade de acesso, quando instaladas em túneis sob pilhas (o que é comum na mineração), em geral opta-se por calhas com vibradores mecânicos. Elas não devem ser aplicadas para materiais muito grosseiros, sendo, em geral, limitadas a materiais com até 300 mm ou mais finos, preferencialmente.

A regulagem da vazão pode ser feita por meio da variação da amplitude de vibração, modificando-se a massa excêntrica dos contrapesos do vibrador; por meio da variação da frequência de operação, usando-se polia escalonada montada no eixo do motor; por meio da troca de polias, de variadores de velocidade, como inversores de frequência aplicados no motor; ou, ainda, pela variação da altura da camada, que pode ser obtida através da regulagem da altura da comporta de descarga. Como as calhas trabalham com material mais fino, é mais fácil regular a altura da comporta.

O acionamento é parte integrante da estrutura de apoio das calhas, sem necessitar da construção de bases adicionais. Elas atingem vazão que pode superar 200 m³/h.

A Fig. 4.16 mostra uma calha vibratória instalada em túnel sob pilha, retomando brita. A Tab. 4.8 apresenta as principais características das calhas vibratórias fabricadas pela Metso.

Fig. 4.16 Calha vibratória retomando brita estocada em pilha

Tab. 4.8 Principais características das calhas vibratórias Metso

Modelos	Peso (kg)	Motor			Capacidade (m³/h)	Maior pedra (polegadas)	Boca de saída (mm)
		hp	polos	rpm			
CV 1308	750	5	IV	1100	70-150	8	800 × 700
CV 1510	950	5	IV	1100	100-200	12	900 × 900

4 Alimentadores 197

4.3.4 Dimensionamento

O dimensionamento dos alimentadores vibratórios, de acordo com a Metso, é mostrado pela expressão:

$$Q = 3.600 \times \varphi 1 \times \varphi 2 \times V \times L \times H \ (m^3/h) \quad \textbf{(4.14)}$$

onde:

$\varphi 1$ = fator de granulometria:
  $\varphi 1 = 1$ para areia;
  $\varphi 1 = 0,8 - 0,9$ para pedra britada até 6";
  $\varphi 1 = 0,6$ para pedras maiores que 6";
$\varphi 2$ = fator de umidade:
  $\varphi 2 = 1$ para material seco;
  $\varphi 2 = 0,8$ para material molhado;
  $\varphi 2 = 0,6$ para material argiloso e molhado;
L = largura da mesa (m);
H = altura da camada de material sobre a mesa, que depende do tipo de carregamento e da granulometria do material, não podendo exceder o seguinte:
  $H \leq 0,5 \times L$ para pedras grandes;
  $H \leq 0,3 \times L$ para pedra britada até 6";
  $H \leq 0,2 \times L$ para areia e pedras pequenas;
V = velocidade de movimentação do material na placa vibratória, conforme o gráfico da Fig. 4.17. É função da rotação (rpm) e da amplitude (mm). A amplitude "*a*", nos alimentadores vibratórios, costuma ser regulável. Nos equipamentos da Metso, os valores variam de 3 mm a 7 mm, pela troca dos pesos excêntricos.

Nota: A amplitude corresponde à metade do movimento.

Caso a mesa seja inclinada no sentido descendente, a velocidade aumenta na seguinte proporção:
  $\alpha = 5° \Rightarrow$ multiplicar por 1,3;
  $\alpha = 10° \Rightarrow$ multiplicar por 1,6.

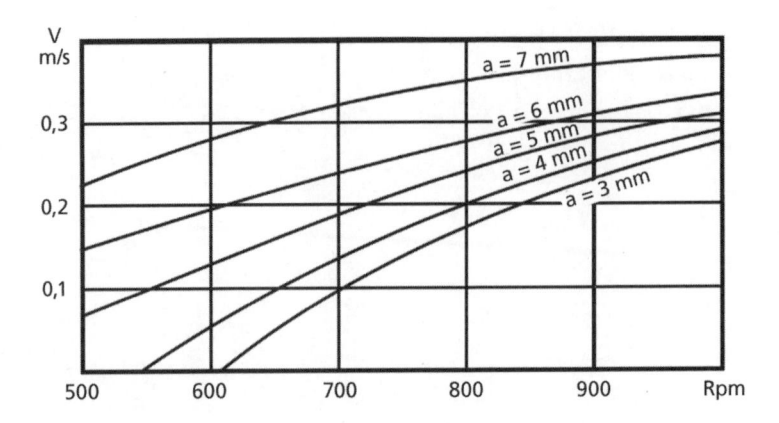

Fig. 4.17 Velocidade de deslocamento do material em função da frequência e da amplitude da vibração

4.4 Alimentadores de gaveta

Alimentadores de gaveta ou reciprocativos são equipamentos de concepção antiga. Trata-se de uma mesa ou gaveta fechada atrás e aberta na frente. Ela recebe o material, move-se para a frente e retorna rapidamente. O material contido no silo cai sobre a calha e não permite que a porção que já estava na calha retorne. Dessa forma, o material vai sendo "empurrado" para a frente a cada retorno da gaveta e, assim, é descarregado do equipamento. A Fig. 4.18 mostra um alimentador de gaveta.

Fig. 4.18 Alimentador de gaveta

A vazão é regulada pela variação da amplitude do movimento reciprocativo e pela altura da camada sobre a placa. O movimento é gerado por uma biela, cujo braço pode ter seu comprimento variado. Eventualmente, pode-se optar por variador de velocidade.

Pelo fato de o material ficar estático e a placa ser puxada pela biela, há um escorregamento entre a placa e o material, sob o peso de toda a carga contida no silo acima. Isso faz com que a gaveta sofra intenso esforço. Caso a velocidade seja muito elevada, o desgaste torna-se muito grande. Além disso, se a gaveta se movimentar muito rapidamente, haverá uma perda de capacidade por não haver tempo suficiente para encher a calha. Assim, a velocidade da gaveta é limitada.

Isso justifica uma das limitações do equipamento, que é justamente a capacidade limitada. Portanto, alimentadores de gaveta são equipamentos para vazões pequenas a médias.

O alimentador de gaveta é um equipamento muito compacto, barato e de boa e fácil operação. O acionamento é de baixa potência, o que implica custos operacionais baixos. Por outro lado, possui muitas peças móveis, o que resulta em manutenção frequente e cara.

A Fig. 4.19 mostra um alimentador de gaveta e seu acionamento.

Embora a regulagem de vazão possa ser muito precisa, o fluxo não é uniforme, mas intermitente.

Fig. 4.19 Alimentador de gavetas e seu acionamento

A Tab. 4.9 mostra a capacidade média de alimentadores da Metso. Observe que não é dado o curso da gaveta, tampouco o grau de enchimento. Por se tratar de dados de um fabricante, esses valores foram omitidos, e foi apenas apresentada, para esse equipamento, a posição de fixação da biela sobre o disco excêntrico.

Tab. 4.9 REGULAGEM MÉDIA DOS ALIMENTADORES DE GAVETA DA METSO

Modelo	rpm	Posição				
		1	2	3	4	5
1204	28	19	25	30	35	40
	60	42	55	66	74	87
1506	28	38	49	57	66	75
	60	81	105	121	142	162

A Tab 4.10 mostra algumas características dos equipamentos da Metso.

Tab. 4.10 CAPACIDADE MÉDIA DE ALIMENTADORES DE GAVETA DA METSO

Modelo	Peso (kg)	hp	Motor polos	Tamanho máximo (polegada)
1204	500	1,5	IV	4
1506	900	3	IV	6

4.4.1 Dimensionamento

A capacidade do equipamento é calculada pela expressão:

$$Q = w \cdot l \cdot h \cdot f \cdot \eta \qquad (4.15)$$

onde:

Q = vazão volumétrica;

w = largura da camada;

l = curso da gaveta;

h = altura da camada;

f = frequência do movimento reciprocativo da gaveta;

η = % do enchimento da gaveta, em unidades coerentes.

Comumente se adotam a frequência em rpm e a alimentação em t/h. Assim, a equação adquire a seguinte configuração:

$$Q = 60 \cdot w \cdot l \cdot h \cdot f \cdot \eta \cdot \rho \quad (4.16)$$

onde:

Q = vazão (t/h);

ρ = densidade aparente do material em t/m^3.

4.5 Alimentadores de correia

Trata-se de um transportador de correia plano (roletes horizontais) instalado debaixo de um silo ou moega. Os roletes debaixo da moega ou da tremonha são todos de impacto e com o mínimo espaçamento possível entre si. A correia é reforçada para suportar os esforços, que são muito mais elevados que os observados em transportadores comuns. Usam-se guias laterais ao longo de todo o alimentador. O fato de essa correia ser especial e fabricada para cada equipamento faz com que as larguras padronizadas de correias oferecidas pelos fabricantes não sejam necessariamente observadas pelos fabricantes de alimentadores de correia.

O esfregamento da correia de borracha contra o material contido no silo, leva à principal limitação desse equipamento, que é justamente a sua impossibilidade de manusear materiais grosseiros ou pontiagudos, que podem cortar a correia. Além disso, como todo o arrancamento do material do silo se dá pelo atrito entre o material e a correia, esse tipo de alimentador não opera bem com materiais que formem estruturas embricadas estáveis ou que sejam muito coesos.

A vazão é variada mediante a velocidade do transportador ou a altura da camada sobre ele (abertura da comporta da moega). A vazão é muito regular e independe da altura do material dentro da moega ou silo. Trata-se, portanto, de um alimentador muito preciso – sob esse aspecto, o melhor de todos –, o que possibilita seu uso inclusive como dosador de materiais ou reagentes secos, como amido usado como depressor na flotação de diversos minerais.

Alimentadores de correias manuseiam bem materiais úmidos e argilosos, até um certo limite. Suas limitações, nesse caso, se referem ao elevado desgaste da correia. A aplicação com materiais coesivos é problemática, não por causa das suas limitações como alimentador, mas da regularidade do fluxo dentro do silo. O mesmo pode ocorrer com materiais muito finos ou muito pouco coesivos, que não mantêm estável a camada sobre a correia.

São muito flexíveis em termos de layout, podendo ser fabricados com qualquer comprimento, e não precisam ser necessariamente horizontais. Podem ser facilmente confinados, impedindo o desprendimento de poeiras e, ainda, podem elevar o material.

O acionamento é feito no tambor de cabeça, por meio de motor e redutor, com sistema intermediário de transmissão por corrente e roda denteada.

O cálculo da capacidade é o mesmo dos transportadores de correia, mas as velocidades de operação são muito menores que nos transportadores. De fato, enquanto nos transportadores opera-se com velocidade de até 5 m/s ou ainda maiores, os alimentadores de correia estão limitados a 0,5 m/s para materiais pouco abrasivos. No caso de materiais abrasivos, recomendam-se velocidades ainda menores. Já o cálculo das tensões na correia e a potência são diferentes, pois são máquinas que sofrem esforços muito maiores em comprimentos muito menores.

Os alimentadores de correia são principalmente usados para pequenas vazões de materiais finos, por causa do seu baixo custo, pequena área ocupada, baixo ruído, precisão, facilidade de manutenção e estanqueidade. A Fig. 4.20 mostra um alimentador de correia.

Fig. 4.20 Alimentador de correia

A Tab. 4.11 mostra a capacidade dos transportadores de correia de rolos planos de diversas larguras. Observe que a capacidade refere-se à velocidade de 1 m/s, e os alimentadores, conforme já dito, trabalham com velocidades menores. É importante ressaltar que:

◆ para o cálculo da capacidade efetiva, multiplicar a velocidade do alimentador pelos valores apresentados, lembrando que a velocidade deverá ser menor que 0,5 m/s;

◆ o ângulo de acomodação sobre a correia ou ângulo de repouso dinâmico deve ser de 5° a 10° menor que o ângulo de repouso estático, por causa da vibração da correia; porém, como o alimentador move-se a baixa velocidade, pode-se adotar apenas menos 5° em relação ao estático;

◆ a capacidade da Tab. 4.11 já inclui os taludes decorrentes da acomodação do material e, assim, adotar a medida apenas da boca da tremonha é um dado conservador em termos de capacidade. No entanto, caso a abertura da tremonha tenha um valor bem menor que a largura efetiva da correia, recomenda-se adotá-la como sendo a largura, para o cálculo da capacidade.

Tab. 4.11 CAPACIDADE DOS TRANSPORTADORES DE CORREIA DE ROLOS PLANOS DE DIVERSAS LARGURAS

Ângulo de acomodação (dinâmico)	Largura da correia (pol) / capacidade em m^3/h para $v = 1$ m/s								
	16	24	30	36	42	48	54	60	72	84
5°	4	7	10	17	25	44	59	74	108	153
10°	10	16	25	40	59	100	140	174	254	369
15°	15	26	39	63	93	163	219	272	397	569
20°	21	35	52	85	125	218	293	365	532	777
25°	26	44	66	107	158	266	371	461	673	948
30°	32	53	80	130	192	334	449	559	815	1021

4.5.1 Cálculo da tensão e da potência

A tensão efetiva pode ser obtida pela expressão:

$$Te = Pe + P1 + Ps + Pfs + Ph \text{ (kgf)} \quad (4.17)$$

onde:

Pe = tensão para movimentar a correia vazia – (kgf):

$$Pe = L \cdot (Kx + Ky \cdot Wb + 0,02 \ Wb) + 45,4 \quad \textbf{(4.18)}$$

$P1$ = tensão para movimentar o material – (kgf):

$$P1 = Ky \cdot (1,2 \ B^2 \cdot \rho \cdot L2 + B \cdot D \cdot L3 \cdot p) \quad \textbf{(4.19)}$$

Ps = tensão decorrente do cisalhamento do material – (kgf):

$$Ps = (1,2 \ B - D) \cdot \rho \cdot L1 \cdot fm \cdot B \quad \textbf{(4.20)}$$

Pfs = tensão decorrente do atrito nas guias laterais – (kgf):

$$Pfs = D \cdot \rho \cdot Ka \cdot fsm \cdot [(2,4B - D) \cdot L1 + D \cdot L3 + 8,93 \cdot L] \quad \textbf{(4.21)}$$

Ph = tensão para elevar o material – (kgf):

$$Ph = B \cdot D \cdot \rho \cdot H \quad \textbf{(4.22)}$$

Nas fórmulas apresentadas, a simbologia adotada é a seguinte:

ρ = densidade aparente do material (kg/m^3);

Wb = peso da correia (kgf/m) (Tab. 4.12);

Tab. 4.12 Valores de peso médio da correia Wb (kg/m)

	Largura (")	16	20	24	30	36	42	48	54	60	72	84
Tipo	Plylon	5,2	6,5	7,7	11,9	14,3	17,5	20,2	26,8	29,8	35,7	41,6
	HDRN	6,4	8,0	9,6	13,5	16,2	21,0	24,0	37,6	41,8	50,1	58,4

$Kx = 0,0068 \ (Wm + Wb) + x/a$ (kgf/m), ou ainda, $Kx = 4,46$ kgf/m para casos gerais;

$Ky = 0,04$ para roletes planos ou $Ky = 0,05$ para roletes inclinados;

fm = fator relativo ao atrito interno do material. Para materiais finos, secos e de escoamento fácil, $fm = tg \ \theta$. Para materiais em pedaços, úmidos ou de escoamento difícil, o valor de fm deve ser aumentado (Tab. 4.13);

fsm = atrito do material com o aço (Tab. 4.14);

Ka = relação entre as pressões laterais e verticais:

$$ka = \frac{1 - sen\theta}{1 + sen\theta} \quad \textbf{(4.23)}$$

4 Alimentadores   205

Tab. 4.13 Coeficiente de atrito interno

Material	fm
Areia	0,65
Carvão	0,65
Coque	0,65
Minério (finos)	0,65
Minério (grossos)	0,80
Cascalho	0,65

θ = ângulo de repouso do material (graus);
B = abertura da guia de material (m);
D = altura da camada de material sobre correia (m) – deve ser inferior a B/2:

Tab. 4.14 Coeficiente de atrito com o aço

Material	fsm
Areia	0,33
Carvão betuminoso	0,32
Carvão antracitoso	0,29
Cascalho	0,50
Coque	0,47
Escória	0,60
Minério (finos)	0,55
Minério (grossos)	0,75
Rocha britada	0,54
Rocha fosfática	0,54

$$D = \frac{Q}{g \cdot V \cdot B \cdot 3.600} \qquad (4.24)$$

Q = capacidade (t/h);
V = velocidade (m/s) (adotar até 0,5 m/s para material não abrasivo e até 0,3 m/s para material abrasivo);
L, L1, L2, L3 = comprimentos indicados na Fig. 4.21;
H = altura de elevação do material (m).

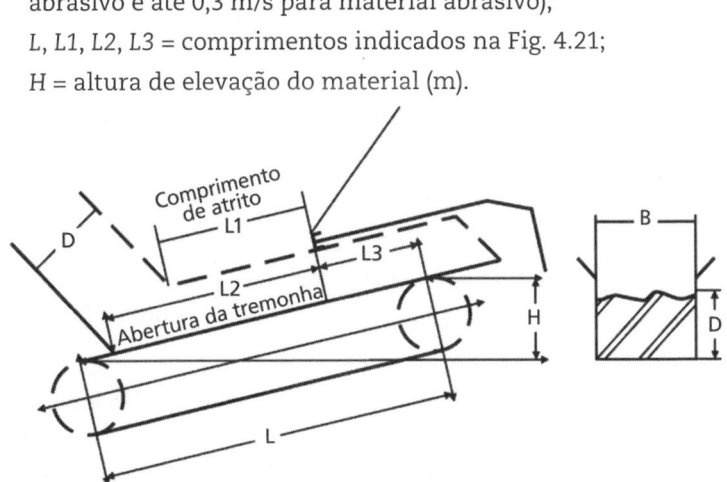

Fig. 4.21 Comprimentos indicados para cálculo da potência do alimentador de correia

4.6 Alimentador espiral

Trata-se de uma espiral que gira em torno de seu eixo, dentro de uma calha, semelhante a uma bomba de Arquimedes, mas que transporta sólidos. O eixo é suportado por bucha e mancais ou por rolamentos em ambas as extremidades. Esse equipamento é acionado por coroa e pinhão, e motor e redutor (ou motorredutor). Caso disponha de velocidade variável, ele passa a trabalhar como dosador e é bastante preciso nessa aplicação.

É um alimentador/transportador especializado: trabalha apenas com materiais finos (sempre abaixo de 3 mm ou 1/8") e secos, sendo especialmente adequado para materiais abaixo de 0,15 mm (malha 100 Tyler). Tem a vantagem de ser totalmente confinado, impedindo o desprendimento de poeiras e as perdas de finos associadas.

Apresenta grande poder de arrancamento do material do silo e consegue forçá-lo pelo tubo, o que permite empurrar materiais coesos e de baixa fluidez.

A espiral pode ter passo constante ou variável. Recomenda-se a espiral de passo variável dentro do silo ou moega, de modo a retomar o material ali contido de maneira uniforme (o passo aumenta na direção do fluxo). O passo variável também é particularmente interessante quando se leva em conta que o material confinado no silo está sob pressão e, portanto, com seu volume contraído. Quando este é arrancado e liberado, o volume aumenta por causa da redução na pressão e, portanto, abrindo-se o passo da rosca na direção do transporte, o material terá mais espaço para expandir-se, evitando entupimentos ou o aumento da tensão no eixo da rosca.

No mesmo sentido, atuam espirais de diâmetro crescente, pois ambos os mecanismos visam aumentar o volume dentro da calha para a quantidade de material arrancada pelo alimentador na posição de carregamento.

Para dobrar a vazão, em princípio, é possível instalar duas espirais paralelas na mesma calha. A colocação de duas espiras no mesmo eixo aumenta significativamente a capacidade, contudo não chega a dobrá-la, pois há uma ligeira perda de eficiência. De fato, recomenda-se multiplicar a capacidade por 1,8 (aumento de cerca de 80% da capacidade), quando se altera de espira simples para espira dupla.

O alimentador espiral é flexível em termos de layout, pois pode ser fabricado com qualquer comprimento, podendo, inclusive atuar como alimentador e transportador para curtas distâncias (da ordem de poucas dezenas de metros). Permite pequenas inclinações tanto positivas como negativas. Ocupa pouco espaço e é relativamente barato.

O principal problema é a possibilidade de entupir a entrada com fragmentos maiores ou por coesão de material úmido. No caso de retenção de pedaços grosseiros entre a espira e calha, podem ocorrer acidentes sérios como o empenamento ou mesmo a quebra do eixo, razão pela qual esse equipamento não é indicado para materiais grossos, ainda que em pequena quantidade.

Quando o material a ser transportado é abrasivo, o custo de manutenção pode tornar-se muito elevado, bem como a contaminação do material com o ferro retirado.

Um das aplicações mais frequentes é a alimentação de sistema de transporte pneumático. Nesse caso, o material é sempre fino e o alimentador espiral apresenta como grande vantagem o fato de ser estanque e não permitir a entrada de ar (em sistemas de baixa pressão) ou a saída de ar e pó nos sistemas de pressão positiva.

A possibilidade de atrito entre a calha e a espira pode provocar aquecimento ou fagulhas, o que torna esse sistema não recomendável para materiais sensíveis à temperatura ou inflamáveis. Pode-se usar revestimento não faiscante na espira (como bronze, polímeros como o poliuretano, que também funcionam como proteção contra abrasão), mas são proteções que, quando se desgastam, são difíceis de ser trocadas.

A Tab 4.15 fornece as capacidades para os equipamentos que eram fornecidos pela empresa LPW.

A Fig. 4.22 mostra um alimentador espiral e a sua espira separados.

Tab. 4.15 CAPACIDADE DE TRANSPORTADORES DE ESPIRAL

Diâmetro (polegadas)	Passo (polegadas) padrão curto		Rotação máxima (rpm)	Capacidade	
				Passo padrão (m^3/h)	Passo curto (m^3/h)
6	6	4	70	0,13	0,08
9	9	6	70	0,45	0,30
12	12	8	60	1,06	0,71
14	14	10	50	1,76	1,19
16	16	10	40	2,65	1,73

Fig. 4.22 Alimentador espiral e a sua espira

4.7 Alimentadores especiais

Os equipamentos apresentados anteriormente são os mais importantes do ponto de vista industrial da mineração e metalurgia. Problemas especiais exigem soluções especiais. Assim, materiais extremamente finos ou pegajosos demandam alimentadores específicos. Alguns modelos são descritos sucintamente a seguir.

4.7.1 Alimentador wobler

Este alimentador é extremamente especializado, sendo indicado para materiais excessivamente pegajosos (*sticky materials*), como a bauxita e o carvão úmido, e materiais terrosos e argilosos, como diversos minérios intemperizados como o minério de níquel, entre outros. Constitui-se de uma grelha de barras rotativas, com um conjunto de cilindros colocados paralelamente uns aos outros e dispostos perpendicularmente à direção de movimentação do material, como mostrado na Fig. 4.23. As barras têm saliências de seções elípticas e giram sempre uma em oposição à outra. Dessa forma, o material é transportado para a frente. Os finos e a lama podem passar entre as barras e são recolhidos por um transportador de correia montado abaixo. Como eles contêm a maior quantidade de umidade e são a porção mais grudenta do material, a movimentação vai ficando cada vez mais fácil à medida que o material vai avançando no alimentador.

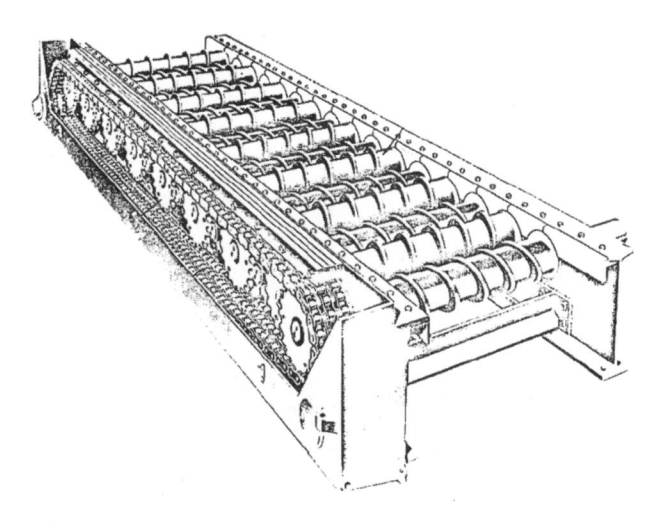

Fig. 4.23 Alimentador wobler

Esse material se comporta de maneira semelhante a uma torta de filtro e para se movimentar ele é empurrado para a frente e alternadamente de um lado para o outro, o que dificulta a aderência do material.

Como é um equipamento especializado, o alimentador wobler tem custo de aquisição elevado e é bastante limitado a aplicações específicas, não sendo recomendável para materiais grosseiros, materiais secos ou de fluxo livre, pois estes escorreriam pelos rolos, que não são estanques.

A Fig. 4.24 mostra um esquema do funcionamento do alimentador wobler.

Fig. 4.24 Esquema do funcionamento alimentador wobler

4.7.2 Válvula rotativa

A válvula rotativa não é exatamente um alimentador, mas pode ser usada como tal. Trata-se de um sistema desenvolvido para garantir estanqueidade quando é necessário evitar a entrada ou a saída de fluxo gasoso (ar ou outros gases).

Muito usadas em sistemas de transporte pneumático, as válvulas rotativas, à semelhança dos alimentadores de gaveta, não fornecem um fluxo contínuo, mas sim intermitente. A válvula rotativa possibilita alimentação e dosagem de elevada precisão.

O eixo perpendicular da seção mostrada na Fig. 4.25 gira por meio de um acionamento. O volume vazio entre as duas placas fica cheio de material, que é empurrado pelo movimento giratório. As

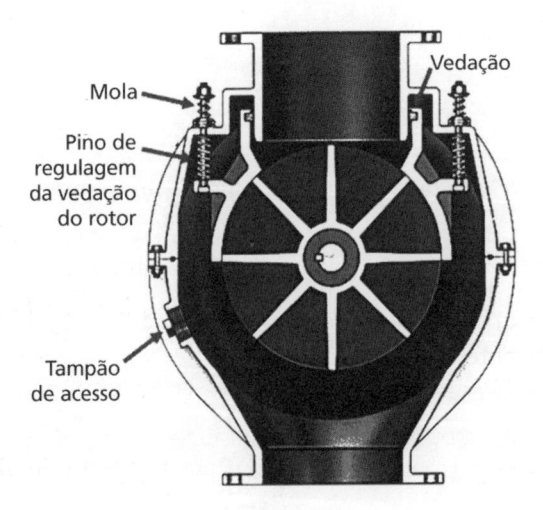

Fig. 4.25 Esquema de válvula rotativa

palhetas servem também para selar o sistema, impedindo a entrada de ar.

É limitada em seu emprego para materiais finos de boa fluidez. Materiais pegajosos, grosseiros, úmidos ou de baixa fluidez não são bem manuseados por esse sistema.

Pelo fato de as palhetas se atritarem contra as paredes da válvula, há um desgaste acentuado, e isso pode ser crítico para diversas aplicações, pois, quando há desgaste, o sistema perde estanqueidade.

Nas válvulas maiores são utilizadas palhetas revestidas com bordas de material mais mole que o empregado no corpo da válvula, para que este se desgaste e proteja a carcaça. São utilizados bordas de bronze, polímeros ou outros materiais. Aparafusados com furos alongados (oblongos) permitem que a borda possa ser empurrada para a frente à medida que se desgasta, possibilitando uma regulagem dessa variável de maneira a não perder a estanqueidade.

Para uma dosagem controlada de materiais como cimento e cal, entre outros, a válvula rotativa pode ser fornecida com vedação adicional para pressões de trabalho até 500 mm CA. Os mancais podem ser flangeados nas paredes laterais ou afastados, dependendo da temperatura do material. O rotor possui lâminas de aço e molas reguláveis, facilmente substituíveis. Pode ser oferecido opcionalmente o acionamento por meio de motorredutor, corrente e rodas dentadas com velocidade variável.

4.7.3 Alimentador de arraste

São placas ou barras ligadas por correntes, que são arrastadas no fundo de uma calha. As correntes são acionadas por rodas denteadas. Têm emprego restrito a clínquer quente e como transportadores na frente de lavra da mineração de carvão pelo método *long wall* e a poucas aplicações que demandam alta capacidade de arrancamento ou a matérias de escoamento especialmente difícil. São muito utilizados em *reclaimers*.

Caracterizam-se por boa regularidade da vazão, capacidade de arrastar qualquer coisa e possibilidade de trabalhar com pequenas inclinações. Eles podem ser totalmente confinados, o que elimina problemas de poeira. Em contrapartida, são caros, exibem grande desgaste por abrasão, dificuldades de manutenção decorrentes da dificuldade de acesso e custos operacional e de manutenção elevados.

A LPW fabricava três modelos, cujas capacidades básicas são apresentadas na Tab. 4.16. Essas capacidades se referem à velocidade de 6 m/min (20 ft/min) e material de densidade 800 kg/m^3 (50 lb/ft^3). Variando esses parâmetros, a capacidade varia na proporção direta. A velocidade está limitada a 15 m/min (50 ft/min), bem como a densidade aparente do material a transportar a 1.600 kg/m^3 (100 lb/ft^3).

A Fig. 4.26 mostra um alimentador de arraste.

Tab. 4.16 CAPACIDADE DE TRANSPORTADORES DE ARRASTE

Largura (polegadas)	Capacidade (t/h)
18	16,4
24	21,8
36	32,9

4.7.4 Mesa rotativa

Para materiais de difícil escoabilidade, utilizam-se silos de paredes quase verticais, verticais ou mesmo com inclinações negativas para silos de pequeno porte. A descarga desses silos é problemática, por causa do tamanho da boca de descarga. O alimentador de mesa rotativa constitui-se numa boa solução, como mostra a Fig. 4.27. É um disco de diâmetro maior que a boca do silo, girando debaixo deste. O silo termina num anel vertical que tem uma abertura triangular. O material ensilado espalha-se sobre a mesa, que gira até um desviador, onde o material é empurrado para fora do alimentador.

Esse equipamento aplica-se a materiais finos de difícil escoamento. A mesa é fabricada sob encomenda, com o diâmetro necessário de acordo com as dimensões do silo que se deseja descarregar. Apresenta como inconveniente a necessidade de esvaziar o silo para a troca da mesa, pois esta não pode ser removida com o silo carregado. Não se aplica a materiais grosseiros ou pontiagudos. Geralmente é um sistema para silos pequenos e vazões baixas.

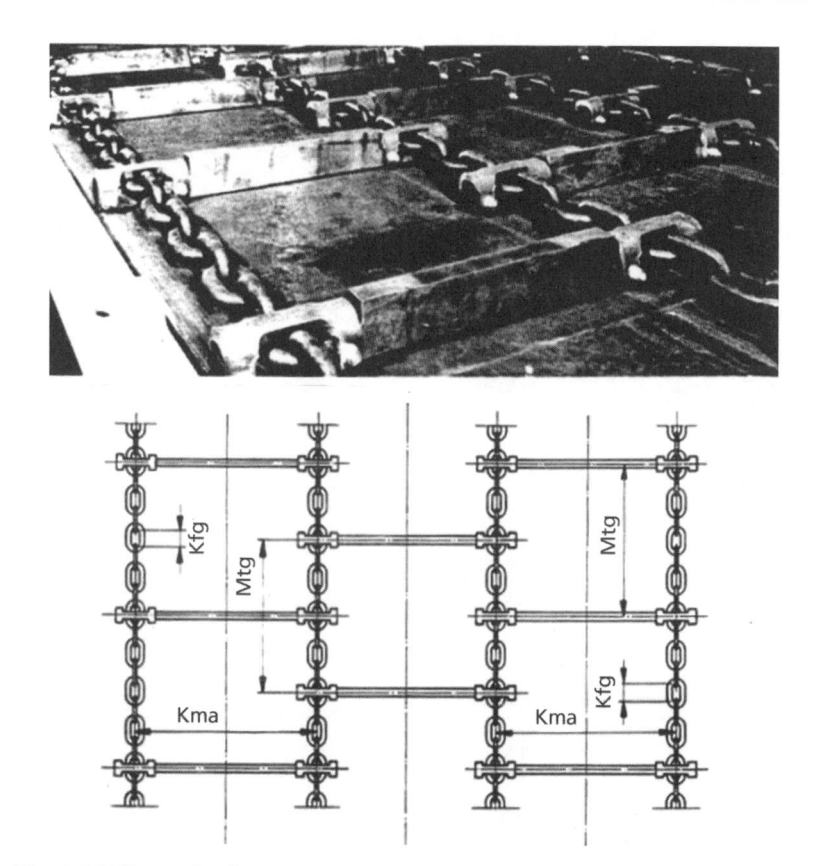

Fig. 4.26 Alimentador de arraste

4.7.5 Alimentador de braços rotativos

Também adequado para materiais de baixa escoabilidade. Um modelo é mostrado na Fig. 4.28. Ele consiste de um carrinho sobre o qual está instalado esse dispositivo. O silo tem uma saída em fenda horizontal. Os braços entram nessa fenda e retiram o material ali estocado, derrubando-o sobre o carrinho.

Uma variante é mostrada na Fig. 4.29. Trata-se de um braço que gira no fundo do silo e dirige o material para uma saída central.

Fig. 4.27 Alimentador de mesa rotativa

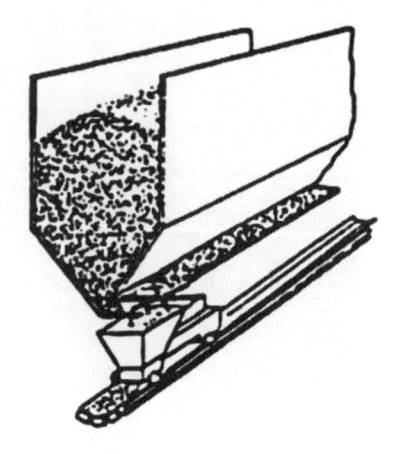

Fig. 4.28 Alimentador de braços rotativos sobre carro

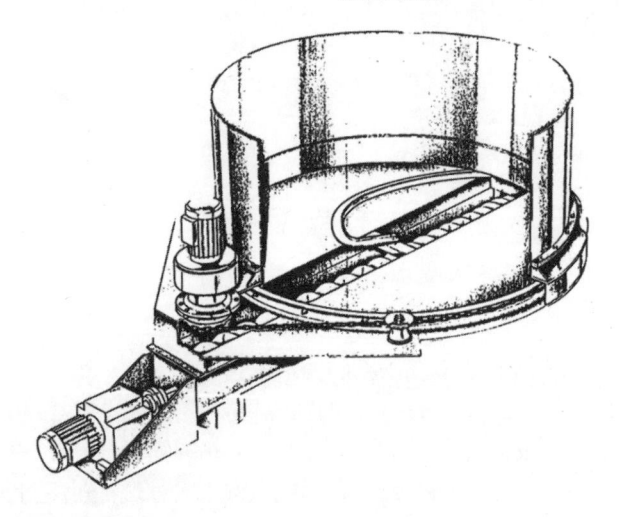

Fig. 4.29 Alimentador de braços rotativos sobre mesa

Exercícios resolvidos

> **4.1** Selecionar um alimentador para um britador de mandíbulas primário, operando com capacidade média de 500 t/h e de pico de 800 t/h. O minério vem direto por caminhões e é descarregado sobre uma moega com blocos de até 600 mm (*top size*). O minério tem densidade aparente de 1,8 t/m³, e no período de chuvas a umidade chega até 10%, quando se torna pegajoso e de difícil escoamento. A moega possui 3 m de comprimento no fundo e serão necessários mais 2 m para chegar até a boca do britador. O material precisa ser elevado em 0,5 m para isso.

Solução:

Considerando:

a) a tratar-se de um minério que vem diretamente do desmonte (ROM);
b) apresenta blocos de até 600 mm;
c) densidade elevada (1,8 t/m³);
d) vazão até 800 t/h; e
e) quando molhado torna-se pegajoso; então o alimentador a ser empregado é o de sapatas.

Uma vez escolhido o tipo de equipamento, deve-se dimensioná-lo.

Capacidade de alimentação

$$T = 60 \cdot B \cdot D \cdot p_a \cdot V \cdot \varphi$$

Da Tab. 4.2, observa-se que os modelos padrão têm larguras de 750, 1.000, 1.200 ou 1.500 mm (naturalmente que outros fabricantes podem oferecer modelos diferentes). Como a Tab. 4.3 fornece valores de vazão em m³/h, transforma-se a vazão de t/h para m³/h:

capacidade de pico = 800 t/h, p_a = 1,8 t/m³.

Portanto, capacidade = 800 / 1,8 = 444 m³/h.

Observe que foi usada a capacidade de pico, e não a capacidade média, pois é necessário garantir que o britador será alimentado à plena capacidade quando necessário.

Entrando com valores na fórmula utilizada, tem-se:

$$800 = 60 \times B \times (2,5 \times 0,8) \times 1,8 \times 7 \times 0,5$$

Então, $B = 800/[60(2,5 \times 0,8) \times 1,8 \times 7 \times 0,5]$

Portanto, $B = 1,06$ m.

Observe que se adota a altura de camada como 2,5 vezes o *top size*, o que é possível mas nem sempre atingido. Admitiu-se ainda o enchimento como 50%, pois, no caso de descarga direta, é impossível manter uma camada perfeitamente regular. Finalmente, a velocidade adotada, de 7 m/min, é um valor intermediário.

Deve-se agora recalcular o equipamento, procurando a largura menor entre as dimensões comerciais. Essa largura é $B = 1$ m. Assim, tem-se:

$$800 = 60 \times 1 \times (2,5 \times 0,8) \times 1,8 \times V \times 0,5$$

que leva a $V = 7,4$ m/min.

O limite de velocidade é 11 m/min (que pode levar a desgaste excessivo). Dessa forma, essa máquina atende ao desejado.

Arranjo mecânico

O modelo de prateleira mais próximo (Tab. 4.2) é o MT 60100, que tem largura de 1.000 mm e comprimento de 6.000 mm. Haverá uma folga de 1.000 mm na parte traseira do equipamento (Fig. 4.30).

Agora será verificado se a largura do alimentador atende às necessidades do material alimentado. Essa largura precisa ser, no mínimo, 1,5 vez o diâmetro do maior bloco (600 mm).

Portanto, $L \geq 1,5 \times 600 = 900$ mm.

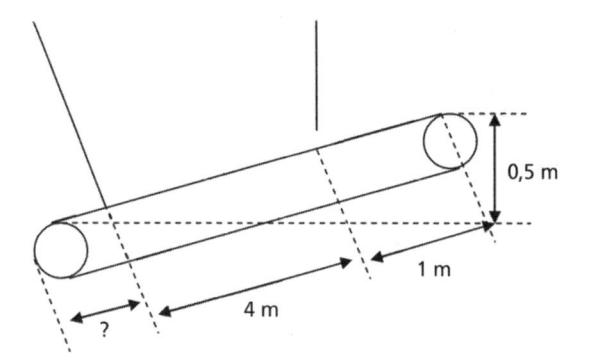

Fig. 4.30 Arranjo mecânico

Como L = 1.000 mm, atende.

Cálculo da potência: Pt = P1 + P2 + P3 + P4.

P1 é o esforço necessário para vencer o atrito nos roletes:
$f \times (1,2 \times B^2 \times L_2 \times p_a + B \times D \times L_3 \times p_a + M) \times 1.000$

Em razão do tamanho dos blocos e e pelo fato de eles caírem do caminhão diretamente sobre o alimentador, serão adotados roletes e sapatas de aço manganês. Portanto, $f = 0,1$.

A Tab. 4.2 informa que, para o modelo selecionado, os elementos móveis pesam 7,2 t.

Fs é a resistência decorrente do atrito do material com a borda da tremonha. A Tab. 4.4 mostra esses valores. Lembrar que D, nesse caso, representa a abertura da parte transversal do fluxo, que pode ser aproximada pela largura da esteira. No caso, a abertura (ou melhor, a largura da esteira) é de 1 m e a densidade aparente do material é de 1,8 t/m³.

Interpolando-se o valor da densidade aparente, tem-se:

$$Fs = 196 + [(294 - 196)/0,8] \times 0,2 = 220,5.$$

Então:
P1 = 0,1 × (1,2 × 12 × 3 × 1,8 + 1 × 2 × 1 × 1,8 + 7,2) × 1.000 = 1.728 **kgf**.

P2 é o esforço pelo atrito entre o material e a tremonha: $Fs \times L = 220 \times 6 = 1.323$ kgf.

P3 é o esforço pelo atrito entre o material movido e o material parado:

$900 \times B2 \times L1 \times pa = 900 \times 12 \times 3 \times 1{,}8 = 4.860$ kgf.

P4 é o esforço necessário para elevar o material:

$1.000 \times pa \times B \times D \times H = 1.000 \times 1{,}8 \times 1 \times 2 \times 0{,}5 = 1.800$ kgf.

Resulta que:

$Pt = P1 + P2 + P3 + P4 = 1.728 + 1.323 + 4.860 + 1.800 = 9.711$ kgf.

A potência necessária é, então:

$N = Pt \times V / (4.500 \times \eta) = 9.711 \times 7{,}4 / (4.500 \times 0{,}75) = 21{,}3$ hp.

Esta é a potência no eixo do alimentador, sem considerar o rendimento no redutor ou picos por causa de travamentos instantâneos provocados pela carga. É preciso também utilizar motores especiais para várias partidas por hora, uma vez que geralmente o alimentador funciona como dosador do britador, o que obriga a paradas e partidas frequentes. É necessário considerar a eficiência da transmissão e um fator de serviço (não é fator de segurança nem de projeto!):

potência do motor = $N \times Fs / \eta_{redutor} = 21{,}3 \times 1{,}3 / 0{,}85 = 32{,}6$, aproximado para motores comerciais: 35 hp.

Observe que, apesar da capacidade elevada, o equipamento não consome muita energia, ou seja, a potência é relativamente baixa, e que, desse consumo, 18,5% são gastos na elevação do material.

4.2 Um silo de calcário britado menor que 1/8" será descarregado através de um alimentador. A vazão desejada é de 240 t/h.
A boca do silo é retangular, 0,8 x 2,0 m. O alimentador deverá ser instalado na direção do eixo maior da boca de descarga.
O calcário tem ângulo de repouso de 45° e densidade aparente de 1,6 t/m³. A umidade é de 20%.
O equipamento deverá levar o material a 6 m de distância horizontal (contada a partir da parte traseira da moega), elevando-o 0,5 m.

Solução:

Em razão da umidade do material, não se recomenda o uso de máquinas vibratórias (migração da água contida). Como o material é relativamente fino e está estocado em silo, o equipamento indicado é o alimentador de correias. Esse equipamento tem ainda a capacidade para elevar o material conforme desejado.

A Tab. 4.11 apresenta a capacidade de alimentadores de correia em m^3/h para a velocidade de 1 m/s. É, portanto, necessário transformar a vazão de t/h para m^3/h:

$$Q = 240 / 1{,}6 = 150 \; m^3/h$$

O calcário britado é pontiagudo e abrasivo, de modo que a velocidade será limitada a 0,3 m/s, para evitar danos à correia, o que reduz proporcionalmente a capacidade mostrada na Tab. 4.11.

Como a boca do silo é retangular (0,8 × 2,0 m) e o alimentador será instalado na direção do eixo maior da boca de descarga, a largura mínima da correia será de 800 mm. É necessário deixar espaço lateral para instalar guias pelo menos no trecho de carregamento. Após o carregamento, é possível trabalhar sem guias laterais, desde que haja largura suficiente para o material se acomodar sem cair para os lados da correia. Estuda-se, posteriormente, a possibilidade de adotar alimentador sem guias laterais.

Para uma camada mínima de 0,8 m de largura e uma velocidade máxima de 0,3 m/s, para fornecer a capacidade desejada será necessária uma camada sobre a correia de:

$$c = L \times h \times v = 150/3.600 \; m^3/s = 0{,}8 \times h \times 0{,}3 = h = 0{,}1736 \; m$$

Assim, se $h = 0{,}174$ m, mantendo-se uma camada de 17,4 cm sobre a correia, haverá o transporte ideal de 150 m^3/h. Assumindo-se que o silo estará sempre cheio, adota-se o fator de serviço (novamente, não é fator de segurança nem de projeto!) de 1,25. Então, $h' = 0{,}164 \times 1{,}25 = 0{,}217$ mm = 22 cm.

Se a opção for por trabalhar sem guias laterais após o carregamento, será necessário que a correia tenha largura suficiente para acomodar o material que escorregará para os lados da camada.

Foi informado que o ângulo de repouso é de 45°. Esse é o ângulo de repouso com o material parado, isto é, sem movimento. O transporte do material sobre a correia faz com que a cada rolete haja uma agitação da camada, que faz escorregar o material. Resulta um ângulo diferente, dito "de acomodação" ou às vezes chamado de ângulo de acomodação dinâmico, que costuma ser cerca de 10° menor que o ângulo de repouso.

Portanto:
ângulo de acomodação = 45° - 10° = 35°.

Olhando o alimentador de frente, observa-se o aspecto esquematizado na Fig. 4.31: ao sair da zona de carregamento, a camada se espalha sobre a correia, criando dois taludes nas laterais. Para efeito de simplificação e até de segurança, considera-se a largura da camada como se mantendo em 0,8 m e soma-se a largura necessária para os taludes.

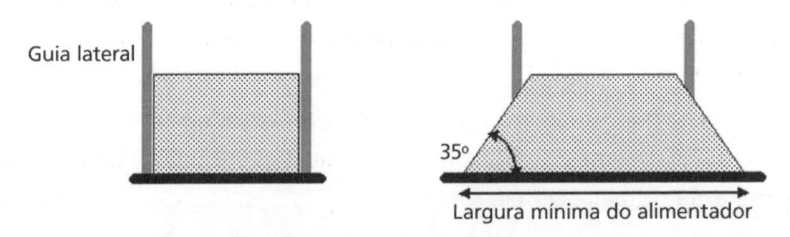

Fig. 4.31 Espalhamento do sólido granular sobre o alimentador

Assim, tg 35° = h / largura adicional = 0,314.
O alimentador precisará, portanto, ter:
largura mínima = 0,8 + 0,314 + 0,314 = 1,43 m = 56,2".

Adotando um alimentador padronizado como os da Tab. 4.11, escolhe-se o de 60", que permite uma folga adicional de 2" para cada lado. Enfatiza-se a palavra "padronizado" porque os alimentadores de correia não precisam ter as larguras padronizadas que os transportadores de correia têm. Muitas vezes, ela é cortada de uma correia maior e com número de lonas suficiente para assegurar a resistência à tensão que vai ocorrer.

Cálculo da tensão e da potência

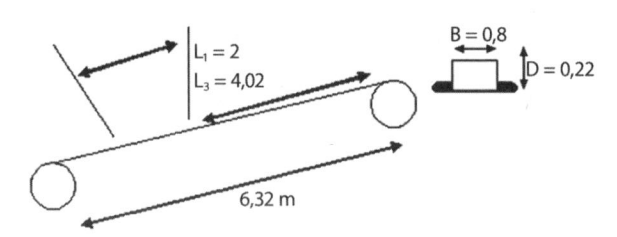

Fig. 4.32 Comprimentos no alimentador de correia

Para o comprimento total da correia, considera-se mais 0,3 m na parte traseira até o eixo do tambor traseiro. Então:

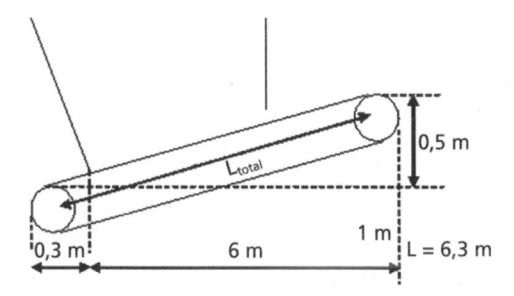

Fig. 4.33 Dimensões do alimentador

L_{total} = tg α = 0,5/6,3, donde a = 4,53°
0,5 / L = sen $\alpha \Rightarrow$ L = 6,32 m
Te = Pe + P1 + Ps + Pfs + Ph
Pe = L × (Kx + Ky × Wb + 0,02 × Wb) + 45,4
Kx = 0,00068 × (Wm + Wb) + x/a

onde:
Wm = massa de material por m de alimentador (kg);
Wb = massa de correia por m (kg);

x = coeficiente, função do tambor e dos roletes;
a = espaçamento entre roletes.

Para casos gerais e para cálculos preliminares nos quais ainda não se conhecem os valores exatos de x e a, recomenda-se:

$Kx = 4{,}46$ kgf/m,
$Ky = 0{,}04$ (roletes planos)
Wb (60") = 41,8 kg/m (peso para material abrasivo [Tab. 4.12]),
$Pe = 6{,}3 \times (4{,}46 + 0{,}04 \times 41{,}8 + 0{,}02 \times 41{,}8) + 45{,}4$
$Pe = 89{,}3$ kgf/m
$P1$ = tensão para movimentar o material =
$ky \times (1{,}2 \times B2 \times \gamma \times L_2 + B \times D \times L_3 \times p_a)$
$P1 = 0{,}04 \times (1{,}2 \times 0{,}82 \times 1.600 \times 2 + 0{,}8 \times 0{,}22 \times 4{,}3 \times 1.600)$
$P1 = 146{,}7$ kgf/m
Ps = tensão decorrente do cisalhamento do material =
$(1{,}2B - D) \times \gamma \times L_1 \times fm \times B$
$Ps = (1{,}2 \times 0{,}8 - 0{,}22) \times 1.600 \times 2 \times 0{,}65 \times 0{,}8$
$Ps = 1.231{,}4$ kgf/m
Pfs = tensão pelo atrito do material com as guias laterais
$Pfs = D \times \gamma \times ka \times fsm \times [(2{,}4 \times B - D) \times L1 + D \times L3] + 8{,}93 \times L$
$Pfs = 0{,}22 \times 1.600 \times 0{,}1716 \times 0{,}55 \times [(2{,}4 \times 0{,}8 - 0{,}22) \times 2 + 0{,}22 \times 1{,}93]$
$+ 8{,}93 \times 6{,}3$
$Pfs = 205{,}2$ kgf/m
$16Ka = (1 - \text{sen}\theta) / (1 + \text{sen}\theta) = (1 - \text{sen}45) / (1 + \text{sen}45) = 0{,}1716\ fsm$
– (Tab. 4.14): 0,55 – minério fino.
Ph = tensão para elevar o material =
$B \times D \times \gamma \times H = 0{,}8 \times 0{,}22 \times 1.600 \times 0{,}5 = Ph = 140{,}8$ kgf/m

Assim:
$Te = Pe + P1 + Ps + Pfs + Ph$
$Te = 89{,}3 + 146{,}7 + 1.231{,}4 + 205{,}2 + 140{,}8$
$Te = 1813{,}4$ kgf/m

Para o cálculo da potência do alimentador:

$Ne = (Te \times v) / 75 = (1.813,4 \times 0,3) / 75 = 7,5$ hp

Esse valor calculado refere-se à potência efetiva no eixo do tambor do alimentador. Adotando-se um fator de trabalho de 100% por causa de eventuais esforços decorrentes de travamentos instantâneos do material e de perdas na transmissão e redução, será recomendável adotar-se um motor de, pelo menos, 20 hp.

4.3 Selecionar um alimentador para alimentar um britador primário de mandíbulas. O ROM é descarregado sobre uma grelha de 12" e o passante é alimentado ao britador. A vazão de alimentação é de 350 t/h. O material tem densidade aparente de 1,4 t/m^3, apresenta-se seco e, por se tratar de rocha intacta desmontada por explosivos, apresenta baixa quantidade de material fino.
A boca do britador está no mesmo nível da calha do alimentador.

Solução:

Considerando:

- tratar-se de ROM;
- material grosseiro e não arredondado;
- pequena quantidade de finos;

os alimentadores mais recomendados são o de sapatas e o vibratório apoiado.

Como o alimentador vibratório tende a ser mais barato, será a primeira opção, devendo-se verificar se há alguma razão que impeça o seu uso:

- o material apresenta boa fluidez (seco e com poucos finos);
- a alimentação será feita na horizontal (visto que as máquinas vibratórias não devem ser usadas para elevar materiais);
- a maior pedra presente na alimentação não é muito grande, pois, se o material passa por uma grelha, o maior bloco (*top size*) será menor que a abertura da grelha (nesse caso, 12").

Assim, opta-se por um alimentador vibratório, e para receber ROM, deve ser uma máquina robusta; portanto, opta-se por uma máquina apoiada e não suspensa.

A capacidade de alimentação é dada por:

$$Q = 3.600 \times f1 \times f2 \times V \times L \times H$$

onde:

♦ $f1$ é o fator de granulometria, sendo $f1 = 1$ para areia, $f1 = 0,8$ a 0,9 para pedra britada até 6" e $f1 = 0,6$ para pedras maiores que 6".

Então, neste exemplo, $f1 = 0,6$.

♦ $f2$ é o fator de umidade, sendo: $f2 = 1$ para material seco, $f2 = 0,8$ para material molhado e $f2 = 0,6$ para material argiloso.

Então, $f2 = 1,0$.

♦ V é a velocidade de escoamento sobre a calha. A Fig. 4.17 fornece a velocidade de escoamento em função da rotação e da amplitude do vibrador. Como pode ser visto dela, a velocidade varia entre 0,1 e 0,35 m/s, aproximadamente.

Para o cálculo inicial, será adotada a velocidade de 0,2 m/s. Uma vez selecionada a máquina, essa velocidade será revista.

No caso em estudo, a calha é horizontal. É importante comentar que, quando ela é inclinada na direção do fluxo, há um aumento na capacidade de transporte do equipamento. Para inclinação de 5°, a capacidade aumenta 30% e para 10°, 60%, como já comentado.

♦ L é a largura do equipamento, valor que será calculado para a alimentação desejada.

♦ H é a altura da camada, $H \leq 0,5\,L$ para pedras grandes, $H \leq 0,3\,L$ para pedra britada até 6", e $H \leq 0,2\,L$ para areia e pedra fina. Nesse caso, $H = 0,5\,L$.

Com esses valores e recalculando a vazão em volume, tem-se:

$Q = 350 / 1,4 = 250 \text{ m}^3/\text{h}$

$Q = 3.600 \times f1 \times f2 \times V \times L \times H, 250 =$

$3.600 \times 0,6 \times 1 \times 0,2 \times L \times 0,5\,L = 216\,L^2$

$L = 1,08 \text{ m}$

Procurando os modelos de mercado, como os apresentados na Tab. 4.6, verifica-se que os modelos MV 40090 e 40120 têm largura de calha de, respectivamente, 0,9 e 1,2 m. Recalculando a velocidade para ambos os modelos, tem-se, consultando a Fig. 4.16:

	L	V	A (mm)	f (rpm)
MV 40090	0,9	0,29	7	640
			6	850
MV 40120	1,2	0,16	5	640
			4	730

Assim, a melhor escolha será o modelo MV 40120, pois o modelo menor exige trabalhar muito próximo do seu limite de amplitude ou de frequência, situação indesejável de projeto, pois, em Tratamento de Minérios, existem muitos fatores que podem mudar tais resultados.

Verifica-se agora a largura, que deve ser, no mínimo, 50% maior que o *top size*.

top size = 12 " = 0,51 m

$L \geq 1{,}5 \times$ *top size* $= 1{,}2$ m $\Rightarrow 1{,}2 \Rightarrow 0{,}76$ m; portanto, atende.

Referências bibliográficas
FAÇO. *Manual de britagem*. Sorocaba: Svedala, 1994.

KELLY, E. G.; SPOTSWOOD, D. J. *Introduction to Mineral Processing*. Nova York: Whiley-Interscience, 1982.

CEMA. *Belt conveyors for bulk materials*. CEMA, 1966.

5 Transportadores de correia

Arthur Pinto Chaves

De todos os equipamentos de transporte contínuo, os mais bem-sucedidos e os mais importantes em termos de tonelagem transportada são os transportadores de correia. A mineração e a indústria metalúrgica, especialmente a siderúrgica, manuseiam volumes enormes de material, sendo, portanto, os maiores usuários de transportadores de correia, razão do interesse deste tema para nós, engenheiros de processo.

É importante ressaltar que este texto destina-se ao profissional de processos. As aplicações são restritas ao campo de trabalho dessa especialidade. Considerações mecânicas ou elétricas ficarão restritas ao mínimo necessário.

A primeira instalação é de 1795, mas o primeiro transportador semelhante aos que se usam agora é de 1920, utilizado em uma mina subterrânea de carvão nos EUA. Os motivos de seu sucesso como equipamento de transporte decorrem de uma série de razões que passarão a ser examinadas (Goodyear, s.n.e).

A primeira delas é a *capacidade de transporte* muito grande. Por exemplo, um transportador de 84" a uma velocidade de 4 m/s tem capacidade para transportar mais que 250 t de areia/min ou 15.000 t/h. Se o minério tiver densidade maior, por exemplo, concentrado de minério de ferro, a vazão mássica dobra!

A segunda é a *capacidade de adaptação ao terreno*. É sempre possível encontrar um percurso adequado em qualquer topografia. Os transportadores de correia podem trabalhar em inclinações bastante elevadas – até 18°, dependendo do material que está sendo transportado. Os desenvolvimentos mais recentes, como os transportadores--sanduíche, são capazes de transportar em inclinações até mesmo verticais. O desenvolvimento nos materiais de construção permite agora que o transportador faça curvas horizontais (curvas verticais nunca foram limitação). Soluções como lonas de materiais sintéticos mais resistentes à tração ou correias com alma de cabos de aço permitem que o comprimento dos trechos seja aumentado consideravelmente ou que grandes elevações sejam vencidas.

O *custo operacional* é muito pequeno: o transportador é a sua própria estrada e requer um mínimo de atenção. A manutenção é fácil e rápida. A mão de obra utilizada é mínima.

O *material transportado é minimamente afetado* durante o transporte. A degradação granulométrica é mínima e ocorre apenas nos pontos de transferência. A perda de finos pode ser minimizada por meio de dispositivos projetados para isso.

Do ponto de vista *ambiental*, trata-se de um dos sistemas mais bem-sucedidos, pois:

◆ utiliza energia elétrica em vez de diesel ou carvão, portanto, sem desprender gases. Consome menos energia por tonelada transportada que qualquer outro modo de transporte;
◆ é silencioso;
◆ os transportadores podem ser fechados, impedindo o desprendimento de poeiras;
◆ os transportadores podem ser implantados em valas, de modo a minimizar o desfiguramento da paisagem.

Transpõem obstáculos naturais com facilidade: como as estruturas são leves, pontes para atravessar rios, vales ou rodovias são construídas com facilidade e a baixo custo. É fácil construí-las pênseis ou estaiadas, evitando a construção de colunas no vale ou dentro do curso d'água.

São *flexíveis* em termos de ponto de carregamento e descarga. Embora um único transportador seja inflexível em termos de origem e destino, vários transportadores podem ser combinados de modo a dar a flexibilidade desejada. A disponibilidade de sistemas móveis permite que os transportadores sejam instalados na frente de lavra ou em pontas de aterro, e o projeto modular permite que sejam desmontados e remontados rapidamente.

A Fig. 5.1 mostra um transportador móvel que é usado para construir pilhas, destacando seus elementos construtivos.

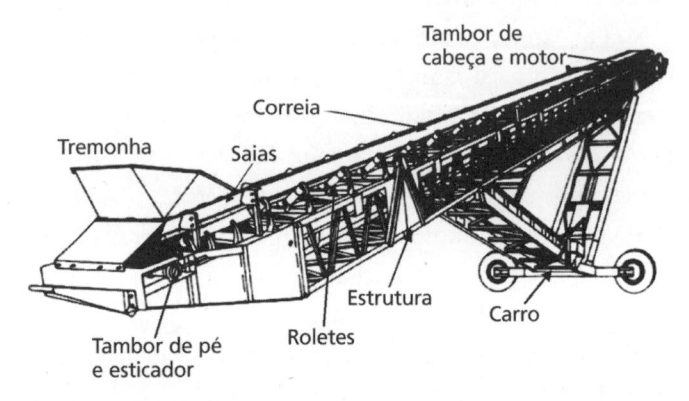

Fig. 5.1 Transportador móvel

5.1 Construção dos transportadores de correia

Um transportador de correia é constituído dos seguintes elementos:

- a correia, elemento físico de transporte, isto é, de sustentação e transporte da carga;
- os roletes de carga, que são os elementos físicos que suportam a correia e o material transportado;
- os roletes de impacto, que suportam a correia nos locais em que esta recebe a carga e, alternativamente a eles, a mesa de impacto;
- os roletes de retorno, que transportam a correia vazia no retorno;
- os tambores de acionamento, que transmitem o torque para a correia;
- o sistema de esticamento, que tensiona a correia e absorve o seu alongamento;
- os tambores de encosto, usados para aumentar o ângulo de contato dos tambores acionadores com a correia;

♦ os tambores de dobra, usados para desviar o curso da correia;
♦ o acionamento, que transmite o movimento aos tambores acionadores;
♦ a estrutura, que suporta e mantém firme todo o sistema acima;
♦ o passadiço, que permite o acesso ao equipamento quando este está suspenso do chão, para manutenção ou limpeza;
♦ a cobertura, para proteção do material contra chuva ou vento;
♦ acessórios para impedir o recuo da correia carregada, para frear a correia, saias para conter o material nos pontos de carregamento, tremonhas para carregamento, chutes para transferência de um transportador para o outro e para descarga, raspadores de correia, balanças integradoras, detectores de metais e outros.

A seguir, serão examinados cada um desses componentes.

5.1.1 Correias

As correias são compostas de uma ou mais almas de lona ou de outro material mais adequado e são revestidas de borracha ou outro elastômero. A alma tem a função de sofrer a tração e fornecer a resistência mecânica necessária, e o revestimento tem a função de proteger a alma do tempo e do contato com o material que está sendo transportado. Esse revestimento se desgasta com o uso.

A alma é usualmente de lona tecida em algodão, algodão-náilon, *rayon*, *rayon*-náilon, tela de aço ou tecidos semelhantes. Usa-se mais de uma lona conforme a resistência desejada. Aumentando o número de lonas, a correia torna-se mais resistente mas menos flexível e tem dificuldade em dobrar-se e acomodar-se nos roletes e nos tambores. As resistências à tensão variam de 140 a 500 libras por polegada de largura da correia para lonas de algodão-náilon, e até 1.500 libras por polegada de largura da correia para lonas de *rayon*-náilon (Schultz, 1975).

As lonas são impregnadas de borracha, pois entre uma e outra existe uma lâmina de borracha. Todo o conjunto é revestido de borracha e vulcanizado (Fig. 5.2). Essa correia é totalmente blindada, diferentemente da correia mostrada na Fig. 5.3, cujas laterais não são vulcanizadas. Esse segundo tipo de correia tem a vantagem de poder ser cortado longitudinalmente, dando qualquer largura de correia, mas a evidente desvantagem de poder soltar placas, desmanchando-se.

As lâminas de borracha intercaladas entre as lonas são muito importantes, pois dão elasticidade ao conjunto e melhoram o contato das lonas com a borracha.

Alternativamente, as lonas podem ser substituídas por cordas de náilon, *rayon* ou poliéster, como mostra a Fig. 5.4. Essa troca provê grande resistência à tração no sentido longitudinal, mas nenhuma resistência no sentido lateral. Dessa forma, raramente se usam apenas cordas, mas uma combinação de cordas e lonas, como mostra a Fig. 5.5. Alcançam-se resistências à tração da ordem de 6.000 libras por polegada de largura da correia. Essas correias foram desenvolvidas para ser utilizadas em rampas de acesso de minas subterrâneas, que demandam transportadores inclinados longos e precisam vencer diferenças de nível de várias centenas de metros. Os níveis de tensão aplicados a essas correias são enormes, o que leva a esse tipo de solução.

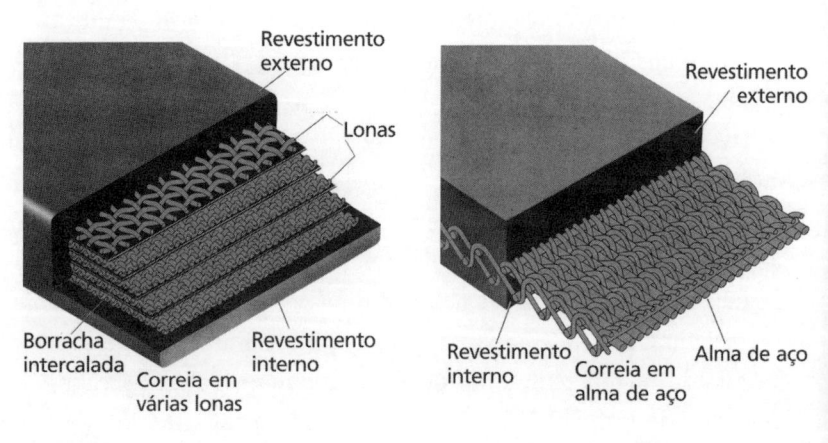

Fig. 5.2 Correia com laterais vulcanizadas   Fig. 5.3 Correia com laterais não vulcanizada

A seção mostrada na Fig. 5.4 aumenta muito a resistência à tração, mas torna a correia muito rígida e permite seu rasgamento. Uma solução alternativa encontrada são os *cable belts*, que serão vistos adiante. Nessa concepção, os cabos apenas tracionam o transportador e suportam a correia, que somente suporta e transporta o minério. Então, esta fica muito mais leve e flexível. O transportador como um todo fica muito mais leve e pode fazer curvas horizontais com facilidade.

Existem diferentes tessituras para as lonas. Os diferentes desenhos da tessitura visam aumentar a adesão da lona à borracha.

Note nas Figs. 5.2 e 5.3 que as espessuras de borracha são diferentes para as faces interna e externa da correia. A face que será carregada é mais espessa porque será desgastada. Ao final da vida útil da face mais grossa, a correia pode ser virada e operar por mais algum tempo. A face interna não é feita com a mesma espessura para não aumentar a rigidez da correia.

A espessura da correia é uma consideração importante. Ela é função do número de lonas, o que é determinado pela tensão a que a correia será submetida, função da carga transportada e da geometria do transportador. Em princípio, quanto mais fina,

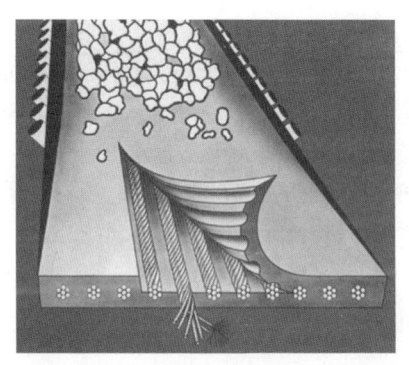

Fig. 5.4 Lonas substituídas por cabos

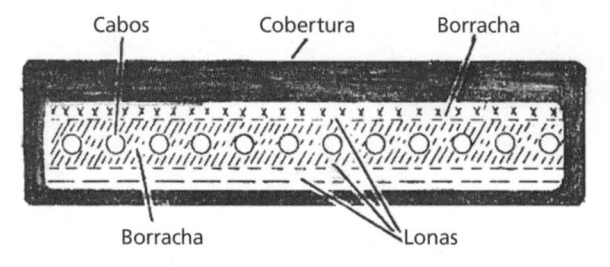

Fig. 5.5 Combinação de cabos e lonas

mais leve, mais barata e mais flexível (amolda-se melhor aos roletes e aos tambores). Isso, entretanto, tem um limite: uma correia excessivamente flexível pode se deformar sob carga e penetrar nos espaços entre os rolos dos roletes, estragando-se, como mostra a Fig. 5.6D. O extremo oposto, ou seja, uma correia excessivamente grossa e por isto rígida, também é indesejável, pois ela pode não se acomodar nos roletes, como mostra a Fig. 5.6E, nem abraçar perfeitamente o tambor de acionamento, podendo, assim, patinar. As situações desejadas são mostradas na Fig. 5.6A,B,C,F. Note que, para atender às diferentes inclinações mostradas na Fig. 5.6A,B, a correia tem que ter flexibilidade diferente.

Os materiais, tanto da alma como das faces da correia, isto é, lonas e cobertura, afetam as suas propriedades, como mostram o Quadro 5.1 e a Tab. 5.1.

As correias são fornecidas em larguras padronizadas (16, 20, 24, 30, 36, 42, 48, 54, 60, 72 e 84") (Fábrica de Aço Paulista, 1978). Muitos operadores desaconselham o uso de correias menores que 30" sob o argumento de que desalinham com muita facilidade. As correias são acondicionadas em bobinas e o lado ativo (de carga) é o externo da bobina.

Emenda das correias

A correia abraça o sistema de apoio, constituído pelos roletes de carga e de retorno, as polias de cabeça e de pé e o sistema de esticamento. A correia é colocada sobre o sistema de apoio,

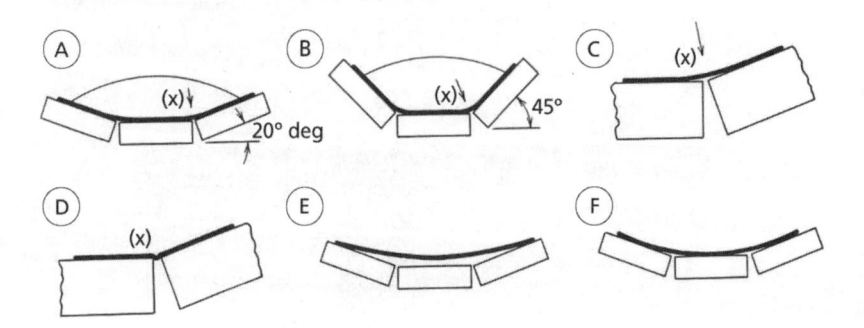

Fig. 5.6 Acomodação correia-roletes

Quadro 5.1 Características dos elastômeros

Nome comercial	Tipo	ASTM	Características
Borracha natural	Isopreno, natural	NR	◆ Bom balanço entre alta resiliência, resistência à tração e ao rasgamento ◆ Boa resistência ao desgaste, *low permanent set*, boa flexibilidade a baixas temperaturas ◆ Resistência superior ao rasgamento e à propagação do rasgo
Natsyn	Isopreno, sintético	IR	◆ Altas resistências à resiliência, à tensão, ao rasgo e à propagação do rasgo ◆ Boas propriedades a baixas temperaturas
Plioflex	Estireno e butadieno	SBR	◆ Boas propriedades mecânicas, ligeiramente inferiores às da borracha natural ◆ Pode sofrer adições para melhorar as propriedades de resistência à abrasão, ao desgaste e à tração
Butil e clorobutil	Isobutileno-isopropeno e butil, clorado	IIR, CIIR	◆ Baixa permeabilidade a gases e vapores ◆ Excelentes propriedades de umedecimento ◆ Resiste ao envelhecimento provocado pelo tempo, ozônio, calor e por produtos químicos ◆ As propriedades dielétricas são boas
Etileno-propileno	Etileno, propileno e dieno não conjugado	EPDM	◆ Excelente resistência ao ozônio, oxigênio e tempo ◆ Boa estabilidade de cores, propriedades dielétricas e propriedades de baixa temperatura ◆ Alta elasticidade e boa resistência ao calor

Quadro 5.1 CARACTERÍSTICAS DOS ELASTÔMEROS (cont.)

Nome comercial	Tipo	ASTM	Características
Chemigum	Butadieno e acrilonitrila	NBR	◆ Excelente resistência a solventes, gorduras e óleos e hidrocarbonetos aromáticos ◆ Boas propriedades de envelhecimento e boa resistência à abrasão
Cloroprene	Poli-cloropreno	CR	◆ Boa resistência a óleos e produtos químicos ◆ Resiste ao calor e a chamas ◆ Boa resistência à oxidação, ao calor e à abrasão
Hypalon	Clorossulfonil-polietileno	CSM	◆ Boa resistência ao ozônio, estabilidade à luz com excelente resistência ao tempo, calor e à abrasão ◆ Boa resistência química a muitos ácidos e bases ◆ Resistente a óleo e graxa
Uretana	Poliéster ou poliéster-polióis e di-isocianatos		◆ Alta resistência à abrasão, ao rasgamento e à tração ◆ Boa elongação, excelente absorção de choques, com ampla faixa de flexibilidade e elasticidade ◆ Boa resistência aos solventes e óleos lubrificantes e combustíveis
Fluorelastômeros	Fluoreto de vinilidina e hexa-flúor-propileno	FPM	◆ Alta resistência à temperatura com boa estabilidade térmica ◆ Resistente a óleos, solventes, combustíveis e produtos corrosivos

Fonte: Goodyear (s.n.e.).

Tab. 5.1 PROPRIEDADES DAS FIBRAS DAS LONAS

Propriedades	Algodão	Rayon	Náilon	Aço	Vidro	Poliéster
Densidade	1,55	1,53	1,14	7,8	2,5	1,38
Res. tração (MPa)	410-616	405-770	604-956	2.275	2.118	731-1.157
Tenacidade	264,8-397,2	264,8-503	529,6-838,5	–	847,3	529,6-838,5
Tenacidade, úmido	100 a 130	61 a 75	84 a 90	100	92	70
Elongação na fratura 2	3 a 7	9 a 26	16 a 28	1 a 2	2 a 3	10 a 14
Diâmetro da fibra (mm)	0,0178-0,0203	0,0102-0,0381	0,0076 ou mais	0,1016-0,508	0,0076-0,0102	0,0076 ou mais

Fonte: Goodyear (s.n.e.).

percorre todo o percurso e precisa ser emendada com a outra ponta. A Fig. 5.7 mostra uma correia nova sendo colocada sobre o transportador. Os operários estão usando a correia velha para arrastar a nova no trecho ascendente.

Existem dois sistemas para emendar a correia. O primeiro, que é o melhor e o mais seguro, consiste em amarrar as lonas uma a uma e depois vulcanizar a borracha. A precaução principal consiste em fazer a emenda de cada lona defasada das demais, de modo a distribuir a linha de fraqueza em que a emenda se constitui.

Fig. 5.7 Colocação da correia

Para isso, os roletes precisam ser removidos no local onde se fará a emenda e é necessário montar uma mesa para apoiar a correia, que precisa estar seca e absolutamente limpa. As camadas de borracha e as lonas vão sendo expostas e cortadas como mostra a Fig. 5.8. As lonas são amarradas, é aplicada a cola em várias demãos, coloca-se a borracha de ligação e vulcaniza-se. A vulcanização requer calor e tempo, podendo demorar até uma hora.

O outro sistema é o "jacaré", mostrado na Fig. 5.9, que é autoexplicativa.

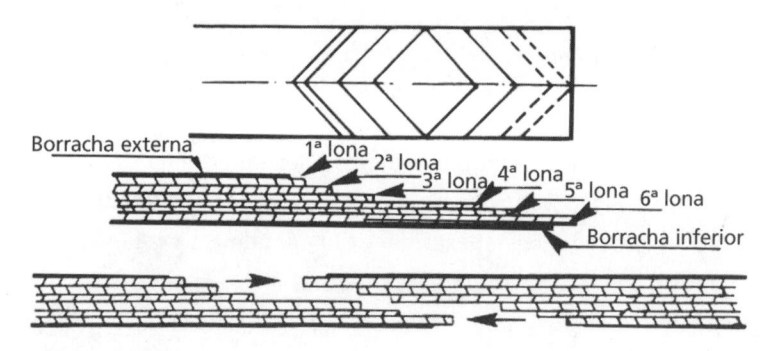

Fig. 5.8 Emenda de correia
Fonte: Fábrica de Aço Paulista (1978).

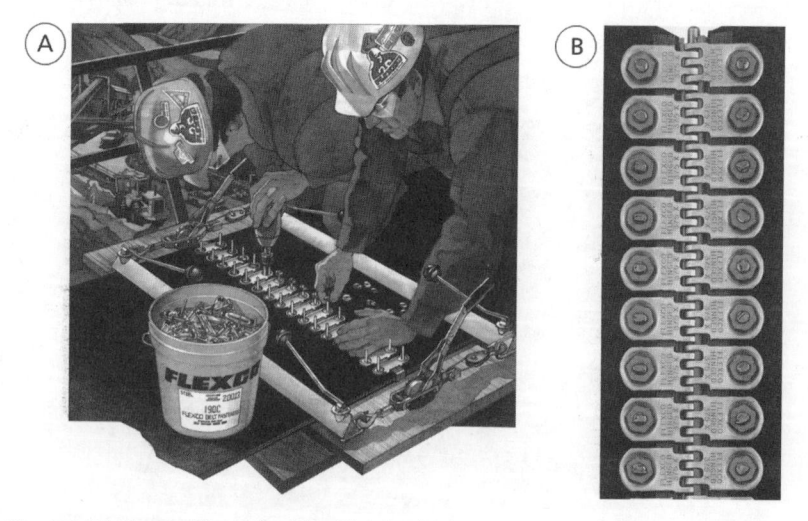

Fig. 5.9 (A) Sistema "jacaré" e (B) utilização do sistema

5.1.2 Roletes

São os elementos que sustentam a correia e a guiam. Eles são compostos de peças cilíndricas capazes de girar em torno do seu próprio eixo. Existem diferentes roletes, com diferentes projetos, como mostra a Fig. 5.10, os quais serão examinados a seguir.

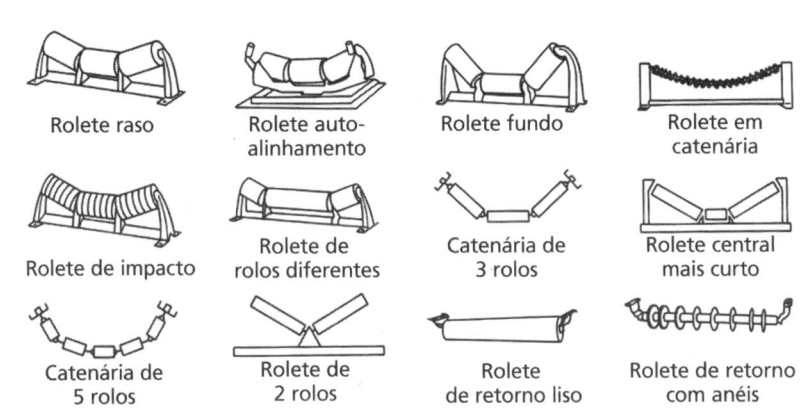

Rolete raso	Rolete auto-alinhamento	Rolete fundo	Rolete em catenária
Rolete de impacto	Rolete de rolos diferentes	Catenária de 3 rolos	Rolete central mais curto
Catenária de 5 rolos	Rolete de 2 rolos	Rolete de retorno liso	Rolete de retorno com anéis

Fig. 5.10 Roletes

Eles são fabricados em diferentes séries, projetadas para atender a diferentes características de serviço: Cema I (leve) a Cema VI (extrapesado).

Rolos

São os elementos construtivos do rolete (Fig. 5.11). São cilindros de aço tampados em suas extremidades. Os rolos são atravessados por um eixo, fixados às tampas por rolamento de esferas e um sistema de vedação contra poeira e umidade, e a sua lubrificação pode ser permanente ou periódica.

O rolo é apoiado em um suporte adequado, que tem um rasgo no qual a ponta do eixo se encaixa e o mantém fixo. O rolo é colocado ou retirado simplesmente encaixando-o ou desencaixando-o desse rasgo. O suporte é inclinado de 2° em relação à vertical para dar efeito autoalinhante sobre a correia (Fig. 5.12).

Tipos básicos
Tipos **124B**
- Corpo
- Tampa lateral
- Retentor de aço com vedação de neoprene
- Anel elástico
- Rolamento de esferas blindado
- Eixo

Classificação: CEMA I: ∅ ext. 3" ou 4":
∅ eixo 15 mm
Aplicações típicas: Sal, açúcar, cereais, adubos e outros materiais de baixa densidade.

Tipos **144B**
- Corpo
- Tampa lateral
- Pino de trava
- Ponta
- Eixo
- Retentor de neoprene
- Vedação com labirinto
- Rolamento de esferas blindado

Classificação: CEMA II e III: ∅ ext. 4":
∅ eixo 20 mm
Aplicações típicas: Instalações de britagem, indústrias de cimento e outras indústrias.

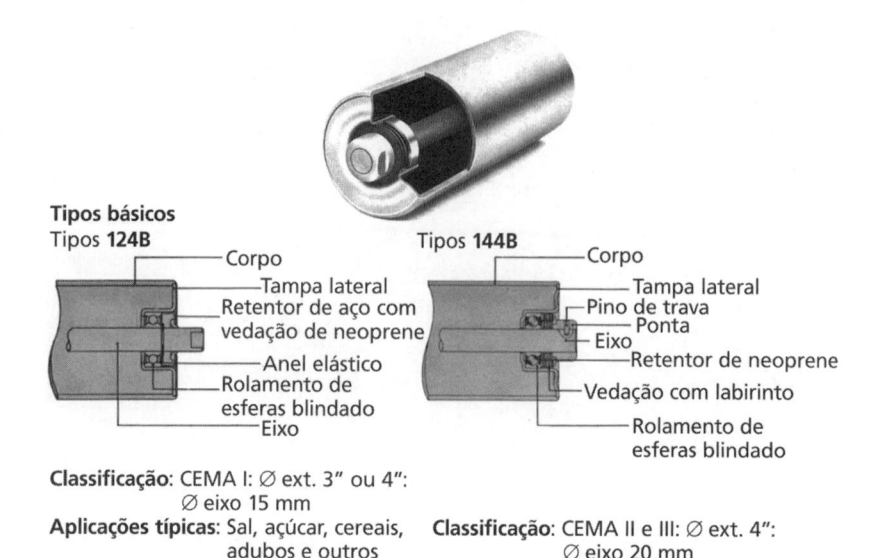

Fig. 5.11 Rolo

A montagem dos rolos para formar o rolete pode ser feita de diversas maneiras, como mostra a Fig. 5.6.

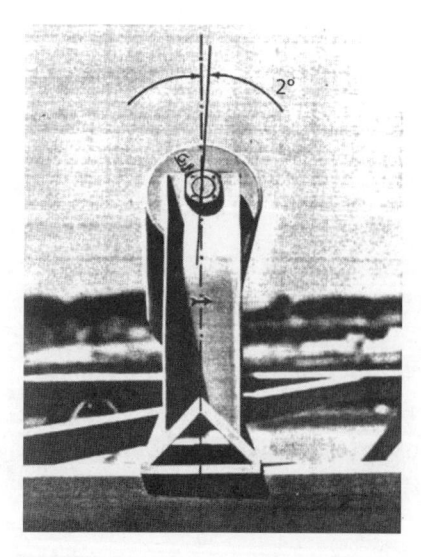

Na montagem, a relação com a correia é muito importante, tendo em vista a vida desse último componente. A Fig. 5.6 mostrou diferentes situações:

F e C – correias perfeitamente adequadas aos roletes;

E – correia excessivamente rígida, soltando-se dos roletes;

D – correia muito mole, sendo "mordida" pelos roletes.

Roletes de carga

Os roletes de carga podem ser:

Fig. 5.12 Montagem dos rolos

5 Transportadores de correia 239

- planos, compostos de um único rolo, fabricados de 16 até 84" de largura de correia. Esse tipo tem aplicação restrita, praticamente limitada a alimentadores de correia ou a transportadores sobre os quais se faz o *sorting* (catação), situação em que não podem ser excessivamente largos (porque a sua capacidade é muito baixa, como mostra a Tab. 5.2);
- feitos de dois rolos inclinados de 20° com a horizontal, fabricados apenas para correias de 16 e 20" de largura e destinados a pequenas capacidades;
- feitos de três rolos iguais, inclinados de 20° com a horizontal, fabricados de 24 até 84" de largura de correia;
- feitos de três rolos iguais, inclinados de 35° com a horizontal, fabricados de 24 até 84" de largura de correia;
- feitos de três rolos iguais, inclinados de 45° com a horizontal, fabricados de 24 até 84" de largura de correia.

A Tab. 5.2 mostra que a capacidade de transporte varia conforme a inclinação dos rolos, porque o volume acomodado sobre a correia aumenta. Esses valores de capacidade são para transportadores horizontais com velocidade de 1 m/s. Variando a velocidade, a capacidade aumenta proporcionalmente.; variando a inclinação, há um decréscimo da capacidade, como será visto nos exercícios.

Quanto maior a inclinação dos rolos, maior o desgaste da correia, por causa da deformação que lhe é imposta.

A Fig. 5.10 mostra roletes em catenária, usados para transportadores móveis em frente de lavra, com 3 e 5 rolos, e um rolete espiralado, também em catenária. Mostra, ainda, dois roletes com rolos de comprimentos diferentes. Existem também roletes em que os rolos não estão alinhados. Nesses roletes especiais, há uma sobreposição das áreas de correia sustentadas pelo rolete central e pelos roletes laterais, de modo que nunca ocorre a "mordida" da correia mostrada na Fig. 5.6D.

Tab. 5.2 CAPACIDADE DE CORREIAS

Rolos	Ângulo de acomodação do material (α)	Largura da Correia										
		16"	20"	24"	30"	36"	42"	48"	54"	60"	72"	84"
Planos (β = 0°)	0°	–	–	–	–	–	–	–	–	–	–	–
	5°	4	7	10	17	25	35	44	59	74	108	153
	10°	10	16	25	40	59	82	100	140	174	254	369
	15°	15	26	39	63	93	129	163	219	272	397	569
	20°	21	35	52	85	125	173	218	293	365	532	777
	25°	26	44	66	107	158	219	266	371	461	673	948
	30°	32	53	80	130	192	265	334	449	559	815	1021
Com 2 rolos iguais (β = 20°)	0°	35	47	–	–	–	–	–	–	–	–	–
	5°	40	55	–	–	–	–	–	–	–	–	–
	10°	45	63	–	–	–	–	–	–	–	–	–
	15°	51	70	–	–	–	–	–	–	–	–	–
	20°	56	78	–	–	–	–	–	–	–	–	–
	25°	62	86	–	–	–	–	–	–	–	–	–
	30°	68	95	–	–	–	–	–	–	–	–	–
Com 3 rolos iguais (β = 20°)	0°	–	–	58	95	141	197	261	335	48	–	–
	5°	–	–	69	114	169	236	313	401	500	–	–
	10°	–	–	82	134	199	277	367	470	586	–	–
	15°	–	–	94	154	228	318	424	539	672	–	–
	20°	–	–	107	174	258	359	476	609	759	–	–
	25°	–	–	120	196	290	402	533	682	849	–	–
	30°	–	–	133	217	321	445	590	755	940	–	–

Tab. 5.2 CAPACIDADE DE CORREIAS (cont.)

Rolos	Ângulo de acomodação do material (α)	Largura da Correia										
		16"	20"	24"	30"	36"	42"	48"	54"	60"	72"	84"
Com 2 rolos iguais (β = 35°)	0°	–	–	93	152	236	314	417	535	666	977	1341
	5°	–	–	103	169	250	348	462	592	738	1078	1486
	10°	–	–	114	186	276	384	509	652	812	1186	1631
	15°	–	–	125	204	302	419	556	711	885	1296	1779
	20°	–	–	135	221	328	455	603	772	961	1043	1929
	25	–	–	174	240	355	492	652	835	1040	1517	2082
	30°	–	–	158	258	382	530	702	898	1118	1631	2242
Com 3 rolos iguais (β = 45°)	0°	–	–	109	179	265	369	490	627	782	1143	1572
	5°	–	–	118	194	287	399	529	678	845	1233	1697
	10°	–	–	128	209	309	430	570	729	909	1326	1822
	15°	–	–	137	224	331	460	610	780	972	1419	1950
	20°	–	–	147	239	354	492	651	833	1058	1514	2079
	25°	–	–	157	255	378	524	694	888	1106	1613	20212
	30°	–	–	166	271	401	556	737	942	1173	1711	2349

Fonte: Allis Mineral Systems (1994).

Roletes de retorno

São roletes que sustentam a correia vazia no seu retorno. São feitos de um rolo, liso ou com anéis de borracha (ver os últimos dois desenhos da Fig. 5.10). O rolo de retorno liso é mais barato, mas se a correia estiver suja de minério, pode vir a ser seriamente desgastado, situação em que se usam os roletes de retorno com anéis.

Os roletes em espiral são roletes limpadores, os quais empurram a sujeira aderida à correia para fora.

Obviamente, o espaçamento entre os roletes de retorno é muito maior que entre os roletes de carga, pois eles suportam apenas o peso da correia.

Roletes de impacto

São os roletes que suportam o impacto da carga que é alimentada ao transportador. Eles são revestidos de borracha para absorver o impacto. O espaçamento entre eles é menor que entre os roletes de carga, por causa da concentração de esforços nesse curto trecho do transportador. Eles são revestidos de borracha, que muitas vezes não é inteiriça, mas em anéis, para melhorar a acomodação da correia sobre eles.

Modernamente, esses roletes vêm sendo substituídos por mesas de impacto, que são conjuntos de barras de aço revestidas de plástico de engenharia de baixo coeficiente de atrito, sobre as quais a correia desliza (Fig. 5.13).

Fig. 5.13 Roletes e mesa de impacto

Roletes de transição

Quando se usam roletes inclinados, em suas extremidades, a correia deve passar de uma situação em que ela está dobrada em até 45° de cada lado e contida pelos roletes, para uma situação em que ela está plana e tracionada pelas polias. Entre essas duas situações utilizam-se roletes em que os rolos têm inclinações variadas continuamente, para efetuar essa transição sem aplicar esforços mecânicos muito grandes à correia.

Roletes autoalinhantes

As polias das extremidades têm muito pouca influência no alinhamento da correia. Essa função é exercida pelos roletes autoalinhantes.

No primeiro modelo, mostrado na Fig. 5.12, o rolete é fixo e os seus rolos inclinados têm uma inclinação ligeiramente superior à dos roletes de carga, cerca de 2°. Se houver o desalinhamento, a correia passa a se apoiar mais em um dos rolos, que, por ser mais inclinado, exerce uma ação mecânica oposta, empurrando a correia de volta para sua posição correta. Esse tipo de rolete autoalinhante tem a desvantagem grave de causar desgaste acentuado das correias.

No outro modelo (Fig. 5.14), os rolos têm a mesma inclinação dos rolos de carga, mas o rolete é apoiado apenas em um único ponto central, tendo liberdade para girar. Eles têm rolos-guia verticais, apoiados nas extremidades laterais do suporte para impedir que a

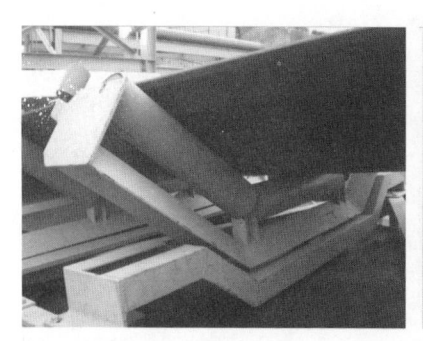

Fig. 5.14 Rolete autoalinhante

correia saia do rolete. Se houver o desalinhamento da correia, esta se desloca em relação ao centro dos roletes e empurra para a frente o rolo que está do lado do desalinhamento. Se for empurrado para a frente, esse rolete desvia-se da posição perpendicular à correia e fica, como consequência, mais inclinado em relação à horizontal. Esse aumento da inclinação atua no sentido de reconduzir a correia para sua posição normal.

Geralmente são usados vários roletes autoalinhantes, ligados entre si por meio de cabos de aço, de modo que todos giram em torno de sua posição central concomitantemente e empurram juntos a correia de volta para sua posição correta.

A distância recomendada para a instalação dos roletes autoalinhantes é de 30 m.

5.1.3 Tambores

Servem para transmitir o torque para a correia, para esticá-la, tracioná-la e fazê-la dobrar-se. Eles são constituídos por um corpo cilíndrico de aço, fechado nas duas extremidades por discos laterais também de aço. Os discos são atravessados por um eixo, fixado aos discos laterais por cubos. Eventualmente pode haver um ou mais discos centrais para aumentar a rigidez da peça. O eixo é apoiado em mancais fixos à estrutura do transportador.

Eventualmente se usam tambores abaulados para auxiliar o alinhamento da correia.

É muito frequente revestir o tambor de acionamento com borracha para aumentar o atrito com a correia e até mesmo colar elementos cerâmicos na borracha. Esse revestimento pode ser liso ou ranhurado, para situações em que é preciso fazer escoar a água que esteja sobre a correia e que poderia fazê-la patinar.

Quando se trabalha com materiais muito abrasivos, o desgaste da superfície externa do tambor é muito intenso. Nessas circunstâncias, são muito utilizados tambores nervurados (Fig 5.15).

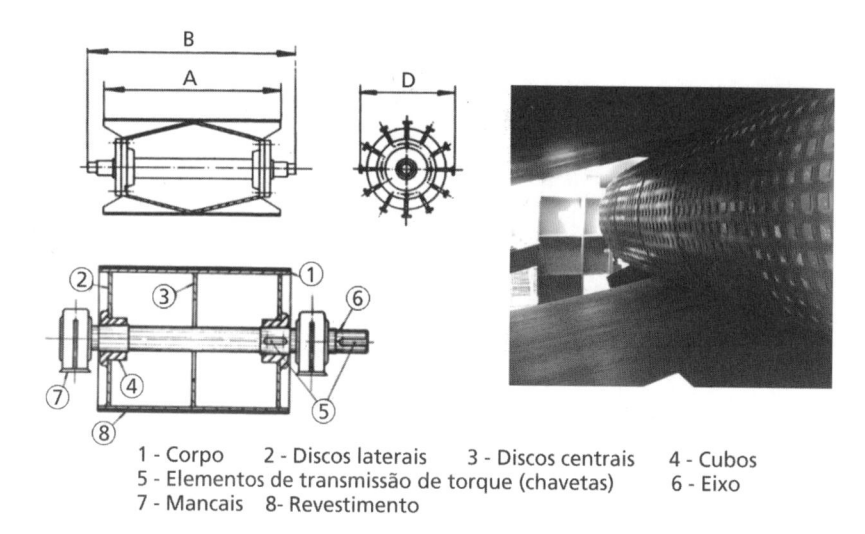

1 - Corpo   2 - Discos laterais   3 - Discos centrais   4 - Cubos
5 - Elementos de transmissão de torque (chavetas)   6 - Eixo
7 - Mancais   8- Revestimento

Fig. 5.15 Tambores

O tambor de acionamento não é necessariamente instalado na cabeceira do transportador, mas pode ficar no pé ou numa posição central. A escolha da posição é função da minimização das tensões na correia e cabe ao projeto mecânico do equipamento. A Fig. 5.16 mostra diversas possibilidades de instalação do tambor de acionamento.

Os tambores de acionamento são motorizados; os demais tambores são movidos. A Fig. 5.16D,G,H mostra esticadores verticais, cada qual com três tambores de dobra. A Fig. 5.16G,H,I mostra tambores de encosto aumentando o ângulo de contato com o tambor de acionamento.

O diâmetro do tambor está relacionado principalmente à flexibilidade da correia (capacidade que esta tem de abraçá-lo) e à tensão aplicada a ela. Assim, conforme aumenta a espessura da correia, torna-se necessário usar tambores maiores. Para correias com alma de cabo de aço, a pressão contra o tambor de acionamento é que determina o seu diâmetro (Goodyear, s.n.e.).

A largura dos tambores é cerca de 100 mm maior que a da correia para larguras até 42" e 150 mm para larguras maiores (Fábrica de Aço Paulista, 1978).

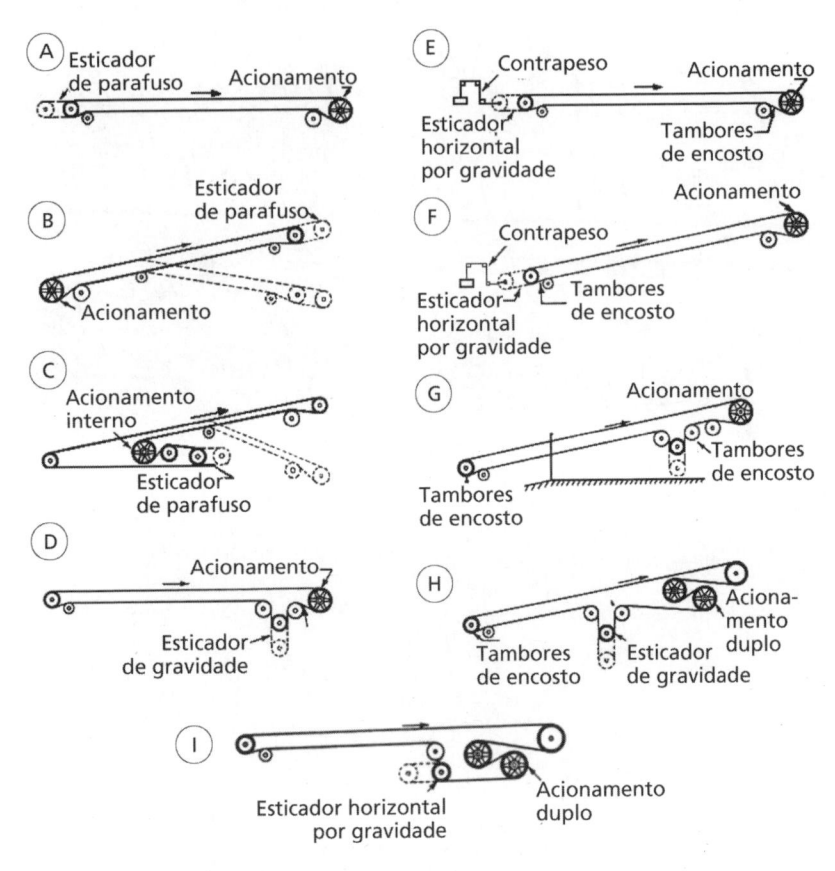

Fig. 5.16 Arranjos de tracionamento
Fonte: Schultz (1985).

Os tambores esticadores têm a função de esticar a correia. Eles têm pesos pendurados para isso.

Os tambores dobradores são usados para fazer a correia dar voltas e para aumentar o ângulo de abraçamento da correia com o tambor de acionamento (tambores de encosto) ou nos *trippers*, para fazer a correia fazer o laço.

Esticadores

Os esticadores mantêm a correia sempre tensa para poder ser corretamente acionada e absorvem as variações de comprimento decorrentes da tração, da temperatura, do tempo de trabalho etc.

O sistema mais simples é o esticador de parafuso, utilizado com transportadores curtos, até 35 m, dependendo da largura da correia. Trata-se de parafusos que tracionam o tambor de retorno. Uma variação desse sistema, utilizada em transportadores da lança das empilhadeiras, é usar macacos hidráulicos em substituição aos parafusos, como mostra a Fig. 5.17. Detectores de desalinhamento podem acioná-los automaticamente para fazer a correia voltar à sua posição.

Fig. 5.17 Esticador hidráulico

O sistema mais frequente é o esticador vertical por gravidade, mostrado na Fig. 5.16H. É composto de três tambores, dois deles de encosto, presos à estrutura do transportador, e o terceiro, o qual está carregado com o contrapeso, é livre, tendo apenas uma guia para não permitir que saia da posição.

O esticador horizontal por gravidade é mostrado na Fig. 5.16A,C,E,F. É semelhante ao anterior, exceto que traciona o tambor de retorno, que é montado num carrinho que se desloca sobre trilhos. Economiza três tambores, o que diminui o investimento, mas demanda espaço junto ao tambor de retorno.

Nos esticadores por gravidade, se expostos ao tempo, pode haver o deslocamento dos contrapesos pela ação do vento. O projeto correto prevê guias para mantê-los na posição vertical.

O *Manual Goodyear de Transportadores de Correia* (Goodyear, s.n.e.) chama a atenção do leitor para o fato de que nos esticadores descritos, a tração estica a polia para fazê-la aderir aos tambores. A tensão suportada por uma correia é um dos fatores do seu custo. Por isso, existem alguns artifícios para economizar na tensão. Um deles é mostrado na Fig. 5.18B, em que uma correia auxiliar esticada abraça a correia principal sobre o tambor de acionamento. Outro esticador é mostrado na Fig. 5.18C, na qual um tambor de encosto é pressionado contra a correia por um contrapeso.

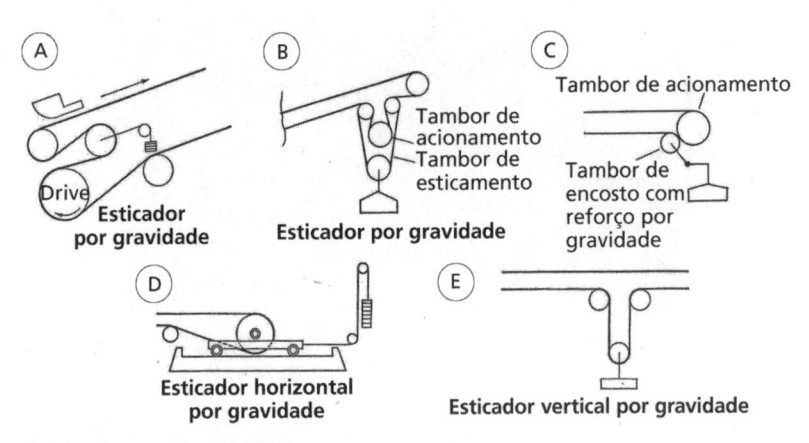

Fig. 5.18 Arranjos de esticadores
Fonte: Goodyear (s.n.e.).

5.1.4 Freios e contrarrecuos

A inércia de um transportador carregado é muito grande. Assim, mesmo desligado o motor, o transportador tende a continuar se movendo, o que pode ser indesejável, especialmente quando existe risco de entupir chutes ou de descarregar sobre outro transportador a jusante, parado. Dessa forma, a maior parte dos transportadores é provida de freios, que são montados num dos tambores (Fig. 5.19). Esses freios são também usados em transportadores em declive, em que a carga empurra o transportador para a frente, podendo causar a perda de controle da velocidade. Os freios são hidráulicos ou acionados por bobinas eletromagnéticas, usando-se tanto freios de sapatas como freios de discos.

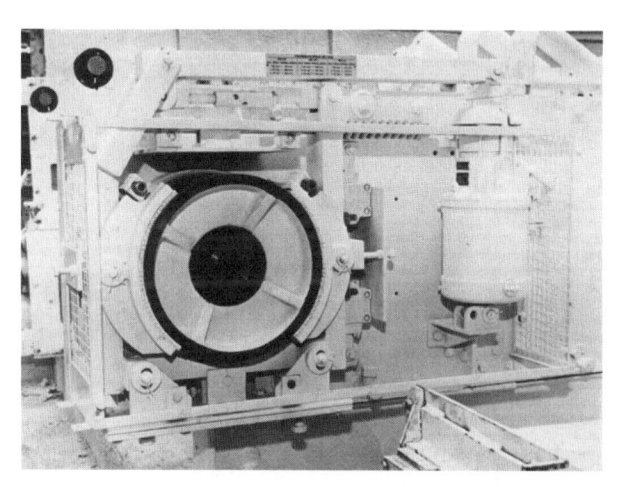

Fig. 5.19 Freio

Os contrarrecuos (Fig. 5.20) são dispositivos que impedem que um transportador inclinado ascendente, ao parar carregado, mova-se para trás. Existem vários modelos, como de catracas, internos ao tambor, externos, aplicados ao eixo do tambor, e até mesmo os freios podem ser utilizados como dispositivo contra recuos.

Essas considerações trazem o assunto de transportadores inclinados descendentes, que transportam o minério de cima para baixo ou a favor da gravidade. Nesse caso, o peso do minério empurra o transportador para baixo. O motor deixa de tracionar a correia e passa a ser empurrado por ela. Ele deixa de funcionar como motor para funcionar como gerador de energia elétrica. Essa energia é descarregada na rede elétrica, mas numa fase diferente da fase que está circulando, e isso traz problemas operacionais muito graves para a rede, que, entretanto, podem ser resolvidos por um projeto elétrico correto. Os engenheiros eletricistas dispõem de recursos para resolvê-los, como bancos de capacitores. A frenagem do transportador é outro problema que exige a colaboração de especialistas, por causa do nível das tensões impostas à correia no momento da frenagem.

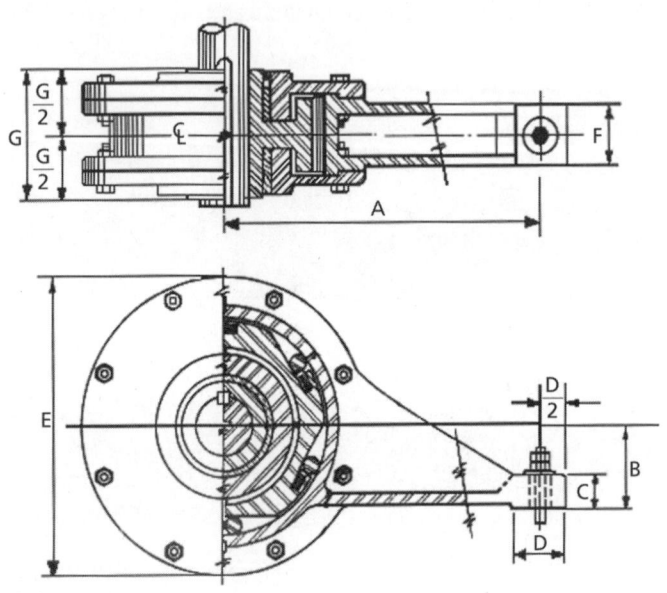

Fig. 5.20 Contrarrecuo
Fonte: Fábrica de Aço Paulista (1978).

5.1.5 Estruturas

A estrutura do transportador de correia sustenta todos os seus elementos construtivos. Ela é suspensa do chão por apoios. Para transpor vãos ou elevar o transportador, utilizam-se estruturas mais pesadas, apoiadas em colunas ou sustentadas por cabos presos a colunas (tipo ponte pênsil).

Os passadiços e a cobertura são fixados na própria estrutura. Embora muito frequente, a utilização de chapa expandida para a construção do passadiço nem sempre é recomendada. Quando o transportador carrega partículas grosseiras, estas podem cair e ficar presas nos buracos da chapa expandida, causando tropeções e quedas, além do acúmulo de material. Além disso, a chapa expandida é muito flexível e demanda suporte por baixo, o que, se não for previsto, pode acarretar acidentes com as pessoas.

Para vãos maiores que 25 m ou para transportadores muito pesados, preferem-se estruturas em galeria, que têm maior rigidez. Essas galerias podem ser cobertas com telhas e também fechadas lateralmente.

Para transferências de um transportador para outro, são construídas torres em estrutura metálica.

5.1.6 Tremonhas, chutes, *trippers* e guias

Transportadores em pátios não podem ser carregados diretamente por pás carregadeiras. É necessário dispor-se de uma tremonha, no fundo da qual existe um alimentador de correia. Essa tremonha tem a função de receber o impacto da carga descarregada pela pá e regular a sua alimentação ao transportador. Muito frequentemente ela é móvel, para poder ser deslocada a uma posição conveniente, a fim de minimizar a movimentação da pá.

No local de carregamento, na saída de chutes e em pontos onde possa haver derramamento do material que está sendo transportado, é usual instalar guias laterais, como as mostradas na Fig. 5.1.

Os chutes transferem o material de um transportador para outro e para outros equipamentos. A largura dos chutes é determinada pela largura do transportador que está descarregando e a altura é função da camada de material sobre o mesmo transportador e do tamanho das partículas que precisam passar por ele. Finalmente, as partículas descarregadas seguem uma trajetória que deve ser considerada no projeto do chute. O posicionamento da placa inferior do chute tangenciando essa trajetória reduz substancialmente o impacto das pedras contra a superfície dessa placa.

É sempre recomendável transferir o material de um transportador para outro de mesmo sentido. Para minimizar o desgaste da correia, recomenda-se colocar um "morto" no fundo do chute. Guias laterais (saias) são necessárias para evitar o derramamento do minério transferido.

A Fig. 5.21 mostra um chute típico. Na partida e parada dos transportadores, ocorre uma situação de transição, em que a velocidade não é a de regime. Assim, as partículas podem cair antes da placa do chute e é necessário prover uma abertura para permitir que elas passem entre o tambor e a placa. Essa abertura tem que ser, no mínimo, maior que a maior partícula transportada.

A mesma figura mostra, ainda, um raspador de correia e outra placa para receber os finos raspados e descarregá-los sobre a correia inferior. Esses finos, numa certa extensão, amortecem o impacto das partículas grossas que cairão logo adiante.

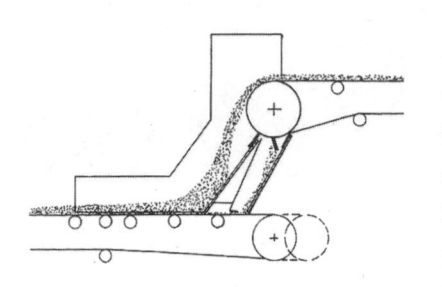

Fig. 5.21 Chute
Fonte: Goodyear (s.n.e.).

Frequentemente os chutes são revestidos de material resistente à abrasão. A Tab. 5.3 mostra as inclinações recomendadas para chutes metálicos para diferentes materiais. Para chutes revestidos de borracha, a mesma fonte recomenda aumentar esses valores em 3 a 5°.

Quando se trabalha com materiais muito abrasivos, o desgaste do chute pode ser muito grande. Quando se trabalha com materiais

Tab. 5.3 INCLINAÇÕES RECOMENDADAS PARA CHUTES

Material	Ângulo com a horizontal (°)
Minérios grudentos, argila e terra	50 a 60
Carvão ROM (úmido)	35 a 45
Areia (úmida)	35 a 40
Produto de britagem primária	35 a 40
Cascalho	30 a 35
Pedra escalpada	30 a 35
Produtos de moagem	35 a 40
Minérios não bitolados	27 a 35

Fonte: Goodyear (s.n.e.).

muito frágeis, o fraturamento das partículas pode ser indesejável. A solução recomendada é substituir o chute por uma caixa de pedra (Fig. 5.22). A altura da queda é quebrada, forma-se um "morto" e a partícula, em vez de se chocar contra a placa, choca-se contra o "morto". Parte da sua energia cinética é absorvida pela movimentação e acomodação das partículas ali estacionadas.

A Fig. 5.23 mostra outros dispositivos de descarga (desviadores), que também são muito utilizados em certas situações, como para descarregar materiais em silos. A desvantagem é que podem causar um desgaste considerável da correia.

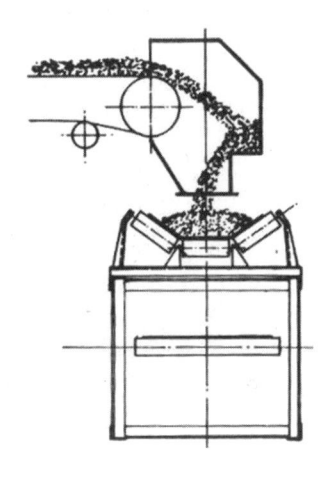

Fig. 5.22 Chute com caixa de pedra

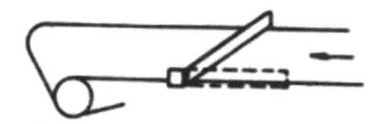

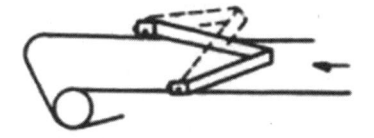

Fig. 5.23 Desviadores de minério

A Fig. 5.24 mostra o *tripper*, que é um dispositivo móvel utilizado para descarregar o transportador em diferentes pontos. O *tripper* tem um carrinho que se desloca ao longo do transportador. Nesse carrinho estão dois tambores, de modo que a correia faz um laço, onde o material é descarregado sobre um chute também apoiado no carrinho. O acionamento do *tripper* pode ser manual ou motorizado.

5.2 Dispositivos de segurança

Historicamente, apesar de transportadores de correia serem equipamentos móveis – e se moverem a velocidades elevadas e manuseando grandes volumes –, são o modo de transporte mais

Fig. 5.24 *Tripper*

seguro que existe (Goodyear, s.n.e.). A seguir, aborda-se o que é feito para que as coisas sejam assim, pois só se consegue uma operação segura praticando segurança.

5.2.1 Dispositivos de proteção pessoal

Chaves para parada de emergência são instaladas nos locais onde a possibilidade de que elas evitem um acidente possa existir, isto é, na cabeça, no pé e no acionamento dos transportadores. Adicionalmente, existe um fio de arame de segurança que aciona uma chave de parada cada vez que uma pessoa ou um animal se encosta a ele. Essas chaves são instaladas em trechos de 100 ou 50 m, comprimento máximo em que o arame consegue acionar a chave. Esse fio de arame pode ser usado como uma chave de parada de emergência, mas os funcionários devem ser instruídos a respeito das responsabilidades dessa ação.

Interruptores locais com chave, que fica de posse da equipe de manutenção, impedem que o equipamento seja inadvertidamente acionado pela cabine de controle quando está em manutenção. No mesmo sentido funcionam as regras básicas de não usar gravata perto de equipamentos rotativos, nem cabelos longos soltos, nem roupas soltas ou folgadas demais. Usar o transportador como meio de transporte de pessoas deve ser absolutamente proibido e os infratores devem ser severa e exemplarmente punidos.

5.2.3 Limpadores de correia

Um dos problemas mais sérios de transportadores de correia é a aderência de minério fino e úmido à correia. Esse minério aderido não é descarregado no chute e é fonte de problemas, pois:

- ele segue o transportador até secar-se e cair, e é fonte de sujeira e perdas;
- ele causa abrasão entre a superfície da correia e os roletes de retorno.

A solução mais comum são os raspadores, dos quais existem vários modelos, tanto em aço como em materiais poliméricos (Fig. 5.25).

Já foram abordados os roletes em espiral, que arrastam o material aderido para fora da correia. Escovas também são usadas para varrer a superfície da correia. Ambas as soluções são limitadas porque o desgaste dos raspadores e das escovas é muito acentuado.

Fig. 5.25 Raspadores de correia

A lavagem da correia é uma solução adotada nas usinas de minério de ferro. Usam-se *sprays* de alta pressão e é preciso colocar uma calha para receber a água e as partículas lavadas.

A solução extrema, nem sempre executável, é virar a correia de modo que ela retorne com a sua face interna e limpa, sobre os roletes de retorno. A desvantagem são as tensões extras impostas sobre a correia nos momentos de virá-la e desvirá-la. A Fig. 5.26 mostra uma instalação de viração da correia. São necessários seis tambores, aí inclusos os de esticamento, e a correia sofre tensões adicionais que precisam ser cuidadosamente avaliadas.

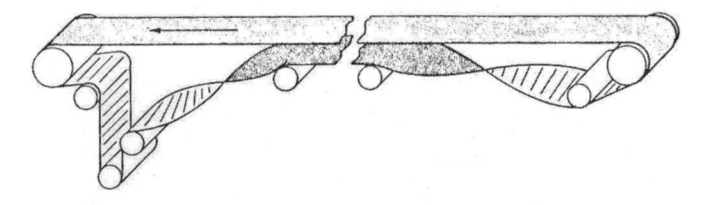

Fig. 5.26 Viração da correia
Fonte: Goodyear (s.n.e.).

A Fig. 5.27 mostra uma sequência de fotos da viragem da correia do transportador instalado na mina do Sossego, em Canaã dos Carajás (PA).

Sirenes costumam soar quando a instalação vai funcionar. Esse alarme não se refere apenas aos transportadores, mas dá o tempo necessário para que os funcionários se afastem dos equipamentos móveis antes que entrem em movimento.

Passagens sobre os transportadores, com escada e ponte, devem ser previstas para os locais onde o transportador cruza o caminho de pedestres. Elas servem também para observar a parte superior do transportador. Assim, deve ser totalmente proibida e punida a passagem de pessoas por baixo do transportador.

As partes externas móveis – tais como polias, motores, acoplamentos – devem ser protegidas por guardas, como em qualquer outro equipamento.

Fig. 5.27 Viragem da correia
Fonte: arquivo pessoal do eng. Antonio Queiroz.

As tampas dos tambores e roletes costumam ser pintadas em quadrantes, de modo que seja evidente se elas estão paradas ou em movimento, mesmo a distância.

Transportadores inclinados ou elevados em relação ao piso devem ter passadiços pelo menos de um lado, que têm como função propiciar o acesso e permitir a manutenção. Esses passadiços devem ser suficientemente fortes para suportar o peso dos funcionários e dos componentes mecânicos que passarão por manutenção – caso de motores e redutores junto aos tambores de acionamento. A superfície dos passadiços é uma consideração importante, como já mencionado, pois não deve permitir tropeções nem escorregamentos.

No cruzamento de pistas ou de caminhos de pedestres é conveniente a instalação de bandejas ou, pelo menos, telas de proteção para impedir que pedras, que porventura caiam, atinjam pessoas ou equipamentos.

A iluminação adequada é outro recurso muito importante para prevenir acidentes.

Corrimãos são obrigatórios e fabricados com tubos de 1".

Rolete travado pode ficar superaquecido. Quando o transportador para, aquele rolete vai superaquecer a correia naquela posição, o que pode iniciar um incêndio.

Transportadores de grande capacidade são um problema de frenagem – levam tempo para parar e podem entupir chutes e transferências.

5.3 Dispositivos de proteção do equipamento

5.3.1 Extratores e detectores de metais

Chapas de proteção são placas metálicas montadas sob os roletes de carga, para impedir que material aderido à correia caia sobre o lado superior da correia de retorno. Elas precisam ser esvaziadas periodicamente.

As chaves de emergência, já referidas, desligam o transportador em caso de emergência ou se alguma pessoa cair sobre ele. Elas são acionadas manualmente por meio de um cabo de aço que corre paralelo à correia, puxando-o, empurrando-o ou caindo sobre ele.

As chaves de velocidade controlam a velocidade da correia e desligam o transportador caso sua velocidade exceda o valor desejado. Elas também servem para detectar escorregamentos ou patinação da correia.

O escorregamento lateral da correia costuma ser a fonte mais frequente de problemas. Consequentemente, é de boa política colocar chaves limitadoras, que desligam o equipamento quando a correia estiver excessivamente desalinhada.

A queda de objetos perfurantes, como chaves de fenda, eletrodos de solda ou pedaços de vergalhão, pode perfurar a correia e danificá-la. Os separadores magnéticos de peças metálicas e os detectores de metais agem, nesse sentido, como equipamentos de proteção.

O detector de metais (Fig. 5.28) acusa a presença de peças de metal ferroso mediante a variação do campo magnético gerado no aparelho pela presença da peça metálica. Ele faz soar um alarme e para o transportador imediatamente. Os extratores de metais são eletroímãs ou separadores magnéticos que retiram peças de metal ferroso presentes no material transportado (Fig. 5.29).

Detectores de metal, que param a correia cada vez que o dispositivo eletrônico revela a presença de uma peça metálica, não são muito apreciados pelos operadores, mas se constituem numa proteção efetiva. A maneira correta de instalá-los é em sequência ao extrator: se alguma partícula ferromagnética não tiver sido extraída, ela será detectada e o transportador será parado antes que a sua presença chegue a causar danos.

Se a peça metálica atravessou a correia, o separador magnético pode não conseguir arrancá-la e ela segue com a correia até ser detida por um rolete ou outro obstáculo qualquer e rasgar a correia longitudinalmente. Existem aparelhos detectores de rasgo, que são fios que periodicamente passam por condutores elétricos e então são atravessados pela corrente. Quando ocorre o rasgamento, a corrente não passa e o dispositivo é acionado, parando o transportador.

Fig. 5.28 Detector de metais

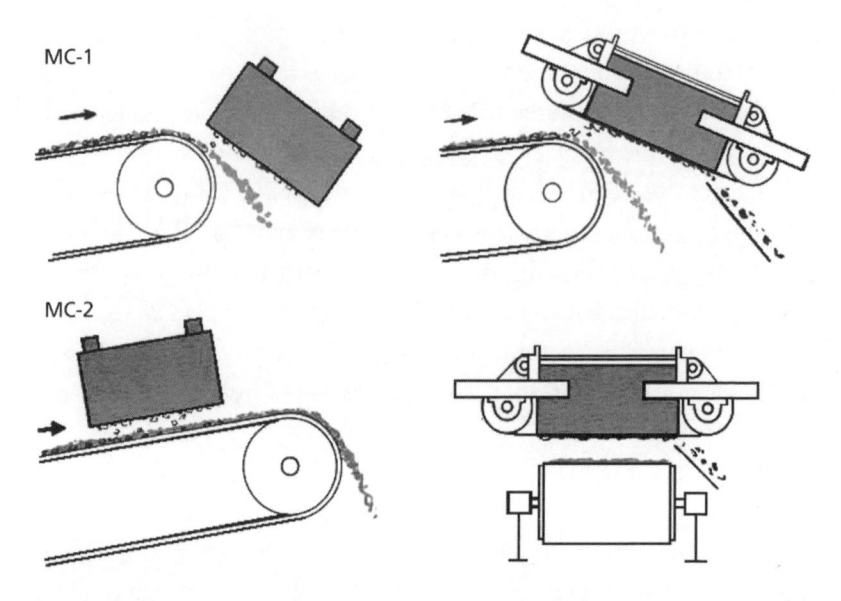

Fig. 5.29 Extratores de metal

Muito frequentemente, tais partículas estão debaixo de um volume de minério sobre a correia e é necessário revirar o material para retirá-las. A prática logo mostrará aos operadores a extensão que o transportador percorre antes de parar.

Ainda em termos de projeto elétrico, a sequência correta de intertravamento dos motores, com o desligamento sucessivo dos equipamentos de jusante para montante, é muito importante em termos da saúde de toda a instalação. O mesmo projeto deve permitir apenas a sequência de partida de montante para jusante.

O entupimento de chutes é causa frequente de problemas operacionais e de danos ao transportador. Um sensor de nível pode ser uma boa solução.

5.3.2 Instrumentação

Já foram mencionados os detectores de rasgamento, medidores de velocidade, detectores de desalinhamento, que podem ser ligados a dispositivos de controle automático.

Um dispositivo muito importante são as balanças de correia, que podem ser integradoras ou instantâneas ou exercer as duas funções. As balanças de correia são células de carga instaladas num rolete (Fig. 5.30) e que transmitem suas informações continuamente para um registrador.

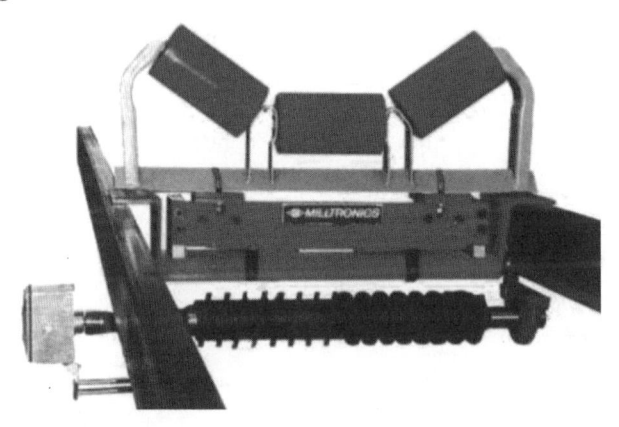

Fig. 5.30 Balança de correia

5.4 Desenvolvimentos recentes

Abordam-se aqui, brevemente, alguns desenvolvimentos recentes, de equipamentos, materiais e tecnológicos, que vêm ampliando o espectro de uso desses transportadores.

5.4.1 Cable belts

O uso de rampas para acesso e retirada de minério de minas subterrâneas vem crescendo muito, dadas as vantagens do transporte contínuo sobre os *skips* tradicionais. Isso traz um problema sério, que é o das tensões na correia da rampa: ela é muito longa (cada 100 m de profundidade demandam 401 m de correia, se esta estiver inclinada de 14°) e transporta o minério contra a gravidade. Não é possível utilizar trechos sucessivos de transportadores porque seria necessário criar transferências entre um e outro, e no túnel não há essa disponibilidade de altura.

A solução veio das *cable belts*, em que a correia é sustentada e tracionada por um par de cabos de aço, como mostra a Fig. 5.31.

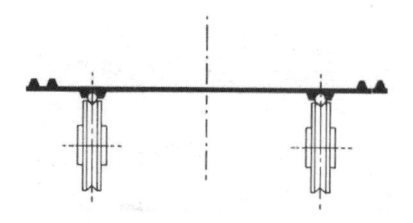

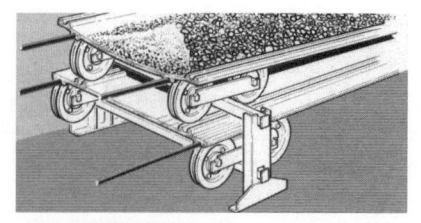

Fig. 5.31 Cable belt

Essa solução revelou-se muito inteligente e ampliou consideravelmente o escopo que tinha em vista inicialmente. Hoje é a solução padrão para todos os transportadores de longa distância, e, em especial, mostrou-se adequada para traçados com curvas horizontais, impossíveis de serem feitas com correias convencionais.

5.4.2 Transportadores tubulares

Outro desenvolvimento recente, esse transportador fecha completamente a correia, ao formar um tubo que se abre no ponto de descarga. A transição da seção plana para a tubular é gradativa. Nessa configuração de tubo, o transportador é totalmente fechado, não perde finos nem recebe umidade da chuva e pode fazer curvas horizontais e verticais, bem como utilizar inclinações maiores que os transportadores convencionais.

A Fig. 5.32 mostra esse transportador, a Fig. 5.33 mostra uma seção típica e a Fig. 5.34, a transição da seção plana para seção circular.

Fig. 5.32 Transportador tubular

5.4.3 Transportadores-sanduíche

Os transportadores-sanduíche usam duas correias para prender o material entre elas e transportá-lo até mesmo na vertical (Figs. 5.35 e 5.36). Eles são muito úteis em britagens dentro da mina, para vencer os desníveis da cava e em situações em que não haja espaço para trechos inclinados de transportadores convencionais. São utilizados também em instalações embarcadas de britagem e peneiramento.

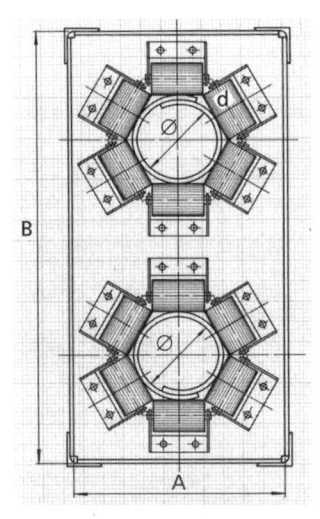

Fig. 5.33 Seção típica de um transportador tubular

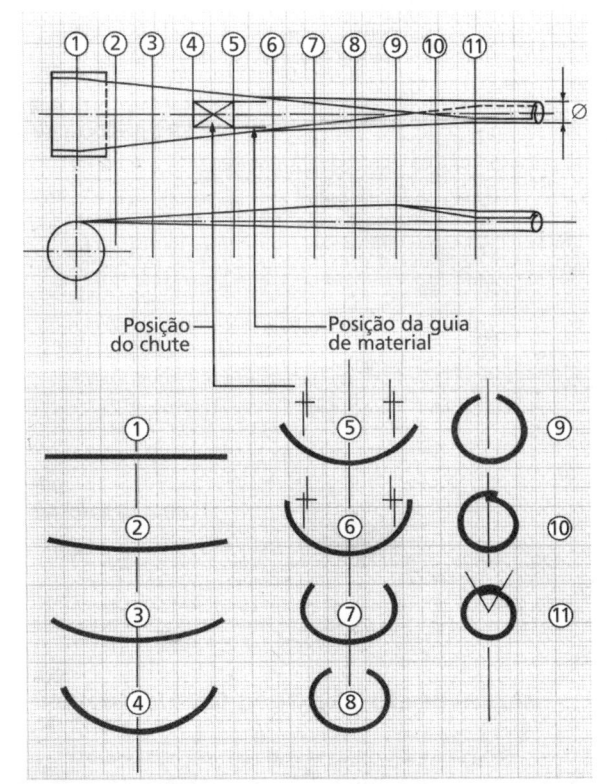

Fig. 5.34 Transição da seção plana para a seção circular de um transportador tubular

5.4.4 Outros transportadores fechados

Essas ideias foram apropriadas por outros projetos e geraram desenvolvimentos interessantes, como o mostrado na Fig. 5.37.

Fig. 5.35 Transportador-sanduíche

5.4.5 Transportadores móveis

Em frentes de lavra, tanto subterrâneas quanto a céu aberto, o uso de transportadores móveis, que acompanham a frente de lavra, é muito conveniente e efetivo para minimizar os custos de transporte. Estes transportadores precisam ser leves e muito robustos para suportar a movimentação diária.

5.4.5 Ropecon (Bulk Solids Handling, 2008; Pillischammer; Trieb; Flebbe, 2002)

Esse sistema é a feliz junção da tecnologia de transporte por teleféricos com o transporte contínuo em transportadores de correia. Ele foi desenvolvido por uma empresa austríaca, tradicional fabricante de teleféricos, e a sua grande vantagem sobre o transportador de correia convencional consiste em poder transpor acidentes geográficos com enorme facilidade. Vantagens adicionais são a minimização do impacto ambiental, uma vez que o transportador não é apoiado no solo, e o fato de que o transportador é mais leve, consome menos energia e exige menos manutenção, por razões que ficarão evidentes ao longo do texto.

Fig. 5.36 Transportador-sanduíche elevando na vertical

Fig. 5.37 Outros modelos de transportadores fechados

A grande limitação do equipamento é não poder fazer curvas horizontais. Na vertical, trabalha acomodado em sua catenária, o que é uma desvantagem para terrenos planos, pois os pilares de sustentação precisariam ser muito altos para absorver a "barriga" da catenária. Já para terrenos acidentados, isso não é uma limitação.

A correia tem abas laterais corrugadas. Ela corre apoiada em barras, que são os eixos de polias que, por sua vez, correm sobre cabos tracionados. Há dois conjuntos de cabos, superior (transporte) e inferior (retorno). Eventualmente pode haver um terceiro conjunto de cabos, por onde passa um carro de inspeção e manutenção. Um quadro rígido mantém, os intervalos, os cabos na sua posição e dá rigidez ao sistema.

Na casa de transferência e na viração da correia, as roldanas que suportam os eixos desengatam-se dos cabos e passam a correr sobre trilhos.

A correia transporta o material e é tracionada por tambores de cabeça e de pé. Os cabos que a suportam são fixos e pendem de torres de sustentação. O perfil do transportador é, portanto, uma catenária. As correias são de borracha com alma de aço ou de poliéster/poliamida. São, portanto, muito resistentes e suportam tensões que permitem cobrir distâncias muito longas, até 20 km, segundo o fabricante.

A correia forma, portanto, uma bandeja, de modo que a capacidade de transporte é aumentada em relação ao transportador convencional. Isso também contribui para diminuir o arraste pelo vento (se necessário, o transportador pode ser coberto). No retorno, a correia é virada, de modo que o derramamento de minério aderido à correia é praticamente nulo.

O transportador rola sobre polias de poliamida de alta resistência à radiação ultravioleta e baixo coeficiente de atrito. Como não há roletes, o sistema é mais leve, silencioso, não perde energia por atrito contra os roletes e, em consequência, demanda menos manutenção.

A manutenção é feita na extremidade de carga ou, então, pelo carro de inspeção e manutenção. Consequentemente, os passadiços não são necessários.

5.5 Seleção de transportadores de correia

Nas páginas que se seguem estão reproduzidas as Tabs. 5.4 a 5.10, necessárias para a seleção e o dimensionamento de transportadores de correia. A utilização dessas tabelas ficará clara com a resolução de exercícios.

Tab. 5.4 CAPACIDADE DE TRANSPORTADORES DE CORREIA – m³/h A 1 m/s

Rolos	α	16"	20"	24"	30"	36"	42"	48"	54"	60"	72"	84"
Planos β = 0°	5	4	7	10	17	25	35	44	59	74	108	153
	10	10	16	25	40	59	82	100	140	174	254	369
	15	15	26	39	63	93	129	163	219	272	397	569
	20	21	35	52	85	125	173	218	293	365	532	777
	25	26	44	66	107	158	219	266	371	461	673	948
	30	32	53	80	130	192	265	334	449	559	815	1021
2 rolos β = 20°	0	35	47	58	95	141	197	261	335	418		
	5	40	55	69	114	169	236	313	401	500		
	10	45	63	82	134	199	277	367	470	586		
	15	51	70	94	154	228	318	424	539	672		
	20	56	78	107	174	258	359	476	609	759		
	25	62	86	120	196	290	402	533	682	849		
	30	68	95	133	217	321	445	590	755	940		

Tab. 5.4 continuação

Rolos	α	16"	20"	24"	30"	36"	42"	48"	54"	60"	72"	84"
	0	–	–	93	152	226	314	417	535	666	977	1341
	5	–	–	103	169	250	348	462	592	738	1078	1486
3 rolos	10	–	–	114	186	276	384	509	652	812	1186	1631
β = 35°	15	–	–	125	204	302	419	556	711	885	1296	1779
	20	–	–	135	221	328	455	603	772	961	1403	1929
	25	–	–	147	240	355	492	652	835	1040	1517	2083
	30	–	–	158	258	382	530	702	898	1118	1631	2242
	0	–	–	109	179	265	369	490	627	782	1143	1572
	5	–	–	118	194	287	399	529	678	845	1233	1697
3 rolos	10	–	–	128	209	309	430	570	729	909	1326	1822
β = 45°	15	–	–	137	224	331	460	610	780	972	1419	1950
	20	–	–	147	239	354	492	651	833	1038	1514	2079
	25	–	–	157	255	378	524	694	888	1106	1613	2212
	30	–	–	166	271	401	556	737	942	1173	1711	2349

Nota: β = inclinação dos rolos, α = ângulo de acomodação do material
Fonte: Goodyear (s.n.e.).

Tab. 5.5 Perda de capacidade por causa da inclinação

γ	0	2	4	6	8	10	12	14	16	18	20	21	22	23	24
Fator	1	1	0,99	0,98	0,97	0,95	0,93	0,91	0,89	0,85	0,81	0,78	0,76	0,73	0,71

Nota: γ = inclinação do transportador (°).
Fonte: Goodyear (s.n.e.).

Tab. 5.6 Tamanho das partículas x largura da correia

	Tamanho da maior partícula									
	α = 10°				α = 20°				α = 30°	
	90% grossos 10% finos		só grossos		90% grossos 10% finos		só grossos		90% grossos 10% finos		só grossos	

	mm	pol	mm	pol	mm	pol	mm	pol	mm	pol	mm	pol
16"	203	8	135	5 5/16	135	5 5/16	81	3 3/16	67	2 5/8	40	1 9/16
20"	254	10	171	6 ¾	171	6 ¾	102	4	84	3 5/16	51	2
24"	305	12	203	8	203	8	127	5	102	4	61	2 3/8
30"	381	15	254	10	254	10	157	6 3/16	127	5	76	3
36"	457	18	305	12	305	12	191	7 ½	152	6	92	3 5/8

Tab. 5.6 continuação

	Tamanho da maior partícula									
	α = 10°			α = 20°			α = 30°			
	90% grossos 10% finos		só grossos		90% grossos 10% finos		só grossos		90% grossos 10% finos		só grossos	
	mm	pol	mm	pol	mm	pol	mm	pol	mm	pol
42"	533	21	356	14	356	14	222	8 ¾	178	7	106	4 $^{3}/_{16}$
48"	610	24	406	16	406	16	254	10	203	8	120	4 ¾
54"	686	27	457	18	457	18	289	11 $^{3}/_{8}$	229	9	137	5 $^{3}/_{8}$
60"	762	30	508	20	508	20	324	12 ¾	254	10	152	6
66"	838	33	559	22	559	22	256	14	279	11	168	6 $^{5}/_{8}$
72"	914	36	610	24	610	24	381	15	305	12	183	7 $^{3}/_{16}$
78"	991	39	660	26	660	26	416	16 $^{3}/_{8}$	330	13	203	8
84"	1067	42	711	28	711	28	451	17 ¾	356	14	219	8 $^{5}/_{8}$
90"	1143	45	762	30	762	30	483	19	381	15	241	9 ½
96"	1219	48	813	32	813	32	508	20	406	16	254	10

Nota: α = ângulo de acomodação do material
Fonte: Goodyear (s.n.e.).

Tab. 5.7 VELOCIDADES MÁXIMAS RECOMENDADAS (m/s)

Largura da correia (pol)	Cereais e outros materiais de escoamento fácil, não abrasivos	Carvão, terra, minérios desagregados, pedra britada fina e pouco abrasiva	Minérios e pedras duros, pontiagudos, pesados e muito abrasivos
16	2,5	1,6	1,6
20	3,0	2,0	1,8
24	3,0	2,5	2,3
30	3,6	3,0	2,8
36	4,1	3,3	3,0
42	4,1	3,6	3,0
48	4,6	3,6	3,3
54	5,1	3,6	3,3
60	5,1	3,6	3,3
66	–	4,1	3,8
72/84	–	4,1	3,8

Fonte: Goodyear (s.n.e.).

5 Transportadores de correia   269

Tab. 5.8 POTÊNCIA (HP) PARA ELEVAR OU DESCER 100 t/h DE MATERIAL DE UMA ALTURA h (m)

h (m)	2	3	5	7,5	10	12,5	15	177,5	20	22,5	25	27,5	30
HP	0,8	1,2	1,9	2,8	3,7	4,7	5,6	6,5	7,4	8,4	9,3	10,2	11,1

Fonte: Manual Goodyear de Transportadores de Correia.

Tab. 5.9 POTÊNCIA (HP) PARA ACIONAR O TRANSPORTADOR VAZIO A 1 m/s

Largura da correia	Comprimento do transportador (m)										
(")	10	15	20	25	30	40	50	60	70	80	90	100	110
16	0,37	0,47	0,54	0,61	0,70	0,80	0,90	1,01	1,10	1,20	1,31	1,42	1,53
20	0,045	0,55	0,64	0,72	0,81	0,95	1,09	1,20	1,32	1,43	1,54	1,67	1,80
24	0,57	0,70	0,83	0,91	1,01	1,20	1,33	1,52	1,67	1,80	1,92	2,06	2,19
30	0,69	0,81	0,97	1,10	1,22	1,44	1,66	1,83	2,04	2,19	2,39	2,55	2,71
36	0,75	0,94	1,08	1,23	1,35	1,58	1,80	2,03	2,24	2,45	2,64	2,84	3,03
42	0,85	1,01	1,22	1,39	1,54	1,80	2,04	2,28	2,52	2,76	2,95	3,17	3,38
48	1,02	1,20	1,32	1,64	1,80	2,13	2,40	2,71	2,98	3,23	3,48	3,74	4,00

Fonte: Goodyear (s.n.e.).

Tab. 5.10 POTÊNCIA (HP) PARA VENCER O ATRITO DAS GUIAS LATERAIS A 1 m/s

Comprimento (m)	5	10	20	25	30	35	40	45	50	55	60	65	70
HP	0,60	4,26	2,52	3,18	3,84	4,56	5,28	6,00	6,72	7,38	8,10	8,88	9,60

Fonte: Goodyear (s.n.e.).

Exercícios resolvidos

5.1 Devem ser transportadas em transportador de correia 1.000 t/h de basalto a -6", escalpadas dos finos. Qual o transportador escolhido?
Dados: ângulo de acomodação $\alpha = 20°$, densidade aparente = 1,8 t/m³.

Vazão volumétrica = 1.000/1,8 = 555,6 m³/h.

Conforme Tab. 5.6: $\alpha = 20°$, 100 % de grossos, -6" ⇒ largura mínima = 30"

Velocidade admissível (Tab. 5.7) material abrasivo, 30", pedra britada fina ⇒ v = 2,8 m/s.

Conforme Tab. 5.4: capacidades a 1 m/s para α = 20°, 30":

β	Q (m³/h)	v necessária (m/s)	Comentários
0°	85	6,5 (>2,8)	Velocidades muito altas
20°	174	3,2 (>2,8)	
35°	221	2,5 (<2,8)	Servem. Adotado 30", β = 35°, v = 2,5 m/s
45°	239	2,3 (<2,8)	

5.2 O que acontece com o transportador do problema anterior se o layout exige uma inclinação de 20°?

γ = 20°, Tab. 5.5 ⇒ $k = 0{,}81$.
Então, $v = 2{,}5 / 0{,}81 = 3{,}1$ m/s ⇒ $v > v_{máx} = 2{,}8$ m/s.

É preciso escolher uma correia mais larga ou aumentar o ângulo dos roletes.

Se for aumentado o ângulo dos roletes, 30", β = 45°, $v = 2{,}3 / 0{,}81 = 2{,}84$ m/s. A velocidade ainda está maior que a velocidade limite!

Então, deve-se escolher uma correia mais larga, de 36".
Para entrar na Tab. 5.4, será usado Q = 555,6 / 0,81 = 685,2 m³/h.
Conforme Tab. 5.4: capacidades a 1 m/s para α = 20°, 30":

β	Q (m³/h)	v necessária (m/s)	Comentários
0°	125	5,5	Velocidade muito alta
20°	258	2,7	
35°	328	2,1	Servem
45°	354	1,9	

A Tab. 5.7 informa que, para 36", $v_{máx} = 3{,}0$ m/s. Então, pode-se escolher 36", β = 20°, $v = 2{,}7$ m/s.

5.3 Devem ser transportadas em transportador de correia 200 t/h de carvão antracitoso a -8", elevando-o. Qual o transportador escolhido?

Como o enunciado não informa as propriedades do material, os dados podem ser procurados em Fábrica de Aço Paulista (1978, p. 14.16). Encontra-se:

Densidade aparente = 0,9 a 1,0 t/m³ ⇒ Q = 200/0,9 = 222,2 m³/h.

$\alpha' = 27°$

$\gamma \leq 16°$

Classificação do material = C26, o que significa: granular, escoamento fácil, α' entre 20 e 30°, abrasivo.

$\alpha = \alpha' - (10 \text{ a } 15°) = 27 - (10 \text{ a } 15°) = 17 \text{ a } 12°$ - adotado 15°.

Conforme Tab. 5.6, $\alpha = 15°$, -8". É preciso interpolar: a largura necessária será ≥ 20".

Conforme Tab. 5.5, como não é mencionada a inclinação, adota-se a máxima admissível, $\gamma = 16°$

⇒ $k = 0,89$.

A partir da Tab. 5.4, cujas capacidades são para 1,0 m/s, considerando $\alpha = 15°$ e correia de 24":

β	Horizontal (v)	Inclinada de 16° (v' = v / 0,89)
0°	5,7	6,4
20°	2,4	2,7
35°	1,8	2,0
45°	1,6	1,8

$v_{máx} = 2,5$ m/s ⇒ 35° e 45° atendem. Adotado transportador de 24", 35°, $v = 2$ m/s.

5.4 750 t/h de cascalho lavado e bitolado -8+6" devem ser elevados 20 m em transportador de correia. Qual o transportador escolhido e qual a sua geometria?

Como o enunciado não informa as propriedades do material, é necessário procurá-las em Fábrica de Aço Paulista (1978, p. 14.06). Encontra-se:

Densidade aparente = 1,6 t/m^3 ⇒ Q = 750/1,6 = 469 m^3/h.
α' = 23° ⇒ α = 23 - (10 a 15°) = 13 a 8° - adotado 10°.
λ ≤ 18°
Classificação do material = D17, o que significa: escoamento fácil, α' < 20°, muito abrasivo.

Conforme Tab. 5.4: α = 10°, material -8", isento de finos (+6"): largura mínima = 24".
Conforme Tab. 5.6: 24", material muito abrasivo: $v_{máx}$ = 2,3 m/s.
Conforme Tab. 5.5: λ ≤ 18° ⇒ k = 0,85 ⇒ Q' = 469/0,85 = 551,8 m^3/h.
Conforme Tab. 5.4: capacidades a 1 m/s, α = 10°, 24", λ = 18°:

β	Q (m^3/h)	v necessária (m/s)	
0°	25	22,1	
20°	82	6,7	Velocidades muito altas
35°	114	4,8	
45°	128	4,3	

Precisa-se aumentar a largura da correia - 30".
Conforme Tab. 5.4: capacidades a 1 m/s, α = 10°, 24", λ = 18°:

β	Q (m^3/h)	v necessária (m/s)	
0°	40	13,8	Velocidades muito altas
20°	134	4,1	
35°	186	3,0	Servem
45°	200	2,6	

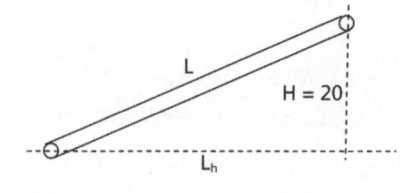

A geometria do transportador será:
H / L_h - tg 18° = 0,32
L_h = 20 / 0,32 = 61,6 m
$L^2 = H^2 + Lh^2 = 20^2 + 61,6^2$
L = 64,7 m

5.5 Qual a potência necessária para acionar o transportador escolhido no exercício anterior?

A potência necessária para acionar um transportador de correia é dada por:

$$N_c = v(N_v + N_g) + \frac{Q}{100}(N_1 \pm N_h)$$

onde:

N_e é a potência total (efetiva) necessária, em HP;

N_v é a potência necessária para acionar o transportador vazio à velocidade de 1 m/s, dada pela Tab. 5.11;

N_1 é a potência necessária para deslocar 100 t/h de material, na horizontal, na distância L dada pela Tab. 5.12;

N_h é a potência necessária para elevar ou descer 100 t/h de material de uma altura H, dada pela Tab. 5.13;

N_g é a potência necessária para vencer o atrito das guias laterais à velocidade de 1 m/s, dada pela Tab. 5.14. Se o comprimento das guias for menor que 5 m, essa parcela pode ser desprezada.

Tab. 5.11 Potência necessária para acionar o transportador vazio a 1 m/s (HP), N_v

β	Comprimento do transportador (L em m)										
(")	10	15	20	25	30	40	50	60	70	80	90	100	110
16	0,37	0,47	0,54	0,61	0,70	0,80	0,90	1,01	1,10	1,20	1,31	1,42	1,53
20	0,45	0,55	0,64	0,72	0,81	0,95	1,09	1,2	1,32	1,43	1,54	1,67	1,80
24	0,57	0,70	0,83	0,91	1,01	1,20	1,33	1,52	1,67	1,80	1,92	2,06	2,19
30	0,69	0,81	0,97	1,10	1,22	1,44	1,66	1,83	2,04	2,19	2,39	2,55	2,71
36	0,75	0,94	1,08	1,23	1,35	1,58	1,80	2,03	2,24	2,45	2,64	2,84	3,03
42	0,85	1,01	1,22	1,39	1,54	1,80	2,04	2,28	2,52	2,76	2,95	3,17	3,38
48	1,02	1,20	1,32	1,64	1,80	2,13	2,40	2,71	2,98	3,23	3,48	3,74	4,00

Tab. 5.12 Potência necessária para deslocar 100 t/h de material, na horizontal, na distância L (HP), N_1

H (m)	2	3	5	7,5	10	12,5	15	17,5	20	22,5	25	27,5	30
N_h (HP)	0,8	1,2	1,9	2,8	3,7	4,7	5,6	6,5	7,4	8,4	9,3	10,2	11,1

Tab. 5.13 Potência necessária para elevar ou descer 100 t/h de material de uma altura H (HP), N_h

L (m)	10	15	20	25	30	40	50	60	70	80	90	100	110
N_1 (HP)	0,50	0,63	0,74	0,81	0,95	1,11	1,25	1,42	1,50	1,64	1,75	1,87	2,05

Tab. 5.14 POTÊNCIA NECESSÁRIA PARA VENCER O ATRITO DAS GUIAS LATERAIS À VELOCIDADE DE 1 m/s, N_g

Compr. (m)	5	10	20	25	30	35	40	45	50	55	60	65	70
N_g (HP)	0,60	1,26	2,52	3,18	3,84	4,56	5,28	6,00	6,72	7,38	8,10	8,88	9,60

No exercício anterior, foi escolhido um transportador de correia de 30", com roletes inclinados de 45°, operando à velocidade de 2,6 m/s. Seu comprimento é de 64,7 m (entre eixos dos tambores) e sua elevação é de 20 m. Q é de 750 t/h.

Da Tab. 5.11, interpolando entre 60 e 70 m para a correia de 30", encontra-se N_v = 1,94 HP como potência necessária para acionar esse TC à velocidade de 1 m/s.

Da Tab. 5.12, interpolando novamente, encontra-se N_1 = 1,46 HP como potência necessária para deslocar 100 t/h de material.

Da Tab. 13 encontra-se que, para elevar 100 t/h de 20 m, serão necessários N_h = 7,4 HP.

Para a Tab. 5.14, admite-se o comprimento (arbitrário) de 5 m, que corresponde à potência consumida N_g de 0,6 HP.

Substituindo esses valores na fórmula, encontra-se:

$$N_c = 2,6 \,(1,94 + 0,6) + \frac{750}{100}\,(1,46 + 7,4) = 73,05 \text{ HP}$$

Essa é a potência efetiva no eixo do tambor acionador. As perdas na transmissão e na redução entre motor, redutor e acionamento são consideráveis, além das perdas mecânicas no transportador e a perda elétrica. Considerando que essas perdas cheguem a 20%, a potência que o motor deverá fornecer será 73,05/(1 - 0,2) = 91,3 HP, o que leva a se recomendar um motor de 100 HP.

Referências bibliográficas

ALLIS MINERAL SYSTEMS - FÁBRICA DE AÇO PAULISTA. *Manual de britagem Faço*. 5. ed. Sorocaba: Allis Mineral Systems, 1994.

FÁBRICA DE AÇO PAULISTA - STEPHENS-ADAMSON INC. *Manual de transportadores contínuos*. 2. ed. Sorocaba: Faço, 1978.

GOODYEAR. *Manual Goodyear de transportadores de correia*, s.n.e.

SCHULTZ, G. A. Belt conveyors. In: KULWIEC, R. A. (Ed.). *Materials handling handbook*. Nova York: John Wiley & Sons, 1985. cap. 23.

6 Amostragem

Arthur Pinto Chaves
José Renato Baptista de Lima

A revisão que se passa a apresentar se resume à amostragem em circuitos de processamento de minérios e minerais industriais. Não se refere à amostragem de jazidas, de pilhas, de vagões ou caminhões, mas resume-se aos limites da usina. Os fundamentos teóricos da amostragem são objeto do próximo capítulo.

6.1 Conceitos fundamentais

Universo é um conjunto fechado, ou seja, perfeitamente definido por meio de uma regra de formação. Na indústria mineral, pode-se definir universo pela massa de material contido num balde, numa pilha ou num silo; a quantidade de material presente instantaneamente dentro de um moinho ou de uma célula de flotação; o material contido numa bancada, numa mina ou todo o material contido numa região definida, ou mesmo a produção duma usina durante um ano. A população é tão grande ou tão pequena quanto é o interesse para o estudo específico.

Amostra é uma parte da população (de partículas, no nosso caso) que deveria representar toda a população, isto é, ter as mesmas características – de teor, granulometria, cor, umidade ou quaisquer outros atributos – que ela, dentro de um intervalo de precisão preestabelecido e acurácia. Observe-se que se pode desejar representar apenas uma única característica de interesse específico para aquela necessidade que se tem em vista: uma amostra retirada de um fluxo e, a seguir, finamente moída pode representar perfeitamente – sempre dentro de uma certa precisão – o teor do minério; porém, pode não representar a sua granulometria, pois esta foi alterada. Assim, tanto o tamanho da amostra como a sua retirada e a forma como ela será tratada dependerão da(s) propriedade(s) que interessa(m) para o estudo específico que se tem em vista.

Amostragem é o processo de tomar amostras. Recomenda-se evitar a expressão "coletar amostras". Segundo os bons dicionários, o verbo coletar só é usado com o sentido de recolher quando se trata de esmolas ou contribuições. Além disso, no jargão de mineração, ele tem um sentido técnico muito preciso, que é o da adsorção, específica ou não, de um coletor na superfície de uma espécie mineral na separação por flotação.

A amostragem de uma população qualquer pode ser feita apenas de duas maneiras:

♦ *por incrementos* – o amostrador anda ao longo da população (ou a faz andar em frente a si) e, a intervalos de tempo ou de percurso, iguais ou não, toma uma amostra incremental (ou incremento), isto é, um elemento amostral que será juntado aos demais incrementos para constituir a amostra final. Engano comum é achar que a soma das massas do incremento, se maior que a amostra mínima, seja uma amostra representativa. O correto é que cada retirada (incremento) seja uma amostra representativa e, depois, a soma destas seja homogeneizada e, então, reduzida;

♦ *por fracionamento* – o amostrador parte de toda a população e a fraciona em duas ou mais partes iguais, ou não – por exemplo, por padejamento alternado ou usando um divisor Jones. Resultam duas ou mais amostras reduzidas, das quais uma será sucessivamente reduzida pelo mesmo método, até chegar-se à amostra final. As amostras reduzidas são frequentemente chamadas de alíquotas. Nesse caso, da mesma forma, a alíquota final obtida deverá ter uma massa igual ou maior que a massa mínima representativa; caso contrário, esta não será uma amostra representativa.

As Figs. 6.1 e 6.2 esquematizam as duas maneiras de se obter uma amostra de uma população.

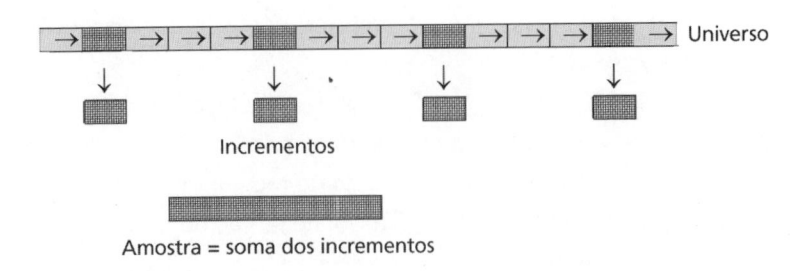

Fig. 6.1 Amostragem por incrementos

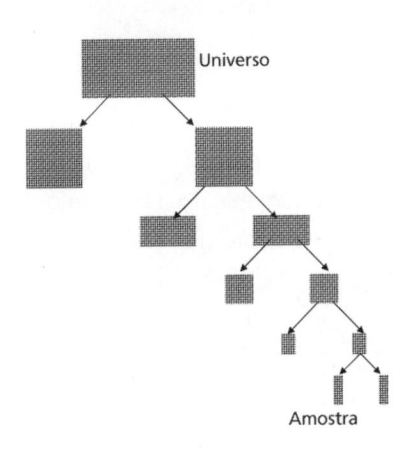

Fig. 6.2 Amostragem por fracionamento

Amostra representativa é, portanto, aquela cujos elementos representam a população que lhe deu origem, de acordo com critérios estatísticos. Logo, submetidas ambas as populações de partículas, a da amostra e a da população inicial, a um teste do t de *Student* ou do qui-quadrado, por exemplo, as duas populações devem coincidir dentro de um nível de precisão preestabelecido, o que implica precisão e acurácia. Nesse conceito, o termo muito usado, inclusive aqui, "amostra representativa", seria redundante, pois a definição de amostra exige que esta seja representativa.

A representatividade de uma amostra pode ser prejudicada por vários *erros de amostragem*, como:

- *erro fundamental de amostragem* – sempre haverá alguma diferença entre um parâmetro qualquer de toda a população e o mesmo parâmetro de qualquer amostra, exceto se a amostra for todo o universo. Em outras palavras, a amostra nunca será igual ao universo pela simples razão de ela não ser ele. Esse erro não pode ser eliminado, razão de ser chamado de erro fundamental. Assim, qualquer amostra menor que o universo conterá um erro intrínseco. Em princípio, quanto maior for a amostra, menor será o erro. Como, em geral, as amostras são muito menores que o universo que representam, existirá uma massa mínima capaz de representar o universo dentro de um erro aceitável. Assim, para um erro máximo admissível, haverá uma massa mínima capaz de representar estatisticamente uma população. Amostras inferiores a esse mínimo padecem da impossibilidade estatística de representar a população dentro da representatividade determinada.

Além desse erro, que sempre estará presente, outros erros podem existir, como:

- ◆ *erro de primeira espécie* – aceitar como representativa uma amostra (ou um incremento) falsa; por exemplo: aceitar um balde de resíduos que se confundiu com um balde contendo amostras;
- ◆ *erro de segunda espécie* – rejeitar como falso um incremento (ou amostra) verdadeiro; por exemplo: recusar um balde de amostras achando que ele não pertence ao conjunto pelo simples fato de ter tamanho ou cor diferente dos demais;
- ◆ *erro de operação* – erro decorrente do mau desempenho, incompetência ou mesmo de má-fé do operador; por exemplo, recolhendo fragmentos de modo a "salgar" a amostra (acidental ou propositadamente) ou não cortando toda a seção de um fluxo (amostrar apenas parte desse luxo);
- ◆ *erro de segregação* – decorrente da segregação granulométrica ou densitária, ou, ainda, da perda seletiva de frações específicas da amostra (finos, lamas, frações mais leves); por exemplo, amostrando somente as fraldas de uma pilha ou perdendo finos arrastados pelo vento;
- ◆ *erro de integração* – atribuir igual importância a incrementos representativos de massas ou volumes diferentes;

por exemplo, tomar um incremento representativo de 2 horas de operação e misturá-lo a outro, representativo de 6 horas de operação, mas de mesma massa. Numa usina alimentada com um fluxo oriundo de duas minas independentes, com contribuições (vazões) diferentes, usar massas iguais para as amostras das duas alimentações ao compor a amostra da alimentação da usina.

Uma descrição detalhada e conceitualmente mais rigorosa dos tipos de erros que contribuem para o erro total da estimativa é apresentada no próximo capítulo.

Do ponto de vista prático e operacional, os erros ainda precisam ser divididos em dois outros conjuntos, quais sejam, os *erros aleatórios* e os *erros sistemáticos*.

Define-se erro aleatório como aquele que acontece de forma aleatória e imprevisível, como, por exemplo, pela troca de etiquetas, pela perda de uma amostra ou de parte dela, derramada de dentro dum balde ou duma bandeja, pela anotação trocada de um resultado. Tais erros podem e costumam ocorrer e são inevitáveis. Provocam grande impacto sobre um pequeno conjunto de amostras e podem resultar na perda de toda uma campanha de amostragem. No entanto, se tratados por um longo período de tempo ou dentro de uma campanha de amostragem muito extensa, seu efeito tende a diluir-se.

Erros sistemáticos são aqueles que ocorrem de forma contínua e sempre na mesma direção, como, por exemplo, em razão de instrumentos descalibrados (como uma balança que sempre registra massas menores que as reais), de operadores destreinados ou de métodos incorretos, que provocam um erro sempre na mesma direção (por exemplo, um técnico que executa ensaios de flotação de bancada e não recolhe toda a espuma). Esse tipo de erro provoca resultados incorretos que não tendem a diluir-se, e apenas pioram conforme o tempo passa.

Erros aleatórios são inevitáveis e, por isso, a única alternativa é procurar reduzir a sua ocorrência e aprender a conviver com eles.

Erros sistemáticos, no entanto, precisam ser eliminados. Não se pode conviver com eles, pois sua ação piora à medida que o tempo passa.

Para reduzir os erros aleatórios, devem ser tomadas providências no sentido de treinar e motivar a equipe de amostragem e preparação das amostras, manter atenção e controle sobre os processos de amostragem e não sobrecarregar os operadores, pois estes, ao trabalhar sob pressão, cometerão mais erros. Devem-se, ainda, selecionar pessoas metódicas e de temperamento calmo, e evitar funcionários apressados ou desatentos.

Para eliminar os erros, os instrumentos precisam ser calibrados periodicamente, deve-se treinar a equipe e conferir frequentemente os métodos de amostragem, de preparação e das análises laboratoriais, mantendo-se convênios com outros laboratórios para a verificação cruzada de resultados.

Dois aspectos precisam, portanto, ser enfatizados para uma amostragem correta: instrumentos e operadores.

A amostragem deve ser, sempre que possível, feita por equipamentos automáticos, que não se cansam, não se distraem, não se frustram com os resultados da política ou do futebol. A amostragem manual, por princípio, deve ser sempre evitada, particularmente em atividades sistemáticas, como as executadas para o controle operacional de uma usina de beneficiamento. Esforços constantes devem ser feitos para introduzir, nas usinas existentes, sistemas automáticos de retirada. Por outro lado, cabe ressaltar a importância de que os novos projetos prevejam sempre sistemas automáticos de amostragem, ainda que não se pretenda instalá-los em um primeiro momento (por exemplo, por causa dos elevados investimentos de implantação da nova usina). Entretanto, se estiverem previstos no projeto, poderão ser instalados a qualquer momento. Se não existir essa previsão (reserva de espaço para os amostradores), será necessário um trabalho enorme de engenharia para adaptar sistemas, em locais muitas vezes restritos e de difícil acesso, para a manutenção e retirada das amostras recolhidas, sendo que, em muitos casos, essa adaptação torna-se virtualmente impossível.

Quanto aos operadores, uma das constatações mais frequentes é que os trabalhadores designados para a amostragem, em geral, são os mais novatos, destreinados e completamente alheios à importância do trabalho que fazem. Frequentemente são tratados com ironia pelos trabalhadores da produção, que os olham como pessoas que "vieram perder tempo" e dificultar o "bom andamento" da usina. Pressionados e, de certa forma, até humilhados, procuram fazer seu trabalho rapidamente para não atrapalhar os outros e estão sempre procurando mudar de posto, pois, como não têm noção da importância do que fazem, acreditam que serão os primeiros a ser dispensados em caso de crise.

Enquanto persistir essa situação, a amostragem será sempre feita de forma inadequada e não representativa. Para mudar essa realidade, a melhor forma é treinamento e conscientização. O trabalhador frequentemente treinado se mantém motivado e passa a entender a importância de seu trabalho. Portanto, uma vez que a amostragem não pode ser exclusivamente automática, da retirada à análise dos resultados, é fundamental manter os trabalhadores desse setor atentos, conscientizados da importância do trabalho que executam e motivados.

Considerando que nenhum trabalho técnico pode ser melhor que a amostra sobre a qual ele é feito, torna-se desnecessário enfatizar a importância desse tema no Tratamento de Minérios e no manuseio de sólidos granulados. Todos os erros podem e devem ser minimizados pela aplicação correta das técnicas de amostragem. Com o advento das ISO 9.000, o tema ficou ainda mais importante e o seu conhecimento tornou-se essencial para o profissional.

Smallbone (1979) informa que o custo da amostragem numa usina de concentração situa-se entre 3% e 4% do custo industrial.

6.2 Massa mínima da amostra representativa

Os livros de Estatística trazem todos os conceitos sobre amostra, universo, representatividade, modelos de distribuição estatística. Não será estendida essa discussão por não ser objetivo deste texto o ensino dessa disciplina.

6 Amostragem

A amostra, para ser representativa, deve ter uma massa mínima, como já ficou estabelecido. Parece intuitivo que essa massa mínima deva ser, de alguma forma, proporcional ao tamanho da maior partícula da população (amostras constituídas de partículas grosseiras exigem massas maiores que amostras de partículas finas para serem representativas). Da mesma forma, a homogeneidade textural do minério, a ocorrência ou não do "efeito pepita" (isto é, concentrações locais de determinada espécie mineral), e o fato de o minério ter teor muito baixo (caso dos minérios de ouro) também afetam a massa mínima da amostra representativa.

O efeito pepita pode ser entendido a partir da Fig. 6.3 (o seu conceito estatístico será apresentado no próximo capítulo). O bloco inicial tem 1 m³ de minério, é feito de areia (o mineral de ganga), exceto por uma pepita de ouro de 10 g. Seu teor, portanto, é de 10 g Au/m³. Se a amostragem o dividir em duas partes iguais, a pepita irá para uma delas. O seu teor aumentará para 20 g Au/m³ e o da outra parte (A) será 0 g Au/m³. Dividindo-se a amostra salgada outra vez, ela dará outras duas amostras, uma novamente com 0 g Au/m³ (B) e a outra, agora com 40 g Au/m³, e assim sucessivamente. Ainda que os melhores procedimentos de quarteamento tenham sido utilizados e a operação tenha sido feita pelos funcionários mais cuidadosos e conscientes, as amostras obtidas sempre serão viciadas e nenhuma delas representará corretamente o bloco inicial.

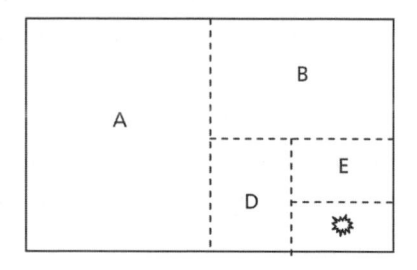

Fig. 6.3 Efeito pepita sobre a amostragem

6.2.1 Richards

Desde muito cedo, houve a preocupação de se conhecer essas massas mínimas representativas, principalmente para se poder comercializar lotes de minérios e concentrados. A Tab. 6.1, reproduzida de Brasil/DNPM (1984), que, por sua vez, a reproduz do

Taggart, constitui a famosa tabela de Richards, tradicionalmente utilizada na indústria mineral. *Spotty* significa o efeito pepita – "grande concentração de mineral minério em pontos preferenciais" (Brasil/DNPM, 1984). Essa tabela é totalmente empírica e traduz a prática comercial do começo do século XX nos EUA.

Fica evidente que, quando e conforme a massa da amostra é reduzida, durante o fracionamento, deve haver uma redução de tamanho associada à redução de massa. Portanto, à medida que a massa da amostra for reduzida, deve ser cominuída para manter as relações de representatividade. Correlações feitas sobre as massas da Tab. 6.1 com os tamanhos máximos de partícula indicam uma proporcionalidade ao cubo do diâmetro da maior partícula presente no lote.

Isso é factível quando se analisam, por exemplo, teores, umidade, densidade real. No entanto, se o parâmetro tamanho de grão ou a distribuição granulométrica da população for a variável ou uma das variáveis estudadas, não se pode realizar a redução de amostras a valores menores que a massa mínima. Outra constatação importante, conforme já citado, é que, em caso de amostragem incremental, cada incremento deverá ter a massa maior ou igual à massa mínima, resguardando-se sempre a possibilidade de reduzir o volume da amostra final por meio de uma técnica representativa de redução ("quarteamento"), porém a amostra final obtida após a redução da amostra composta pelos vários incrementos também deverá ter massa mínima maior ou igual ao mínimo determinado.

6.2.2 Pierre Gy

O mais interessante a respeito da "fórmula de Pierre Gy" é que não foi ele que a deduziu, e sim Barbèry. Pierre Gy fez um estudo estatístico exaustivo dos erros amostrais e calculou a variância resultante da soma de todos esses erros. A partir dessa equação, Barbèry deduziu a fórmula para o cálculo da massa mínima necessária para que uma amostra seja representativa.

Na literatura, há duas apresentações dessa fórmula.

Tab. 6.1 Massas mínimas de amostra segundo Richards (kg)

Diâmetro da maior partícula	Características do minério					
	Muito pobre ou muito uniforme	Pobre ou uniforme	Médio	Rico ou spotty	Muito rico ou exclusivamente spotty	Ouro
8"	9.600	32.000				
5"	3.800	12.500				
4"	2.400	8.000	40.000			
2"	600	2.000	10.000	26.000		5.000
1 ½"	350	1.150	5.500	14.000		2.500
1"	150	500	2.500	6.500		1.000
¾"	85	300	1.400	3.600		500
½"	35	125	600	1.600		200
¼"	10	30	150	400	14.000	100
6#	2,5	8,5	43	110	3.800	38
10#	0,5	2,0	11	30	900	18
14#	0,4	1,0	5	14	500	13
20#	0,2	0,5	3	7	250	5
28#	0,08	0,3	1,5	3,5	120	2
35#	0,04	0,2	0,7	1,7	60	0,5
48#	0,02	0,1	0,3	0,9	30	
65#	0,01	0,03	0,2	0,4	15	
100#	0,005	0,02	0,1	0,2	7,5	
150#	0,003	0,01	0,05	0,1	4	
200#	0,002	0,005	0,02	0,05		

Cooper (1985) faz uma excelente discussão dos aspectos teóricos e conceituais da amostragem. Não será dada ênfase na dedução da equação, que pode ser encontrada em Gy (1975) e Ottley (s.d.), mas apenas feita a sua apresentação:

$$M = C \times \frac{d^3}{s^2} \quad \text{(6.1)}$$

onde:

C é um parâmetro calculado a partir da característica do material que está sendo amostrado;
M é a massa da amostra mínima representativa, em gramas;
d é o tamanho da maior partícula do lote a ser amostrado, represen-

tado pela abertura da malha da peneira que permite a passagem de 95% da massa da amostra (d_{95}), expresso em centímetros;

$s = \dfrac{s(a)}{a}$ = desvio-padrão do teor dividido pelo teor (medida do erro fundamental relativo da amostragem, ou do erro que pode ser tolerado).

Pierre Gy introduz, portanto, uma variável adicional, que é a precisão desejada para o parâmetro a ser avaliado a partir da amostra.

Basicamente, a massa da amostra mínima representativa de um lote de minério cresce ao cubo com o diâmetro da maior partícula e é inversamente proporcional ao quadrado do erro relativo admissível. Quanto maiores as partículas, maior a amostra. Quanto menor o erro admissível, maior a amostra. O parâmetro de proporcionalidade reflete as características do minério ou concentrado que está sendo amostrado, função de todas as suas propriedades que afetam a amostragem.

Este parâmetro C, por sua vez, deve ser calculado por:

$$C = f \cdot g \cdot L \cdot c \qquad (6.2)$$

onde:

f = fator de forma, igual a 0,5 em praticamente todos os casos, exceto minérios de ouro, onde é igual a 0,2;
g = fator de distribuição de tamanhos de partículas, que geralmente tem um valor de 0,25, exceto para materiais estreitamente bitolados, quando g = 0,5;
L = fator de liberação, que assume valores entre 0 e 1. É função da relação entre o d_{95} da amostra e a malha e liberação (d_L), conforme L = $(d_L/d_{95})0,5$;
c = fator de composição mineralógica, que, por sua vez, deve ser calculado pela equação:

$$c = \dfrac{1-a}{a} \times [(1-a)r + at] \qquad (6.3)$$

onde r e t são as densidades médias do mineral de minério e do mineral de ganga; a é o teor do minério (não o teor do metal!) expresso em fração decimal (exemplo: 35% de hematita – não de ferro! – é 0,35).

Para um dado material com distribuição granulométrica constante, f, g e c tornam-se constantes. Dessa forma, C é uma característica intrínseca daquele material. Quando o tamanho máximo da partícula muda, C muda em função da variação de d/s e de L.

Existe uma régua de cálculo para o cálculo direto e expedito dessa fórmula (Fig. 6.4). Ela introduz algumas modificações dimensionais e simplificações, que são as seguintes:

- r e t são assumidos, respectivamente, por 5,0 e 2,6;
- a é expresso em mm acima de 1 mm e em µm abaixo desse valor.

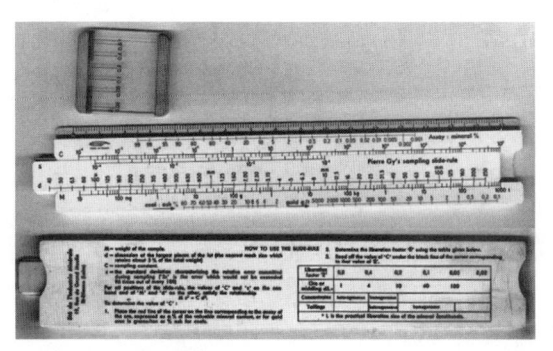

Fig. 6.4 Régua de cálculo de Pierre Gy

Para minérios de ouro, onde esse metal está liberado, a equação fica simplificada, considerando $c = r/a$, sendo r a densidade do ouro e a o teor da amostra, expresso em fração decimal (não em ppm, oz/t, g/t ou outro parâmetro usual).

Para carvões, a torna-se o teor de cinzas, r a densidade média das cinzas e t a densidade média do carvão.

A outra apresentação é feita por Nappier-Munn et al. (1996), baseados no trabalho original de Barbery (1982). Ela é expressa por:

$$M = \frac{f \rho d_m^3}{\theta^2 P} \qquad (6.4)$$

onde:

M = massa de amostra necessária (g);
f = fator de forma do material (0<f<1);
ρ = densidade do material (g/cm^3);
d_m = tamanho médio na faixa de interesse (cm);
θ = desvio-padrão do número de partículas naquela faixa de tamanho;
P = proporção de material esperado no tamanho maior (5%)(a variância θ^2 é essencialmente o erro fundamental).

O fator de forma $f = m / \rho d^3$. $f = 1$ para partículas planas, e a tende a 1 para partículas esféricas. Para a maioria dos minérios e carvão, 0,3 < f < 0,7, e 0,6 é uma boa aproximação, em princípio.

d_m^3 pode ser calculado (Barbery, 1982) como $(d_1^3 + d_2^3) / 2$, onde d_1 e d_2 são os tamanhos extremos da faixa. Essa faixa deve ser a maior fração, que dê 5% da massa. Note que é calculado o cubo do diâmetro médio.

$\theta = \varphi / z$, onde φ é a precisão desejada e z é o valor da medida (θ = precisão relativa), a saber:

Nível (%)	50	80	90	95	99	99,9
z	0,6745	1,2816	1,6449	1,9600	2,5758	3,2905

Um nível de confiança de 90% (z = 1,64) é usualmente adequado. A definição de θ é interpretada como segue: se a proporção de material esperado no tamanho maior é 5%, (P = 0,05) e busca-se a precisão de 10% com 90% de confiança, então θ = (10 / 100) / 1,64 = 0,061 e P = 5% ± 0,5% com 90% de confiança.

A principal diferença com a Eq. (6.1) reside no tamanho do fragmento máximo, que nela é o tamanho máximo da amostra. Aqui é a média aritmética dos diâmetros da fração granulométrica que retém 5% da amostra. A diferença resultante é pequena, mas conceitualmente importante.

Apresentam-se, ao final deste capítulo, como exercício, exemplos de cálculo de amostra mínima pelo método de Pierre Gy. Deve-se adotar esse método com cuidado, pois tende a calcular massas muito pequenas, uma vez que considera que os parâmetros como teores têm distribuições normais ou de Gauss. Isso é questionável, pois se sabe que a distribuição de tais parâmetros não segue necessariamente uma distribuição normal, mas frequentemente é mais bem descrita por uma distribuição geoestatística, ou seja, a posição (ou o momento da retirada da amostra, no caso de fluxos) interfere, sim, no parâmetro a ser estudado.

Assim, o valor da massa mínima de amostra obtido por esse método deve ser considerado com cautela, e um estudo da variância, adotando-se uma rotina de amostragem com diferentes volumes de amostra, é prática fortemente recomendável, principalmente na fase inicial, quando se prepara o estabelecimento da rotina de amostragem.

6.2.3 Normas

Existem normas elaboradas pelas principais entidades normatizadoras de diferentes países para a amostragem e redução de amostras dos materiais de maior importância econômica ou industrial: as NBR 8291 e 8292 da ABNT tratam da amostragem de carvão mineral e da sua preparação para análise. As NBR 7211 e 7225, de agregado para construção civil. Existem normas ASTM para amostragem de carvão e coque, normas JIS para amostragem de minérios de ferro etc. As mais importantes são as:

- ISO 3081, 3082, 3083, 3084, 3085, 3086, Dc4701 (provisória), todas referentes a minério de ferro. Existem "ISO *recommendations*" para outros materiais;
- JIS M8100, M8101, M8105, M8106, M8107, M8108; a JIS 8110 trata especificamente da amostragem de bauxita;
- BSA 735 e 1293;
- ASTM D2234, D431 e D2013.

Em outras situações, as amostras de produtos acabados são tomadas para acertar o preço de venda, mediante cláusulas contratuais (prêmio ou multa por teor, umidade, granulometria etc.). Geralmente esses contratos definem o procedimento para a tomada de amostras e sua preparação, o tamanho das amostras, o número de incrementos necessário, os tamanhos máximos de partícula em cada estágio de redução da amostra.

Muito frequentemente, os critérios aí definidos não batem com as normas nacionais ou com os critérios de Richards ou de Pierre Gy. Trata-se de uma condição comercial imposta por uma das partes e essa condição deve prevalecer, independentemente de seus méritos ou defeitos. Um exemplo é a norma ISO 3082/1987, que é a mesma BS 5660, para amostragem de minério de ferro. Ela leva em conta um parâmetro adicional, que é o tamanho do lote a ser representado. Considera também a homogeneidade do minério e garante a precisão de alguns parâmetros importantes: a granulometria, a umidade e o teor de ferro.

Essa norma pressupõe também que a amostragem seja totalmente automatizada, de modo que estabelece o número mínimo de incrementos para compor a amostra final, bem como a massa mínima de cada incremento.

A Tab. 6.2 estabelece o número mínimo de incrementos em função de:
- tamanho do lote (*mass of consignement*);
- homogeneidade do minério (*quality variation*).

Ela indica a precisão garantida para o parâmetro de interesse. Por exemplo, segundo as suas diretrizes, a amostra retirada para representar um lote de 80.000 t (entre 70.000 e 100.000 t) de um *sinter feed* de variabilidade média de qualidade, terá:
- 0,37% de erro nas medidas de teor de ferro e de umidade;
- 0,92% de erro na medida da quantidade de material -6,3 mm, na análise granulométrica.

6 Amostragem   291

A nota de rodapé da Tab. 6.2, na referida norma, explica que essa precisão pode ser relaxada ou apertada variando-se o número de incrementos. Se este for dobrado, o erro diminuirá de $1/e^2 = 0{,}71$. Se, ao contrário, o número de incrementos for reduzido à metade, o erro aumentará de $e^2 = 1{,}4$ (40%).

Tab. 6.2 NÚMERO MÍNIMO DE INCREMENTOS PARA DIFERENTES VARIABILIDADES

Variabilidade grande		Número de incrementos	Massa do lote (t)	Precisão (%)		
Acima de	Até e inclusive		%Fe, umidade	A	B	C
270.000		260	0,31	1,55	0,77	0,47
210.000	270.000	240	0,32	1,61	0,80	0,48
150.000	210.000	220	0,34	1,69	0,84	0,51
10.000	150.000	200	0,35	1,77	0,88	0,53
70.000	10.000	180	0,37	1,86	0,92	0,56
45.000	70.000	160	0,39	1,98	0,98	0,59
30.000	45.000	140	0,42	2,11	1,05	0,63
15.000	30.000	120	0,45	2,28	1,13	0,68
5.000	15.000	100	0,50	2,50	1,24	0,75
2.000	5.000	80	0,56	2,80	1,39	0,84
1.000	2.000	60	0,65	3,23	1,60	0,97
500	1.000	40	0,79	3,96	1,96	1,19
	500	30	0,91	4,65	2,27	1,37
Variabilidade média						
270.000		130	0,31	1,55	0,77	0,47
210.000	270.000	120	0,32	1,61	0,80	0,48
150.000	210.000	110	0,34	1,69	0,84	0,51
10.000	150.000	100	0,35	1,77	0,88	0,53
70.000	10.000	90	0,37	1,86	0,92	0,56
45.000	70.000	80	0,39	1,98	0,98	0,59
30.000	45.000	70	0,42	2,11	1,05	0,63
15.000	30.000	60	0,45	2,28	1,13	0,68
5.000	15.000	50	0,50	2,50	1,24	0,75
2.000	5.000	40	0,56	2,80	1,39	0,84
1.000	2.000	30	0,65	3,23	1,60	0,97

Tab. 6.2 Número mínimo de incrementos para diferentes
VARIABILIDADES (cont.)

Variabilidade média		Número de incrementos	Massa do lote (t)	Precisão (%)		
Acima de	Até e inclusive		%Fe, umidade	A	B	C
500	1.000	20	0,79	3,96	1,96	1,19
	500	15	0,91	4,65	2,27	1,37
Variabilidade pequena						
270.000		65	0,31	1,55	0,77	0,47
210.000	270.000	60	0,32	1,61	0,80	0,48
150.000	210.000	55	0,34	1,69	0,84	0,51
10.000	150.000	50	0,35	1,77	0,88	0,53
70.000	10.000	45	0,37	1,86	0,92	0,56
45.000	70.000	40	0,39	1,98	0,98	0,59
30.000	45.000	35	0,42	2,11	1,05	0,63
15.000	30.000	30	0,45	2,28	1,13	0,68
5.000	15.000	25	0,50	2,50	1,24	0,75
2.000	5.000	20	0,56	2,80	1,39	0,84
1.000	2.000	15	0,65	3,23	1,60	0,97
500	1.000	10	0,79	3,96	1,96	1,19
	500	8	0,88	4,42	2,21	1,33

Notas:
A = % -10mm de minérios -200 e -50 mm
B = % -6,3 mm de granulados -31,5+6,3 mm e % +6,3 mm de sinter feed
C = % -5 mm de pelotas e % -45 mm de pellet feed

A Tab. 6.3 mostra a massa desejada para os incrementos individuais, função do tamanho da partícula máxima. Distinguem-se a massa mínima exigida para cada incremento e a massa mínima para a média de todos eles.

6.3 Técnicas de redução de amostras

A literatura é pródiga na descrição de métodos de fracionamento ou redução de amostras. Tais métodos são impropriamente chamados de "quarteamento", o que somente seria certo se a amostra fosse dividida por 4. Pior ainda é a palavra "enquarta-

Tab. 6.3 MASSA DOS INCREMENTOS INDIVIDUAIS

Diâmetro da maior partícula (mm)		Massa dos incrementos (kg)	
Acima de	Até e incluindo	Mínima	Média
150	250	190	320
100	150	40	70
50	100	12	20
20	50	4	6,5
10	20	0,8	1,3
	10	0,3	0,5

mento". Segundo os bons dicionários, enquartar é a técnica de pecuária suína para fortalecer e engordar os quartos traseiros e produzir melhores pernis.

Conforme o próprio Pierre Gy (comunicação pessoal), apenas quatro métodos de redução de amostras são confiáveis: o da pilha prismática alongada, o do divisor de polpa, o do divisor Jones e o do padejamento alternado. Segundo ele, todos os demais, inclusive o célebre método do *cone and quartering*, normalizado pela ASTM, introduzem erros em maior ou menor extensão, razão pela qual devem ser evitados.

A pilha prismática alongada é construída com a mesma técnica do empilhamento *chevron*, descrita no Cap. 2, mediante sucessivas pilhas elementares. Tal pilha pode ser feita manualmente, com um balde e uma mesa ou outro piso apropriado; porém, algumas empresas usam sistemas formados por um pequeno silo, um alimentador, geralmente de correia, montados em um carro sobre trilhos. Assim, esse carro executa um movimento de vai-e-vem e monta uma pilha *chevron*. Tal prática é interessante quando se reduzem volumes muito grandes, trabalha-se com minérios muito grossos e/ou muito densos. Os equipamentos desse tipo andam a velocidade constante e o alimentador de correias é bastante preciso na distribuição da massa, oferecendo, assim, uma pilha de redução de amostra bastante confiável.

A montagem manual é a prática mais usada, conforme mostram as Figs. 6.5, 6.6 e 6.7. Existem, entretanto, requisitos para a sua construção correta, muitas vezes negligenciados na prática laboratorial:

- cada elemento de pilha deve ser construído no sentido oposto ao da construção do elemento anterior;
- ao chegar à extremidade da pilha, o derramamento do minério deve ser interrompido, o resto do minério dentro do balde, retornado ao lote inicial ou o balde deve ser completado para ser lançado, formando a próxima camada;
- concluída a construção da pilha, as extremidades devem ser retomadas e espalhadas sobre ela.

Fig. 6.5 Construção da pilha

O divisor de polpa é um equipamento semelhante ao esquematizado na Fig. 6.8, que é autoexplicativa. No dispositivo

Fig. 6.6 Extração da amostra

dessa figura, existe um agitador mecânico para manter a polpa em suspensão durante a sua divisão, bem como um sistema que mantém a mesa rodando a velocidade constante. Isso é muito importante para a divisão igualitária das alíquotas assim obtidas e, para evitar que as partículas minerais, que são sempre mais densas que a água, se depositem no fundo do divisor. Outros modelos injetam ar comprimido junto à descarga do alimentador para promover essa agitação. Essa prática, no entanto, deve ser evitada, pois as bolhas de ar, ao subir, tornam a descarga pelo funil errática, fazendo com que a distribuição de polpa não seja uniforme entre as canecas.

Deve-se tomar cuidado especial com o manuseio das canecas, pois estas são geralmente fabricadas em chapas finas de aço inoxidável para reduzir peso. Possuem uma aba na lateral que se sobrepõe à caneca do lado para evitar que o fluxo, quando cai do funil, extravase no espaço entre as canecas. Se estas forem manuseadas de forma descuidada, essas abas podem facilmente entortar e as canecas não mais se encaixarem adequadamente, ou, ainda, permitirem vazamento da polpa entre elas.

Fig. 6.7 Amostras extraídas

Fig. 6.8 Divisor rotativo de polpa

O divisor Jones (Fig. 6.9) é extensamente utilizado, e algumas precauções são necessárias para o seu uso correto:
- a largura do rifle deve ser, pelo menos, três vezes maior que o tamanho da maior partícula;
- quando a amostra se torna menor e, obrigatoriamente, também a sua granulometria, devem ser utilizados divisores de larguras cada vez menores;
- a alimentação do divisor deve ser feita com a pá ou com a caneca que acompanha o divisor, de modo que a amostra a ser dividida se espalhe homogeneamente sobre a área riflada do divisor.

O padejamento alternado está restrito a amostras de massa muito grande e a locais onde haja espaço suficiente. Tomam-se pazadas da população inicial, que são encaminhadas a 1, 2, 3 ou n pilhas amostrais. Os cuidados necessários para um trabalho correto são:
- manter a sequência e a forma de retirada do material da pilha inicial, preferencialmente rodando a pilha;
- tomar somente o material da saia, de modo que o material suprajacente escorra de maneira sistemática;
- é importante cuidar para que essa rotação em torno da pilha não tenha uma periodicidade tal que cada pilha amostral seja construída sempre com material de um mesmo ponto da pilha inicial.

Se a pilha a ser padejada for tão grande que exija equipamento mecânico (pá carregadeira ou *bobcat*), os cuidados permanecem os mesmos.

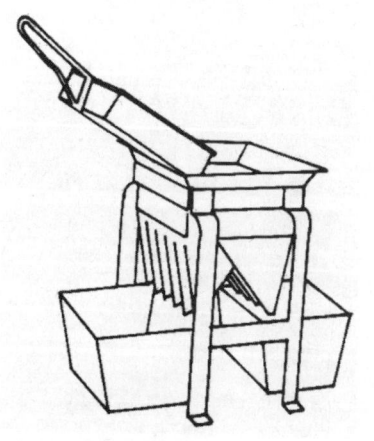

Fig. 6.9 Divisor Jones
Fonte: Brasil/DNPM (1984).

6.4 Amostragem incremental (Cooper, 1985)

Este termo se refere neste texto, a partir deste ponto, ao recolhimento periódico de incrementos de um fluxo de material, incrementos estes que serão compostos para formar a amostra. O local desse recolhimento pode ser um transportador de correia, a transferência de um transportador para outro, calhas, tubos etc.

Dois procedimentos são usados:
◆ interromper o fluxo a períodos de tempo, desviando-o para o recipiente de amostras;
◆ tomar continuamente uma porção do fluxo mediante um interceptador ali colocado.

A Fig. 6.10 mostra exemplos dos dois tipos. Dependendo da posição em que o interceptador (para amostragem contínua) seja instalado, a representatividade da amostra contínua obtida pode ser duvidosa, como é mostrado no desenho (note que as partículas de diferentes tamanhos se situam em alturas diferentes dentro do tubo). Vários dispositivos foram inventados para tentar eliminar esse problema. A simplicidade de tais dispositivos e a possibilidade de amostragem contínua encontra defensores entusiastas. O intenso

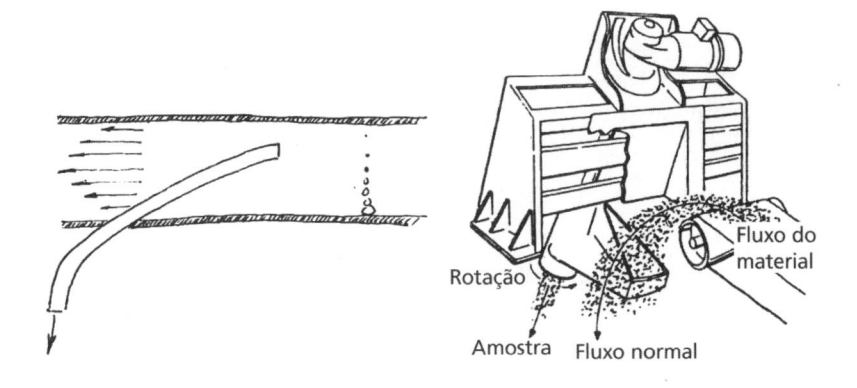

Fig. 6.10 Tipos de amostradores

desgaste do interceptador é outra consideração importante na escolha desse sistema.

Quando a qualidade do material a ser amostrado varia ao longo do tempo ou no espaço, diz-se que a população é estratificada. A programação da amostragem deve levar em conta esse fato ou poderão ocorrer erros grosseiros. Exemplo típico é o de uma usina alimentada a partir de duas minas diferentes, uma subterrânea e outra a céu aberto. Independentemente das diferenças de características dos dois minérios, as distribuições granulométricas e os níveis de contaminação com estéril certamente serão diferentes. Se as duas minas operarem em horários diferentes, será necessário programar a amostragem para refletir as proporções diferentes com que esses dois materiais são alimentados à usina.

Três procedimentos básicos são adotados:

♦ Amostragem sistemática ou periódica – controlada pelo intervalo de tempo entre um incremento e outro e pelo tempo de tomada da amostra. É correta quando a vazão do material a ser amostrado é constante ao longo do tempo.

♦ Amostragem estratificada – controlada pelo peso de material alimentado: uma balança ou um rotâmetro integradores aciona um amostrador cada vez que uma determinada quantidade de material é alimentada. É o procedimento a ser adotado quando a vazão varia e existem recursos para medir com precisão a vazão alimentada.

♦ Amostragem aleatória – os intervalos de tempo entre a tomada de um incremento e outro são definidos por uma série de números aleatórios. É o processo correto quando existem variações rítmicas (periódicas) de alguma das variáveis características do fluxo (por exemplo, no caso de a mina subterrânea ser retomada por um *skip*, haverá um ritmo de descarga do material proveniente dela) e quando a amostragem sistemática poderia introduzir erros sistemáticos. É preciso haver disponibilidade dos recursos para assegurar a sequência aleatória de intervalos.

6.5 Métodos e dispositivos de amostragem incremental

6.5.1 Interceptação total do fluxo

A interceptação total do fluxo pode ser feita interpondo-se um balde ou tambor na descarga de um tubo de polpa, de um transportador de correia, de um elevador de canecas ou outro qualquer. O amostrador adequado para a amostragem de sólidos é o mostrado na Fig. 6.11. Ele é instalado numa transferência de transportadores de correia e tem um septo que intercepta o fluxo e o desvia para a saída de amostra. Ele fornece uma amostra precisa em termos de vazão e características do fluxo, visto que o intercepta totalmente. Em instalações de amostragem contínua é comum instalar um amostrador desse tipo para, ocasionalmente, tomar amostras para comparar com as amostras fornecidas pelos outros. É o que se chama *bias sampler*. Esse mesmo amostrador é necessário para calibrar os instrumentos de controle automático da usina.

Para polpas, um mangote desvia a amostra para o recipiente e depois retorna à sua posição normal. Registrando-se o tempo de amostragem e pesando-se o incremento, tem-se uma medida da vazão naquele instante.

É o método mais generalizado, utilizado principalmente quando não existem dispositivos de amostragem. Os problemas de medida

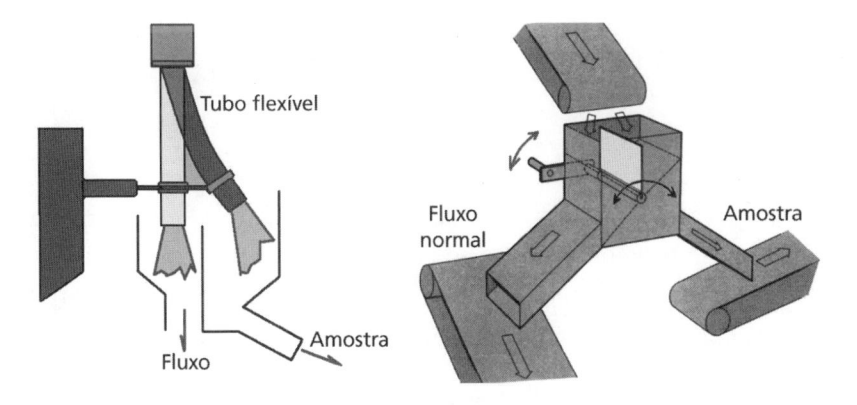

Fig. 6.11 Amostragem por interceptação do fluxo total

residem na cronometragem correta: os técnicos e operadores têm uma tendência quase universal de estabelecerem um tempo de amostragem arbitrário ou conveniente (a seu critério) – acionam o cronômetro, dão um grito, o parceiro introduz o recipiente no fluxo. Decorrido o tempo desejado, o cronometrista dá outro grito e seu parceiro retira o recipiente do fluxo. Comete-se um erro inicial no atraso entre o acionamento do cronômetro e a efetiva interceptação do fluxo, e outro de mesma natureza entre a interrupção do cronômetro e a retirada do recipiente. A soma dos dois erros pode se tornar significativa, principalmente quando o período de tomada do incremento é curto. Se o parceiro não reage prontamente, geralmente ele sente vergonha de confessar o seu erro e consertá-lo.

Outra fonte de erro é tomar como contínuas descargas descontínuas, como as de elevadores de canecas, de *underflows* de classificadores espiral ou de bombas de diafragma. O correto é recolher duas ou três golfadas em cada incremento e complementar com a medida da frequência dessas golfadas para poder calcular a vazão no instante da amostragem.

6.5.2 Amostragem em transportador de correia parado

Este método é considerado por muitos como o método mais preciso de amostragem e o único capaz de fornecer uma amostra realmente representativa. Ele consiste em parar o transportador cheio, inserir um gabarito de amostragem (Fig. 6.12) no material sobre a correia e recolher todo o material contido pelo gabarito. Recomenda-se, ainda, varrer a correia com uma trincha larga, de modo a não perder os finos.

O comprimento do gabarito, multiplicado pela velocidade do transportador cheio e pelo peso do incremento, constitui uma medida da vazão. O peso do incremento deve satisfazer a condição de peso mínimo representativo. A maior limitação desse método é, inicialmente, a necessidade de parar a correia e interromper o fluxo. Além disso, é necessário que os transportadores possam partir cheios, o que nem sempre se vê em todas as usinas. Por outro lado, trata-se

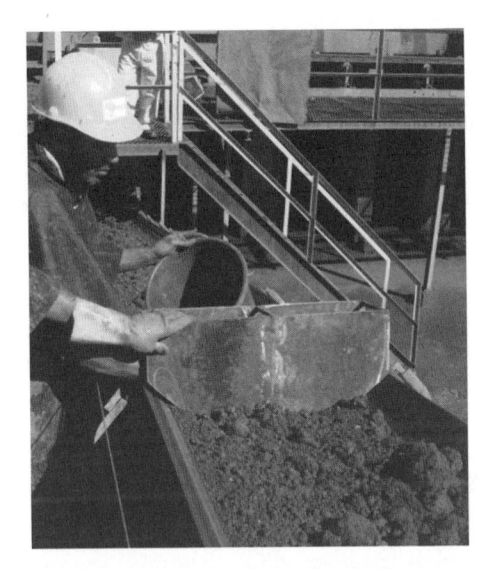

Fig. 6.12 Amostragem em transportador de correia parado

do único método viável com produtos de britagem primária e secundária, muito grosseiros para serem amostrados em amostradores, ou com fluxos de vazão muito grande para os produtos poderem ser interceptados em tambores.

6.5.3 Interceptação parcial do fluxo

Excetuados os equipamentos mostrados no item 6.5.1, todos os demais interceptam o fluxo parcialmente, ou seja, não são capazes de desviá-lo de uma só vez para o recipiente de recolhimento. Então, o princípio de funcionamento dos demais equipamentos é percorrer o espaço por onde o fluxo está descarregando e retirar material durante a passagem. Cumpre distinguir alguns amostradores que percorrem toda a seção do fluxo de outros que não fazem isso. Ocorrendo segregação de alguma natureza no fluxo, esses últimos amostradores não servem.

Serão abordados aqui, embora não de forma exaustiva, diferentes tipos de amostradores, segundo o seu movimento em relação ao fluxo. Cumpre salientar que existem muitos modelos de amostradores, porém poucos são adequados a trabalho tão pesado quanto o encontrado em usinas de tratamento de minérios. Embora a literatura seja farta em mostrar inúmeros tipos de amostradores, estes muitas vezes não podem ser indicados nesse tipo de aplicação.

Corte linear transversal: o cortador move-se através do fluxo numa trajetória retilínea, como mostra a Fig. 6.13. O movimento pode ser perpendicular à direção do fluxo, na direção oposta a ele ou na mesma direção. O fluxo precisa ser totalmente atravessado, interceptando-se sucessivas porções deste. A posição da saída da amostra pode ser para trás (como mostra a referida figura) ou para a frente. Geralmente têm formato tubular para material em polpa ou de calha para material granulado. Materiais pegajosos podem comprometer a aplicação desse equipamento, pois podem não se desgrudar totalmente da caneca ou da calha.

A caneca deve ficar posicionada fora do fluxo quando não está realizando movimento, o que obriga a colocação de amostradores com cursos de deslocamento maiores que a largura da correia. Caso haja a possibilidade de material estranho à amostra cair dentro da caneca, recomenda-se a colocação de placa sobre a boca da caneca nas posições de repouso para evitar essa ocorrência, que compromete a amostra.

Corte circular: o cortador move-se num arco de círculo, de modo a interceptar todo o fluxo (Fig. 6.14). A abertura do cortador deve ser

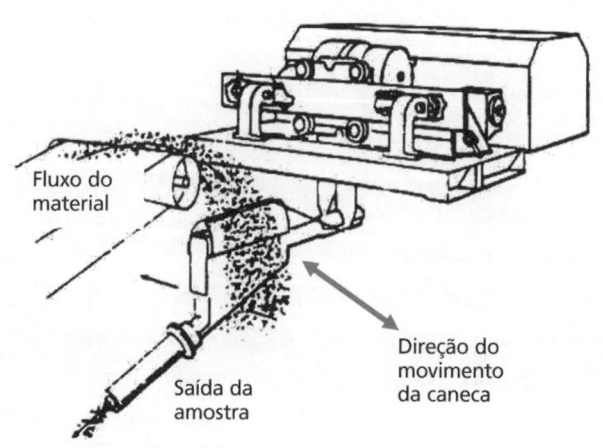

Fig. 6.13 Amostrador de interceptação transversal do fluxo

variável, em ângulo, crescendo no sentido inverso ao raio, de modo que nenhuma parte do fluxo forneça maior contribuição em massa que as outras. Muito usado com materiais em polpa, esse equipamento é também muito usado como redutor de amostra (amostrador secundário) em torres de amostragem, em razão do seu baixo custo, simplicidade operacional e tamanho compacto.

Pouco usado para materiais granulares por causa das dimensões que seriam necessárias para amostrar a descarga de um transportador de correia, esse equipamento não é recomendável para materiais pegajosos, pois a limpeza da caneca é muito complicada, uma vez que ela fica enclausurada. Esse aspecto, no entanto, pode ser muito favorável no caso de amostragem de materiais que emitam vapores ou gases que devam ser contidos.

Interceptador parcial: o amostrador não toma todo o fluxo, mas apenas uma parte dele. A inserção do cortador pode ser intermitente ou contínua (Fig. 6.15). Sua aplicação geral-

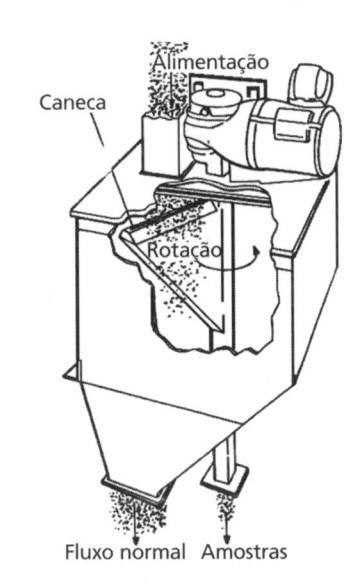

Fig. 6.14 Amostrador de corte circular

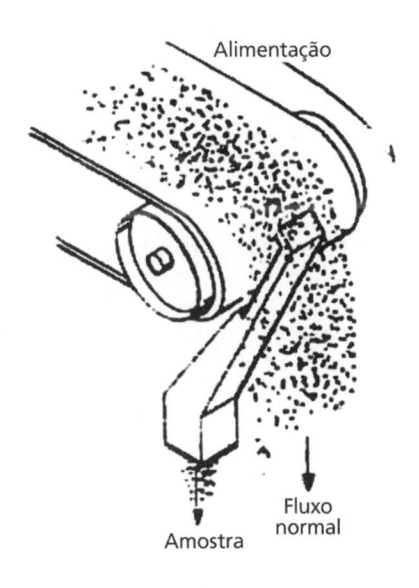

Fig. 6.15 Amostrador de interceptação parcial

mente é feita quando não há espaço suficiente para a colocação de amostradores lineares de corte total do fluxo. Esse amostrador introduz erro por não interceptar todo o fluxo e, portanto, não é recomendável.

6.6 Amostradores

6.6.1 Projeto de amostradores

O ponto crítico do projeto é conseguir localizar corretamente o amostrador em relação ao fluxo de material. A Fig. 6.16 ensina a desenhar a trajetória do fluxo de partículas sólidas sendo descarregado de um transportador de correia, para que, assim, se possam localizar adequadamente transportadores, chutes e outros componentes.

Os fabricantes fornecem equipamentos com velocidades de 7,5 até 30"/s (19 a 76 cm/s) (Denver, s.d.). A norma é 18"/seg (0,46 m/s, segundo Karalus, 1983), sendo encontradas velocidades até 50"/s (127 cm/s) (Cooper, 1985). A velocidade deve ser essencialmente constante e, quanto mais fino o material a amostrar, maior a velocidade tolerável (que não introduz erros). Materiais mais grosseiros exigem velocidades menores e, como demandam canecas com maiores aberturas, para permitir a passagem dos grãos, em geral retiram amostras muito

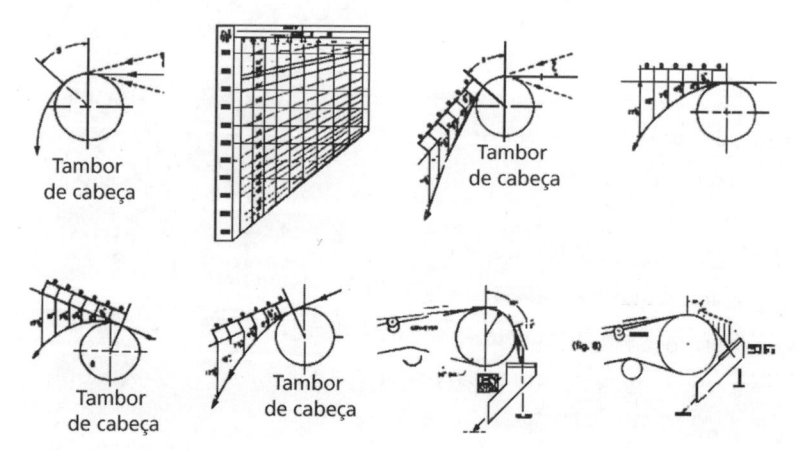

Fig. 6.16 Trajetória do fluxo de partículas
Fonte: Denver (s.d.).

grandes. Gould (1978) enfatiza que velocidades muito altas perturbam o fluxo a ser amostrado, viciando a amostra, e afirma que a tendência moderna é limitar essa velocidade a 18"/s, como especificado na ASTM D2234.

O volume do cortador deve ser suficiente para tomar o incremento representativo (recolher massa estatisticamente significativa) e para que não haja transbordamento ou refluxo de partículas ou de parte da amostra.

A geometria do cortador deve ser tal que permita a interseção de todo o fluxo e assegure que cada parte da seção seja igualmente amostrada. Smallbone (1979) pesquisou o efeito da forma da borda cortante do amostrador. Ao estudar o comportamento de bordas biseladas, chanfradas, retas e cilíndricas, constatou que estas últimas apresentavam o melhor desempenho.

A abertura do amostrador deve ser três vezes o d_{95} do material a ser amostrado (Cooper, 1985), ou entre 2,5 e 5,5 vezes (Karalus, 1983). Caso contrário, partículas graúdas poderão bater na borda e não entrar. O limite inferior é 3/8" (Cooper, 1985) ou 10 mm (Karalus, 1983) para material seco, podendo-se aceitar 1/4" (6,3 mm) para polpas de partículas finas.

O local do amostrador está sempre sujeito a sujeira, por causa de poeira, derramamento de material, amostras rejeitadas etc. Quando se trata de locais de amostragem de polpa, o piso de chapa expandida deve ser considerado para evitar acumulação de lama sobre o piso, que o tornaria escorregadio, e consequentes acidentes. Quando se trabalha com partículas grosseiras, a chapa expandida é indesejável, pois pode prender partículas, criando obstáculos que podem provocar topadas e tropeções ou torções de pé. Devem ser previstas facilidades para varrer o piso ou lavá-lo.

A proteção do mecanismo de acionamento do cortador contra a poeira e do cortador contra contaminações enquanto estiver parado é outro ponto crítico do projeto do equipamento.

Para que a amostragem seja representativa, a velocidade durante a interceptação do fluxo deve ser constante. Portanto, o motor deve estar a plena velocidade antes do cortador entrar no fluxo e só pode ser brecado depois do cortador sair dele. A velocidade não pode variar com o peso do incremento, de modo que o motor deve ter potência suficiente. Em geral, para evitar escorregamentos, adotam-se transmissões com corrente e rodas dentadas. Essa solução é muito boa nesse aspecto, mas precisa ficar bem protegida de poeira ou jatos de polpa, caso contrário seu desgaste será intenso, podendo inclusive emperrar o mecanismo. É importante lembrar que as velocidades são baixas, o que permite a instalação de motores de baixa potência.

A massa recolhida em cada passada do cortador é dada por:

$$M = \frac{Q\,S}{v} \quad (6.5)$$

onde:
Q é a vazão do fluxo a amostrar;
S é a abertura do cortador;
v é a velocidade do amostrador, em unidades coerentes.

Utilizando unidades usuais, a fórmula assume a seguinte forma, de acordo com Karalus (1983):

$$M = \frac{Q\,S}{v \cdot 3.600}(kg) \quad (6.6)$$

onde:
Q é a vazão do fluxo, em t/h;
S é a abertura do cortador, em mm;
v é a velocidade do amostrador, em m/s.

6.6.2 Equipamentos encontrados no comércio

Serão descritos os principais tipos de amostradores encontrados no comércio e fabricados por fornecedores conceituados. Essa descrição baseou-se principalmente em Cooper (1985), Karalus (1983), Gould (1978) e catálogos de fabricantes.

Cortadores de movimento linear perpendicular à direção do fluxo: a Fig. 6.13 mostrou um equipamento desse tipo. O acionamento mostrado é por corrente, mas existem variantes: sem-fim, pistão pneumático, pistão hidráulico e por correia. Cada opção de acionamento tem algum inconveniente: acúmulo de poeiras sobre os componentes mecânicos (corrente e sem-fim), dificuldade de assegurar a velocidade constante (pistões), necessidade de ar comprimido seco e desempoeirado (pistão pneumático) etc.

Cortadores de movimento linear na mesma direção do fluxo: dois desses modelos estão mostrados nas Figs. 6.17 e 6.18: amostrador de balancim e amostrador de correia furada. O balancim é acionado, corta o fluxo, recebe o incremento e sobe até alcançar o ponto de descarga. Então é virado e descarrega o incremento na caixa de recepção. Retorna virado à sua posição inicial e assim permanece até a hora de tomar novo incremento (o que evita a queda de poeira no seu interior). Na hora de tomar o próximo incremento, ele é desvirado e repete a sequência de movimentos já descrita. Dessa forma, a contaminação com poeira, umidade etc. é minimizada. A desvantagem desse sistema é a capacidade limitada do cortador.

O amostrador de correia furada desvia o fluxo todo, exceto a pequena porção que atravessa o buraco da correia e que constitui o incremento.

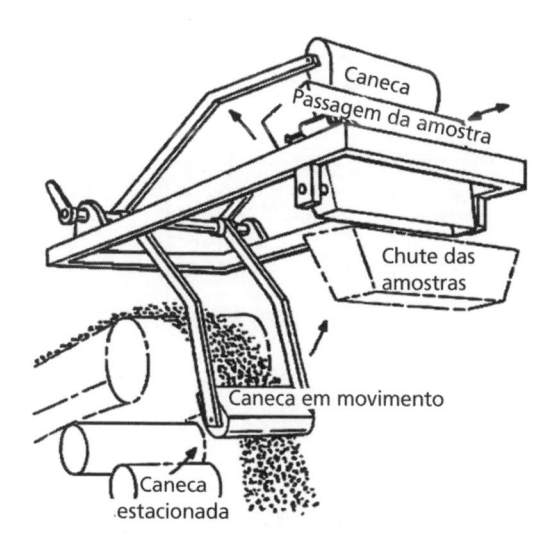

Fig. 6.17 Amostrador de balancim

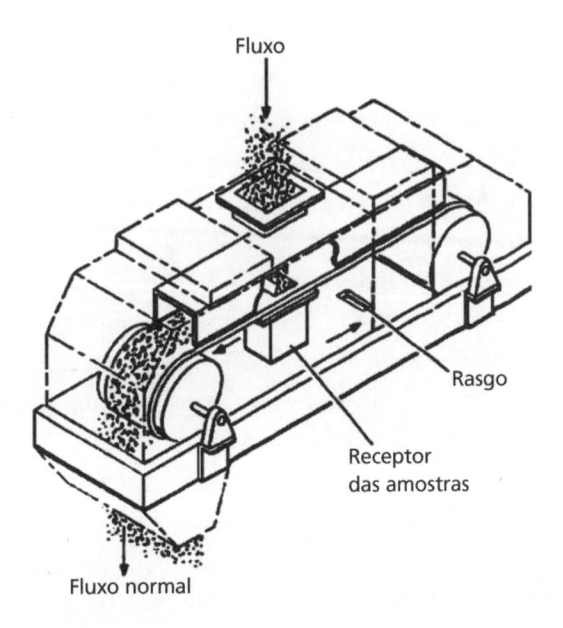

Fig. 6.18 Amostrador de correia furada

Amostradores rotativos: o amostrador Vezin (Fig. 6.14) tem eixo de rotação vertical e o amostrador mostrado na Fig. 6.19 o tem inclinado. Essa modificação faz com que a borda inferior do cortador fique na

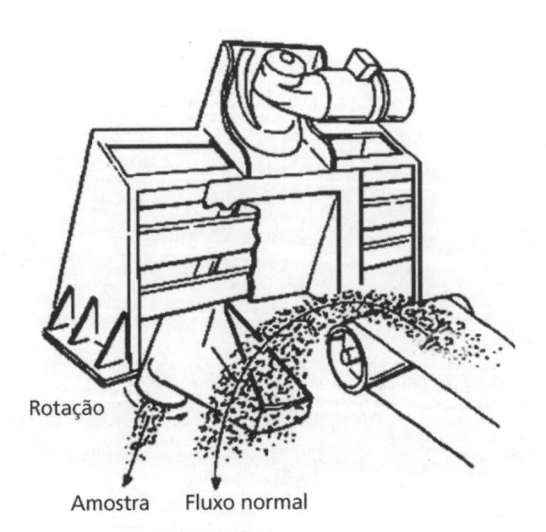

Fig. 6.19 Amostrador Vezin com o eixo de rotação vertical inclinado

posição vertical no momento de descarregar o incremento, assegurando que nenhum material fique retido lá dentro. O amostrador Vezin é usado principalmente com polpas, embora seja adequado para pós e sólidos granulados até 15 mm. Por outro lado, o de eixo inclinado pode ser usado indiferentemente com polpas e com sólidos.

Um terceiro modelo é o divisor rotativo mostrado na Fig. 6.20. O cilindro rotativo é dividido em setores, entre os quais o material a ser amostrado se divide ao acaso. Apenas um desses setores tem comunicação com o conduto da amostra; os demais retornam o material para o fluxo principal. O desgaste dos segmentos divisores é o maior problema operacional, mas, se esse desgaste for homogêneo (como deve ser num amostrador corretamente projetado), não chega a prejudicar a divisão do fluxo ou a introduzir erros sistemáticos.

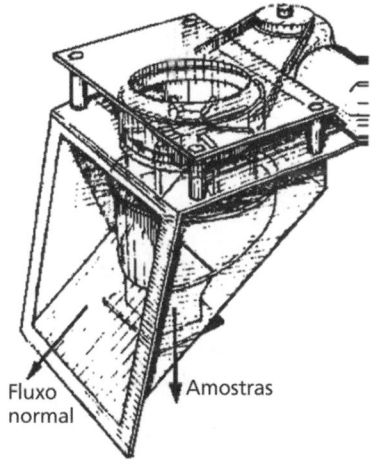

Fig. 6.20 Divisor rotativo

Amostradores de tubos: as Figs. 6.21, 6.22 e 6.23 mostram diversos modelos de amostradores de tubos, alguns de uso bastante difundido, apesar de todos eles introduzirem, em maior ou menor extensão, erros sistemáticos decorrentes da distribuição de velocidades e de material dentro do tubo.

Várias soluções para agitar a polpa e homogeneizá-la são empregadas, como *pitots*, barras introduzidas no escoamento, agitadores (Smallbone, 1979). Esses amostradores têm um investimento inicial muito menor que os amostradores móveis. Entretanto, eles estão imersos na polpa, e por isso, sujeitos a rápida erosão, mas, apesar disso, o custo de reposição é baixo. O problema real é que a quebra do amostrador ou a sua manutenção exigem a parada total da linha, para a sua substituição.

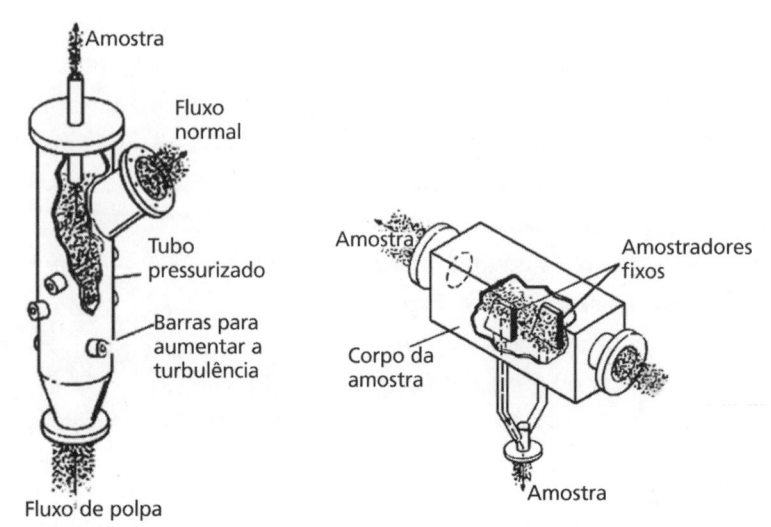

Fig. 6.21 Modelo 1 de amostradores de tubos

Fig. 6.22 Modelo 2 de amostradores de tubos

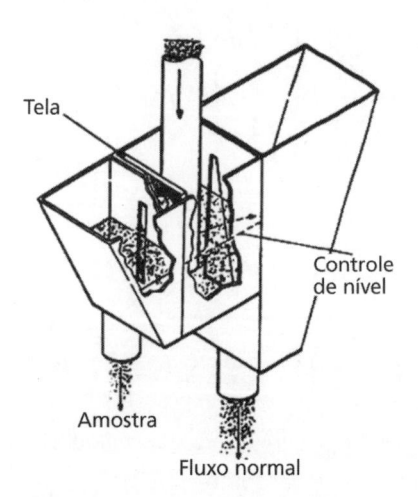

Fig. 6.23 Modelo 3 de amostradores de tubos

Para amostradores colocados em fluxo de polpa, é sempre recomendável que sejam colocados em tubulações verticais e de fluxo ascendente. Tubulações horizontais estão sujeitas a segregação ao longo do eixo vertical, pois o transporte de polpa quase sempre não é homogêneo. Já as tubulações verticais não sofrem dessa segregação. As tubulações também devem ser, preferencialmente, de fluxo ascendente, porque o tubo estará sempre cheio. Em tubulações de fluxo descendente, pode haver falhas instantâneas no fluxo por falta momentânea de polpa, pulsos da bomba ou entradas de ar. Na tubulação de fluxo ascendente, esses fenômenos são minimizados ou sequer ocorrem.

Amostrador *cross belt*: trata-se de um equipamento especial para a amostragem em transportadores de correia. É um pêndulo com uma cabeça na extremidade, que varre a correia quando acionado, despejando o incremento num recipiente lateral, como exemplifica a Fig. 6.24. Nessa figura, está representada uma vassoura apenas para facilitar a compreensão do seu princípio, mas os equipamentos disponíveis no comércio têm uma caçamba metálica. Essa caçamba não consegue retirar os finos e limpar a correia, viciando sistematicamente, portanto, as amostras retiradas. Outro problema é que a correia, apoiada sobre os roletes, não tem um perfil de arco de círculo. Dessa forma, a passagem do cortador deixaria sempre algum resíduo não amostrado. A Fig. 6.25 mostra a solução alcançada pela equipe da Vale durante a instalação de um equipamento desse tipo na mina de Brucutu (MG), conforme comunicação pessoal de R.

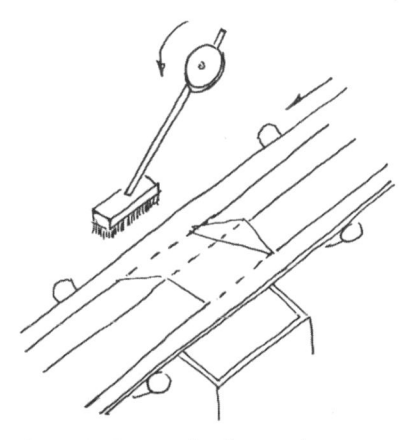

Fig. 6.24 Amostrador de martelo

Fig. 6.25 Modificação feita na mina de Brucutu (MG)

A. Tárcia em 31/8/2007. A solução consistiu em instalar o berço em arco de círculo mostrado na Fig. 6.26 e em adicionar um rastelo de borracha atrás do caneco (Fig. 6.25). Quando o caneco passa, o rastelo de borracha passa atrás, varrendo a correia e retirando os finos aderidos a ela.

Embora extremamente conveniente pelo fato de poder ser instalado em qualquer local do transportador de correia já existente, esse tipo de amostrador apresenta inúmeros inconvenientes: por atravessar o fluxo, sofre intenso esforço lateral, não sendo incomum que o eixo entorte. Se mal regulado, pode cortar a correia e, havendo material grosseiro, partículas grossas podem se prender instantaneamente no martelo e ser esfregadas contra a correia, o que pode danificá-la. Não podem ser regulados para passarem muito próximos da correia e, por isso, não conseguem retirar os finos que estiverem na parte inferior do fluxo. Sua aplicação, portanto, deve ser considerada apenas em casos específicos.

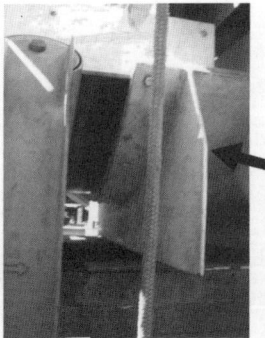

Fig. 6.26 Berço

6.6.3 Torres de amostragem

São muito frequentes circuitos contínuos e completos de amostragem em que a amostra é tomada, britada, dividida e, eventualmente, rebritada e redividida.

A Fig. 6.27 mostra uma instalação desse tipo. A amostra primária é retirada na transferência do TC 21 para o TC 22, mediante um

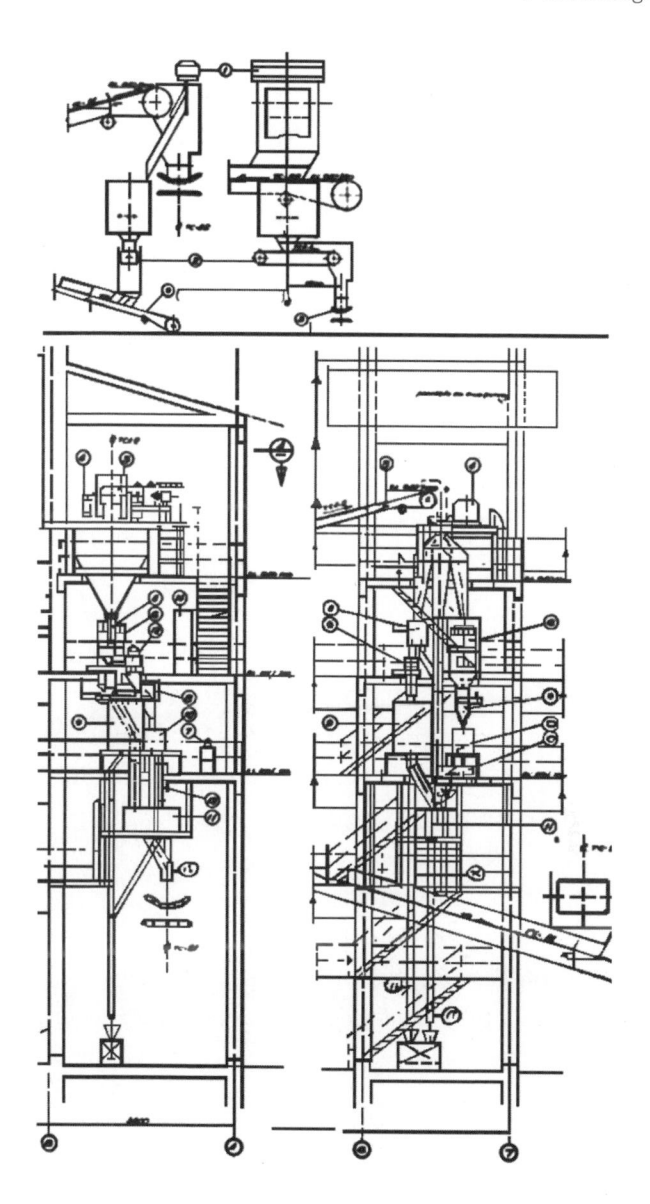

Fig. 6.27 Torre de amostragem

amostrador de corte perpendicular ao fluxo. A massa amostrada é encaminhada para a torre de amostragem pelo TCA-2. Nessa torre são tirados concomitantemente dois incrementos (amostras secundárias) na descarga do TCA-2, mediante dois cortadores acionados pelo mecanismo temporizador (4). Quando o amostrador está parado, o material descarregado pelo transportador TCA-2 passa pelo tubo de passagem até retornar ao TC 21.

O primeiro dos incrementos, à esquerda na Fig. 6.27, destina-se a compor amostra para análise granulométrica. Ele é descarregado através de um chute para um desviador pneumático (5) que pode rejeitar o incremento secundário (encaminhando-o para o tubo de passagem 15) ou despejá-lo no divisor rotativo (9). Parte do incremento é, portanto, rejeitada e despejada no tubo de passagem (15) e o incremento final (amostra secundária) é encaminhado para o balde, através do tubo (16).

O outro incremento, o da direita na figura, destina-se à análise química. Ele é descarregado no britador giratório (6), de onde passa para o transportador (8). O produto britado é descarregado no divisor rotativo (10), que rejeita parte da massa e lança o restante (amostra secundária) no transportador (13), que o descarrega em outro divisor rotativo (11), onde sofre o fracionamento final. A amostra para análise química (amostra terciária) vai para o balde correspondente via tubo (17) e o restante descarrega no tubo de passagem (15).

6.6.4 Divisores de amostras

A Fig. 6.28 mostra um típico divisor rotativo para sólidos utilizado em torres de amostragem. Ele consta de um tubo que gira dentro de um recipiente de duas saídas. Quando o tubo encontra a saída (3), a amostra reduzida vai para o processamento subsequente. No restante do tempo, o material é rejeitado e retorna ao circuito industrial pela passagem (4). A abertura de entrada no tubo (3) é regulável (2), para que se possa acertar a massa do incremento.

6.6.5 Divisores de polpa

Os divisores de polpa dividem um fluxo em dois ou mais (para serem processados em linhas paralelas), tratando de manter idênticas as características de cada um, no que tange às

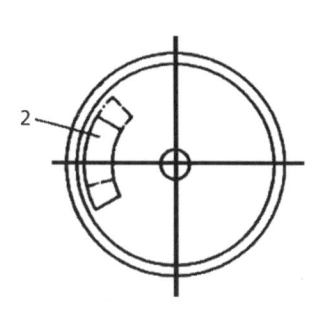

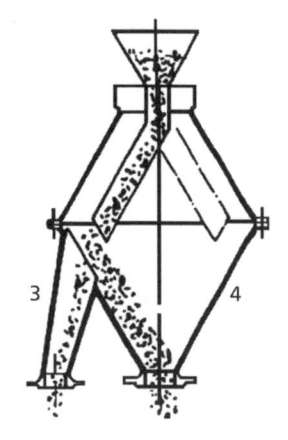

Fig. 6.28 Divisor rotativo para sólidos

vazões, à porcentagem de sólidos, à distribuição granulométrica dos sólidos, aos teores etc. Os equipamentos usados são os divisores rotativos autopropelidos (Fig. 6.29), divisores motorizados (Fig. 6.30) e os *head dividers* (Fig. 6.31).

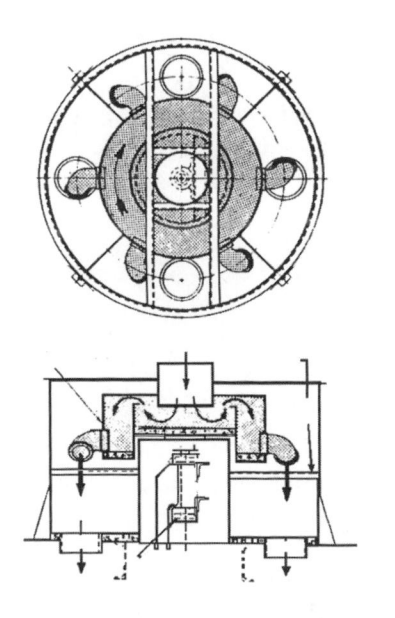

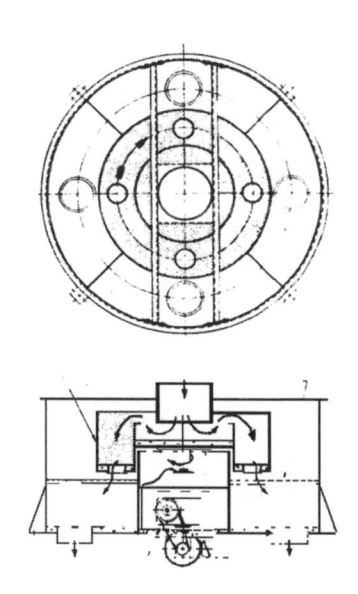

Fig. 6.29 Divisor rotativo autopropelido   **Fig. 6.30** Divisor rotativo motorizado

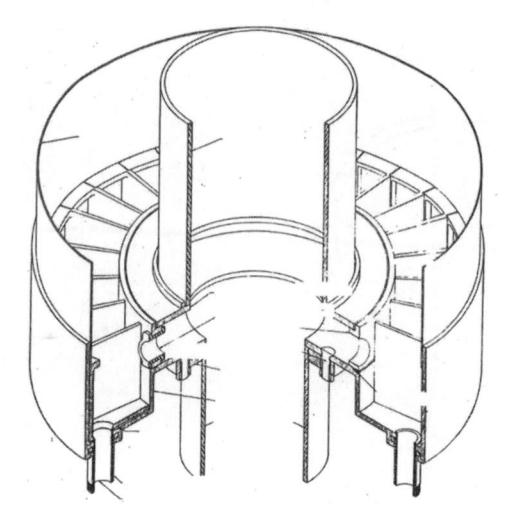

Fig. 6.31 *Head dividers*

Os divisores autopropelidos e os *head dividers* precisam trabalhar sempre pressurizados, ou o resultado será muito ruim.

Exercícios resolvidos

6.1 Um minério de ouro tem teor médio de 0,8 g/t. Sua ganga é quartzito, de densidade 2,7. O minério está abaixo de 14 mm (não bitolado) e libera-se abaixo de 10 μm. Qual é a massa mínima representativa dessa amostra para diferentes níveis de precisão (s^2)?

Solução:
    A fórmula de Pierre Gy, como visto, é:

$$M = C \times \frac{d^3}{s^2}$$

onde:
M está em g, d em cm, s é a precisão desejada, se 20% = 0,2;
$C = f \cdot g \cdot L \cdot c$, sendo:
f = fator de forma, igual a 0,5 em praticamente todos os casos, exceto minérios de ouro, em que é igual a 0,2. Nesse caso, 0,2;
g = fator de distribuição de tamanhos de partículas, que geralmente tem um valor de 0,25, exceto para materiais estreitamente bitolados, quando g = 0,5. Nesse caso, 0,25;

L = fator de liberação, $L = (d_L/d_{95})^{0,5}$. Nesse caso, colocando os valores em milímetros, $L = (0,01/14)^{0,5} = 0,027$;

c = fator de composição mineralógica, que, por sua vez, deve ser calculado pela equação

$$c = \frac{1-a}{a} \times [(1-a)r + at]$$

onde r e t são as densidades médias do mineral de minério (19,6 para

$$c = \frac{1-0,8\times 10^{-6}}{0,8\times 10^{-6}} \times [(1-0,8\times 10^{-6})19,6 + 19,6\times 0,8\times 10^{-6}] = \frac{19}{0,8\times 10^{-6}} = 23,75\times 10^6$$

Então:

s = 0,2:

$$M = \frac{23,75\times 10^6 \times 0,2\times 0,027\times 0,25\times 1,4^3}{0,2^2} = 2,2\times 10^6 g = 2,2\ t$$

S = 0,1:

$$M = \frac{23,75\times 10^6 \times 0,2\times 0,027\times 0,25\times 1,4^3}{0,1^2} = 8,8\times 10^6 g = 8,8\ t$$

S = 0,05:

$$M = \frac{23,75\times 10^6 \times 0,2\times 0,027\times 0,25\times 1,4^3}{0,05^2} = 35,2\times 10^6 g = 35,2\ t$$

6.2 O que acontece com a amostra do exercício anterior se a dimensão da partícula máxima (d_{95}) for aumentada para 14 mm? Considerar a precisão de 20%.

Solução:

$$M = C \times \frac{d^3}{s^2}$$

$$L = (0,01/25)^{0,5} = 0,02$$

$$M = \frac{23{,}75 \times 10^6 \times 0{,}2 \times 0{,}02 \times 0{,}25 \times 2{,}5^3}{0{,}1^2} = 9{,}27 \times 10^6 \text{g} = 9{,}3 \text{ t}$$

6.3 Um minério de cobre é alimentado à moagem SAG. Sua densidade é 3, as partículas têm forma alongada e os diâmetros extremos da fração granulométrica superior (onde estão retidos 5% da massa) são 20 cm (8") e 7,5 cm (3"). Qual é a massa mínima representativa dessa amostra? Use a fórmula segundo Nappier-Munn. Exercício retirado de Bergerman (2009).

Solução:

$$M = \frac{f \rho d_m^3}{\theta^2 P} \text{(g)}$$

onde:

f = fator de forma do material = 0,6;

$\rho = 3 \text{ g/cm}^3$;

$d_m^3 = (20^3 + 7{,}5^3) / 2 = 4210{,}9$;

precisão desejada = 0,2;

nível de confiança desejado = 80% ⇒ $z = 1{,}2816$;

$\theta = \varphi / z = 0{,}15605 \Rightarrow \theta^2 = 0{,}0244$ (estimativa do erro fundamental);

$P = 50$.

Portanto, $M = \dfrac{0{,}6 \times 3 \times 4210{,}9}{0{,}0244 \times 50} = 622.481{,}3 \text{ g} = 622{,}5 \text{ kg}$

6.4 O mesmo minério de cobre, ou melhor, a fração crítica da moagem SAG foi amostrada. Sua densidade aumentou para 3,2, as partículas têm forma mais cúbica e os diâmetros extremos da fração granulométrica superior são 5 cm (2") e 1 cm (nessa fração estão retidos, desta vez, 70% da massa). A precisão desejada, agora, é 90%. Qual é a massa mínima representativa dessa amostra? (Exercício retirado de Bergerman, 2009).

Solução:

f = fator de forma do material = 0,6;

$\rho = 3{,}2 \text{ g/cm}^3$;

$d_m^3 = (5^3 + 1) / 2 = 63{,}0$;

precisão desejada = 0,15;
nível de confiança desejado = 90% ⇒ z = 1,6449;
θ = φ / z = 0,15/1,6449 = 0,09119 ⇒ θ² = 0,0083;
P = 0,07.

Portanto, $M = \dfrac{0,6 \times 3,2 \times 63}{0,0083 \times 0,7} = 20.779,7 \text{ g} = 20,8 \text{ kg}$

6.5 Deseja-se agora amostrar o produto da moagem de bolas do mesmo minério de cobre. Sua densidade aumentou para 3,62, as partículas têm forma mais cúbica e os diâmetros extremos da fração granulométrica superior são 0,8 cm e 0,1 cm (nessa fração estão retidos, desta vez, 20% da massa). A precisão desejada, agora, é 95%. Qual é a massa mínima representativa dessa amostra? (Exercício retirado de Bergerman, 2009).

Solução:

f = fator de forma do material = 0,6;

$\rho = 3,62 \text{ g/cm}^3$;

$d_m^3 = (0,8^3 + 0,1^3) / 2 = 0,2565$;

precisão desejada = 0,05;

nível de confiança desejado = 95% ⇒ z = 0,02551;

θ = φ / z = 0,05/1,96 = 0,09119 ⇒ θ² = 0,0007;

P = 0,2.

Portanto, $M = \dfrac{0,6 \times 3,62 \times 0,2565}{0,0007 \times 0,2} = 3.979,4 \text{ g} = 3,9 \text{ kg}$

6.6 Aplique a norma ISO (Tabs. 6.2 e 6.3) para dimensionar a amostra a ser retirada de um trem de 125 vagões, de 90 t cada, carregado com *sinter feed* (-¼"), com variação grande na qualidade do minério. A vazão de descarga do trem é de 1.250 t/h.

Solução:

A Tab. 6.3 mostra que, para partículas até 10 mm, a massa mínima de cada incremento deve ser de 0,3 kg e a massa média, de 0,5 kg.

O lote (*consignement*) é de 125 x 90 = 11.250 t. Da Tab. 6.2, para variação grande de qualidade, o número mínimo de incrementos é de 100. Com isso, estarão assegurados um erro de 1,24% na análise granulométrica, um erro de 0,5% para a análise de Fe e para a medida de umidade, com 95% de acerto.

O tempo para descarregar o trem de 11.250 t à vazão de 1.250 t/h é de

$$11.250 / 1.250 = 9 \text{ h}$$

Nesse período, tem-se que retirar 100 incrementos, ou seja, 100/9 = 11,1 incrementos por hora = 1 incremento a cada 5 min 12 seg.

Com já visto, a massa recolhida em cada passada do cortador é dada por:

$$M = \frac{Q\,S}{v \times 3,6} \text{ (kg)}$$

onde:

Q é a vazão do fluxo, em t/h;
S é a abertura do cortador, em mm;
v é a velocidade do amostrador, em m/s.

Deseja-se M = 0,5 kg, Q = 1.250 t/h, S = 3 x ¼" = 19,1 mm = 0,0191 m. Então:

$$v = \frac{1.250 \times 0,0191}{0,5 \times 3,6} = 13,3 \text{ m/s} = 522,2"/s$$

Essa velocidade é muito elevada. Reduzindo-a a um nível mais adequado, como 80"/s, valor máximo aceito pela norma, e mantendo a abertura, tem-se:

$$M = \frac{522,2}{80} \times 0,5 = 3,3 \text{ kg/incremento}$$

A massa do incremento aumentou substancialmente, função da diminuição da velocidade do amostrador. A da amostra primária será:

3,3 kg / incremento x 100 incrementos = 330 kg.

6.7 Aplique a mesma norma para dimensionar a amostra do lote a ser retirada, carregado num navio de 100.000 t, com o mesmo minério. A vazão de carregamento é de 8.300 t/h.

Solução:

O minério é o mesmo. A massa mínima de cada incremento continua a ser de 0,3 kg e a massa média, de 0,5 kg. O lote (*consignement*) passou a ser de 100.000 t. Da Tab. 6.2, para variação grande de qualidade, o número mínimo de incrementos passa a ser de 180. Com isso, estarão assegurados um erro de 0,92% na análise granulométrica, um erro de 0,37% para a análise de Fe e para a medida de umidade, com 95% de acerto.

O tempo para carregar o navio de 100.000 t à vazão de 8.300 t/h é de

$$100.000 / 8.300 = 12{,}05 \text{ h}$$

Nesse período, tem-se que retirar 180 incrementos, ou seja, 100/12,05 = 14,9 incrementos por hora = 1 incremento a cada 4 min.

Deseja-se M = 0,5 kg. Q agora é de 8.300 t/h, S continua a ser de 0,0191 m. Então:

$$v = \frac{8.300 \times 0{,}0191}{0{,}5 \times 3{,}6} = 88{,}1 \text{ m/s} = 3.468{,}5''/s$$

Essa velocidade é novamente muito elevada. Reduzindo-a ao nível de 80"/s, tem-se:

$$M = \frac{3.468{,}5}{80} \times 0{,}5 = 21{,}7 \text{ kg / incremento}$$

A massa do incremento aumentou novamente, função da diminuição da velocidade do amostrador. A da amostra primária será:

96,3 kg / incremento × 180 incrementos = 17.334 kg

Referências bibliográficas

BARBERY, G. Derivation of a formula to estimate the mass of a sample for size analysis. *Transactions of the Australasian Institute of Metals*, v. 9, p. 367-8, 1982.

BERGERMAN, M.G. *Modelagem e simulação do circuito de moagem do Sossego*. Dissertação de mestrado. São Paulo: Epusp, 2009.

COOPER, H. R. Theory and practice of incremental sampling. In: WEISS, N. L. (Ed.). *Mineral Processing Handbook*. Nova York: AIME, 1985.

DENVER. Sampler engineering information - Denver automatic samplers. *Bulletin n. S21-B100*, Colorado Springs, Denver Equipment Division, s.d.

GOULD, G. Selecting a mechanical sampling system for a large coal-fired power plant. *Power*, p. 39-42, July 1978.

GY, P. *Théorie et pratique de l'échantillonnage des matières morcelées*. Edition PG, 1975.

KARALUS, E. Sampling and dividing of bulk materials. *Bulk Solids Handling*, v. 3, n. 1, p. 191-5, 1983.

NAPIER-MUNN, T. J.; MORRELL, S.; MORRISON, R. D.; KOJOVIC, T. *Mineral comminution circuits - their operation and optimisation*. JKMRC, Brisbane, 1996.

OTTLEY, D. J. Gy's sampling slide rule. Separata de: *Revue de l'Industrie Minerale*, s.d. 8 p.

SMALLBONE, A. H. *The art and craft of sampling*. Preprint apresentada ao SME-AIME Fall Meeting and Exhibit, Tucson, 1979. 17 p.

Fundamentos teóricos da amostragem

7

Ana Carolina Chieregati
Francis F. Pitard

De nada vale ter um resultado analítico com várias casas decimais se a amostra analisada é enviesada ou insuficientemente representativa, ou seja, nenhum trabalho pode ser melhor que a amostra sobre a qual ele foi feito! A amostragem está presente em todas as etapas de um empreendimento mineiro mas, apesar de sua importância, pouca atenção lhe foi dada nas últimas décadas, conforme observou Pierre Gy (apud Pitard, 1993): "a amostragem é uma das operações básicas da mente humana, porém ela não recebe a atenção que merece". Felizmente, os últimos 20 anos mostraram um restabelecimento do interesse de pesquisa na teoria da amostragem, com resultados excelentes para a indústria mineral (François-Bongarçon, 2008).

Define-se amostragem como uma sequência de operações que tem por objetivo retirar uma parte significativa, ou amostra, de um dado universo. Segundo Gy (1998), o único objetivo da amostragem é reduzir a massa de um lote L até a massa adequada a um determinado objetivo, sem inserir mudanças significativas em suas outras propriedades.

As amostras geralmente são constituídas por uma série de frações ou incrementos, retirados do universo ou lote L, em instantes diferentes. O universo é o conjunto de todos os resultados possíveis de uma dada variável aleatória, e a amostra é um conjunto reduzido de observações tomadas desse universo.

Uma amostra dificilmente apresentará características idênticas àquelas do material de onde foi retirada, o que se deve ao "erro fundamental de amostragem" e aos demais erros que surgem no decorrer das operações de amostragem. Todos esses erros resultam, unicamente, da existência de heterogeneidade em um lote de material. O objetivo da teoria da amostragem de Pierre Gy é controlar esses erros, analisando suas propriedades em função do processo de retirada de amostras e do material amostrado, e indicando os equipamentos e procedimentos que possibilitem eliminá-los ou, ao menos, minimizá-los.

7.1 Heterogeneidade

Homogeneidade é um conceito relativo, ou um conceito matemático abstrato que não existe na vida real. Ao observarmos uma pilha de areia a uma certa distância, podemos dizer que ela é homogênea; porém, ao nos aproximarmos dela e ao observarmos com uma lupa, percebemos que a homogeneidade não mais existe. A realidade é que há uma grande heterogeneidade quando se examina cada grão individualmente: diferentes tamanhos, cores, composições, formas, densidades, durezas, porosidades etc.

A diferença entre homogeneidade e heterogeneidade é quantitativa: homogeneidade é a condição inatingível de heterogeneidade zero, ou seja, é um caso limite da heterogeneidade. Portanto, no caso da amostragem, deve-se esquecer a palavra homogeneidade e aceitar a hipótese de que se está lidando somente com a heterogeneidade.

Na tentativa de medir a heterogeneidade de um lote de material, devem-se diferenciar duas categorias: a heterogeneidade de constituição (caso a unidade seja formada por um único elemento constituinte) e a heterogeneidade de distribuição (caso a unidade seja formada por um grupo de elementos constituintes vizinhos).

7.1.1 Heterogeneidade de constituição

Chama-se de heterogeneidade de constituição (CH_L) o tipo de heterogeneidade a que se chega quando se consideram as propriedades fundamentais dos fragmentos de um lote, observando-os um a um. Por definição, o valor zero de heterogeneidade de constituição seria um lote constituído por fragmentos idênticos em forma, tamanho, densidade etc. Portanto, a heterogeneidade de constituição relativa aos fragmentos de um lote, a um determinado grau de cominuição, é uma propriedade intrínseca do lote e não pode variar, a não ser que seja realizada outra etapa de cominuição. Misturas ou homogeneizações não têm influência na heterogeneidade de constituição.

Uma amostra S selecionada de um lote L é influenciada por um erro especificamente relacionado à heterogeneidade de constituição do mesmo lote. Esse erro é chamado erro fundamental de amostragem (FSE). Como se verá adiante, o erro fundamental é o único erro que nunca vale zero. Sua importância pode ser secundária para a maior parte dos constituintes, porém, normalmente ela se torna maior para os constituintes que ocorrem em menor quantidade, e muito maior para os elementos-traço contidos em materiais de alta pureza ou para os metais preciosos de baixo teor.

7.1.2 Heterogeneidade de distribuição

No item anterior foi considerado cada fragmento individual de um lote. Agora um lote será considerado como uma série de grupos, cada um deles constituído por um certo número de fragmentos vizinhos. Por definição, diz-se que um lote possui uma distribuição homogênea quando todos os grupos ou subséries de fragmentos têm a mesma composição média. Caso isso não ocorra, então o lote possui uma distribuição heterogênea.

Para cada constituinte do lote, a respectiva heterogeneidade de distribuição (DH_L) depende de três fatores: a heterogeneidade de constituição CH_L, a distribuição espacial dos constituintes e a forma do lote. A forma do lote é um fator muito importante, pois a heterogeneidade de um lote é muito influenciada pelas forças gravitacionais atuantes. Essas forças gravitacionais introduzem uma alta anisotropia na heterogeneidade de distribuição do lote.

7.2 Erros aleatórios e sistemáticos

Com exceção dos erros acidentais ou grosseiros, tais como os erros de preparação, que afetam a integridade da amostra, todos os outros erros de amostragem são variáveis aleatórias, caracterizadas por uma dada média (diferente ou não de zero) e uma dada variância (diferente de zero). Quando se fala sobre erros aleatórios (média igual a zero e variância diferente de zero) e sobre erros sistemáticos (variância igual a zero e média diferente de zero), é apenas por conveniência. Na realidade, todos os erros, tais como o erro fundamental de amostragem (FSE), o erro de delimitação do incremento (IDE), o erro de extração do incremento (IEE) etc., têm dois componentes: um componente aleatório, caracterizado unicamente pela variância, e um componente não aleatório, caracterizado unicamente pela média.

De fato, a variância e a média de um erro são fisicamente complementares, mesmo sendo propriedades diferentes. Dessa maneira, quando diversas variáveis aleatórias, tais como FSE, IDE, IEE etc., são independentes em probabilidade, elas também são cumulativas, o que justifica escrever as seguintes relações:

1) Se esses erros ocorrem separadamente:

$$TSE = FSE + IDE + IEE + ...$$

onde TSE é o erro total de amostragem.

2) Para a média desses erros:

$$m_{TSE} = m_{FSE} + m_{IDE} + m_{IEE} + ...$$

3) Para a variância desses erros:

$$s^2_{TSE} = s^2_{FSE} + s^2_{IDE} + s^2_{IEE} + ...$$

Ou seja, o efeito dos erros sobre o resultado da amostragem é cumulativo.

O erro sistemático de amostragem pode ser evitado se as seguintes condições forem satisfeitas:

7 Fundamentos teóricos da amostragem

- todo o lote deve ser perfeitamente acessível ao amostrador, de modo que exista, para cada constituinte do lote, uma chance idêntica de fazer parte da amostra;
- o plano de amostragem deve ser imparcial, de modo que exista, para cada constituinte do lote, uma chance idêntica de fazer parte da amostra;
- a distribuição de teores a_s da amostra deve obedecer a uma distribuição normal, o que é uma hipótese otimista no caso de elementos-traço.

Uma consequência direta das leis de probabilidades é que o teor da amostra somente tem como valor central o teor do lote inicial se não existirem erros sistemáticos de amostragem e se a distribuição do teor a_s da amostra obedecer a uma distribuição normal (Fig. 7.1).

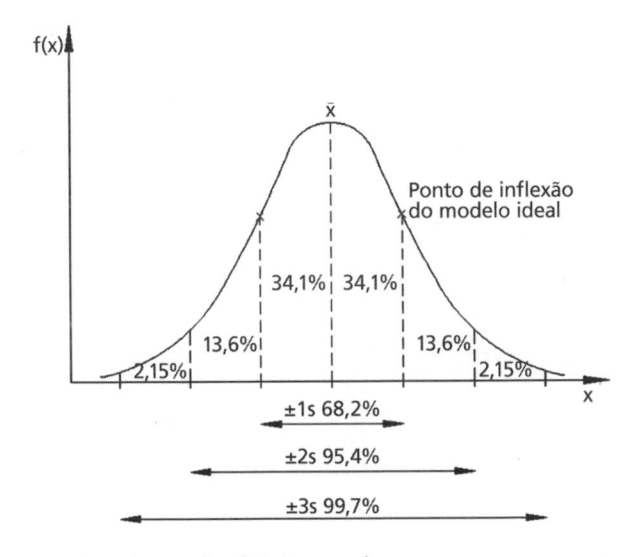

Fig. 7.1 Forma típica de uma distribuição normal

7.2.1 Conceito de precisão

Precisão não deve ser confundida com acurácia, e é incorreto incluir o conceito de acurácia no conceito de precisão. Precisão e acurácia são conceitos totalmente independentes e isso precisa ficar muito claro! Considerando SE como o erro de amostragem num sentido amplo, um processo de amostragem é dito preciso quando SE é pouco disperso ao redor de sua média, independentemente do fato de a diferença entre essa média e a média real do erro de amostragem m_{SE} ser zero ou diferente de zero.

Precisão se refere a medir a variabilidade dos resultados das amostras ao redor da média do lote do qual elas foram retiradas. Essa medida é geralmente expressa como a variância do erro de amostragem s_{SE}^2.

7.2.2 Conceito de acurácia

Um processo de amostragem é dito acurado quando o erro de amostragem possui sua média m_{SE} próxima de zero. Em outras palavras, o valor de m_{SE} é o valor do enviesamento da amostragem, embora, ao se comparar m_{SE} com s_{SE}^2, deva-se trabalhar com o quadrado da média m_{SE}^2. A soma m_{SE}^2 com s_{SE}^2 leva ao conceito de representatividade.

Dentro do contexto de amostragem, precisão se refere à dispersão dos resultados de amostragem ao redor de sua média, independentemente da diferença entre a média das amostras e a média real do lote ser zero ou diferente de zero. Acurácia se refere a quão próximo o valor médio das amostras está do valor médio real do lote, independentemente da dispersão dos resultados em torno do seu valor médio. A Fig. 7.2 ilustra a diferença entre os conceitos de precisão e acurácia.

Considerando-se o centro do alvo da Fig. 7.2 como sendo o valor médio real do lote amostrado, na situação (A) tem-se uma amostragem precisa, mas não acurada; na situação (B) tem-se uma amostragem acurada, mas não precisa.

A Tab. 7.1 mostra os resultados de uma campanha de amostragem de minério de ouro com teor médio real estimado em 3,42 g/t. Será considerada aqui uma estimativa do teor médio real, pois o teor médio real do lote nunca é conhecido. Desconsideram-se, também, os

7 Fundamentos teóricos da amostragem   329

Precisão   Acurácia

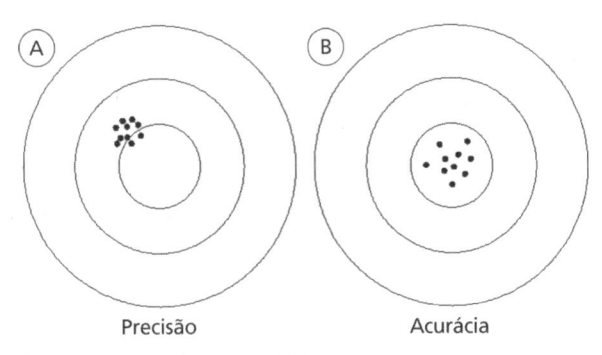

Fig. 7.2 Diferença entre precisão e acurácia

erros inerentes à amostragem de pó de perfuratriz no que diz respeito à recuperação do material proveniente do furo.

Na tentativa de se conhecer o teor do lote L – nesse caso, um bloco de minério com dimensões 50 × 50 × 10 m –, foram realizados 40 furos de 10 m de comprimento com perfuratriz rotopercussiva. Da pilha de material formada pelo pó da perfuratriz foi retirada uma amostra de aproximadamente 3 kg por furo, utilizando-se pá manual, o que gerou os resultados da coluna "teor$_3$" da Tab. 7.1. O restante do material (aproximadamente 150 kg) foi quarteado e gerou outras duas amostras de 75 kg por furo, resultando nos teores das colunas "teor$_1$" e "teor$_2$" da Tab. 7.1.

Sendo o erro de amostragem (SE) igual ao teor da amostra "teor$_3$", menos o teor real estimado "teor$_1$", os resultados da tabela indicam que o método de seleção de amostras superestimou o teor real do lote (média do erro de amostragem m$_{SE}$ igual a +0,577 g/t e teor médio das amostras igual a 3,99 g/t). Portanto, esse processo de amostragem é considerado não acurado, com enviesamento de +16,0% (média do erro relativo).

A variância também apresentou um valor elevado, com precisão absoluta de ±15,7% e relativa de ±98%, indicando que esse processo também não é preciso. A precisão relativa refere-se ao coeficiente de variação, ou seja, o desvio-padrão (15,7%) dividido pela média (16,0%).

Não sendo nem acurado nem preciso, o processo de amostragem apresentado não pode ser considerado representativo, como se verá no próximo item.

Tab. 7.1 EXEMPLO DE PROCESSO DE AMOSTRAGEM NÃO PRECISO E NÃO ACURADO

Número da amostra	Valor real estimado			Valor da amostra		
	$teor_1$	$teor_2$	erro (SE)	$teor_3$	erro (SE)	SE relativo
1	3,14	3,19	0,05	1,81	-1,33	-42,4%
2	1,64	1,66	0,02	2,32	0,68	41,5%
3	2,21	2,23	0,02	2,75	0,54	24,4%
4	3,31	3,33	0,02	4,43	1,12	33,8%
5	1,57	1,57	0,00	1,78	0,21	13,4%
6	3,08	3,10	0,02	3,38	0,30	9,7%
7	2,25	2,26	0,01	2,65	0,40	17,8%
8	4,45	4,49	0,04	5,39	0,94	21,1%
9	4,55	4,61	0,06	5,00	0,45	9,9%
10	2,14	2,16	0,02	2,42	0,28	13,1%
11	2,29	2,29	0,00	2,78	0,49	21,4%
12	1,86	1,85	-0,01	1,59	-0,27	-14,5%
13	2,28	2,29	0,01	2,52	0,24	10,5%
14	2,66	2,66	0,00	2,62	-0,04	-1,5%
15	2,02	2,04	0,02	2,27	0,25	12,4%
16	4,51	4,52	0,01	4,72	0,21	4,7%
17	4,35	4,36	0,01	5,56	1,21	27,8%
18	5,01	5,02	0,01	5,51	0,50	10,0%
19	1,87	1,87	0,00	2,26	0,39	20,9%
20	4,28	4,26	-0,02	5,02	0,74	17,3%
21	3,55	3,54	-0,01	3,93	0,38	10,7%
22	4,54	4,52	-0,02	5,50	0,96	21,1%
23	4,77	4,77	0,00	5,50	0,73	15,3%
24	3,82	3,80	-0,02	4,42	0,60	15,7%
25	3,28	3,25	-0,03	3,64	0,36	11,0%
26	3,17	3,15	-0,02	3,27	0,10	3,2%
27	2,62	2,62	0,00	2,81	0,19	7,3%
28	2,27	2,27	0,00	3,09	0,82	36,1%
29	4,52	4,52	0,00	5,60	1,08	23,9%
30	2,59	2,59	0,00	2,99	0,40	15,4%
31	4,79	4,79	0,00	6,45	1,66	34,7%
32	5,25	5,21	-0,04	6,72	1,47	28,0%

7 Fundamentos teóricos da amostragem 331

Tab. 7.1 Exemplo de processo de amostragem não preciso e não acurado (cont.)

Número da amostra	Valor real estimado			Valor da amostra		
	$teor_1$	$teor_2$	erro (SE)	$teor_3$	erro (SE)	SE relativo
33	4,28	4,28	0,00	5,61	1,33	31,1%
34	5,10	5,09	-0,01	6,32	1,22	23,9%
35	3,77	3,76	-0,01	4,19	0,42	11,1%
36	6,17	6,13	-0,04	6,76	0,59	9,6%
37	4,01	3,99	-0,02	6,21	2,20	54,9%
38	4,13	4,13	0,00	5,17	1,04	25,2%
39	2,48	2,46	-0,02	2,55	0,07	2,8%
40	2,02	2,02	0,00	2,18	0,16	7,9%
Média (m_{SE})	3,42	3,42	0,0013	3,99	0,577	16,0%
Variância (s^2_{SE})	1,44	1,43	0,0004	2,50	0,348	2,5%
Desvio-padrão (s_{SE})	1,20	1,20	0,0211	1,58	0,590	15,7%

7.2.3 Conceito de representatividade

Um processo de amostragem é dito representativo quando o quadrado médio do erro de amostragem r^2_{SE}, isto é, a soma de m^2_{SE} com s^2_{SE}, é menor que um dado valor padrão de representatividade, $r^2_{SE_0}$, considerado aceitável.

$$r^2_{SE} = m^2_{SE} + s^2_{SE} \leq r^2_{SE_0} \qquad (7.1)$$

Agora fica claro que, quando se fala sobre um dado erro e, deve-se referir à soma de sua variância s^2_e com o quadrado de sua média m^2_e:

$$r^2_e = m^2_e + s^2_e \qquad (7.2)$$

Dessa maneira, pode-se calcular a representatividade da amostra da Tab. 7.1:

$$r^2_{SE\ (REAL)} = 0,0013^2 + 0,0004 = 0,0004$$
$$r^2_{SE\ (AMOSTRA)} = 0,577^2 + 0,348 = 0,681$$

Para compreender o conceito de representatividade de uma amostra, deve-se atentar ao seu não enviesamento. Infelizmente, mesmo sendo fácil demonstrar a existência de enviesamento (isto é, de um erro sistemático) quando ele ocorre, é teoricamente impossível demonstrar a sua ausência.

É, então, importante definir uma condição que possa garantir antecipadamente a ausência "estrutural" de enviesamento: a condição de seleção de uma amostra correta. Uma amostra é correta quando qualquer fragmento do lote a ser selecionado possui a mesma probabilidade que qualquer outro de ser selecionado para a amostra (François-Bongarçon; Gy, 2002). Essa condição garante o não enviesamento, já que qualquer enviesamento irá anulá-la.

Agora é possível formalizar o conceito de representatividade de uma amostra. Uma amostra é representativa se as seguintes condições forem satisfeitas:

♦ a amostra é acurada (correta ou não enviesada);
♦ a amostra é precisa (suficientemente reproduzível).

Nessas condições, se uma amostra é correta e suficientemente reproduzível, isso automaticamente a qualifica como representativa.

Na prática, os métodos corretos de seleção de amostras não são tão simples. Primeiramente, é impossível realizar uma seleção fragmento por fragmento. Como alternativa à seleção de fragmentos individuais, podem-se tomar incrementos sucessivos de um determinado tamanho, ou seja, pequenas subamostras. Mas, nesse caso, a reprodutibilidade da amostra passa a ser sensível a outro tipo de heterogeneidade que não influencia a amostragem fragmento por fragmento: a heterogeneidade de distribuição. Esse tipo de heterogeneidade, mais bem conhecida como segregação, diminui a reprodutibilidade da amostra e multiplica sua variância por um fator maior. Felizmente, uma descoberta matemática mostrou que esse componente de variância adicional é inversamente proporcional ao número de incrementos utilizados para compor a amostra. O método de seleção de um maior número de incrementos (do menor tamanho possível) é chamado de amostragem incremental. Outra solução seria estruturar a segregação em geometrias conhecidas, como as camadas paralelas, e amostrar perpendicularmente a essa geometria.

Conclui-se, portanto, que, como o risco de enviesamento nunca é aceitável, devem-se utilizar somente amostradores e procedimentos de amostragem corretos. Qualquer amostrador ou procedimento julgado incorreto, ou mesmo suspeito de ser incorreto, deve ser eliminado, pois, nesse caso, não se pode garantir o não enviesamento das amostras e, consequentemente, sua representatividade. "A estimativa de boa qualidade é uma corrente, e a amostragem é seu elo mais fraco" (Gy, 1998, p. 12).

7.3 Os erros de amostragem

A heterogeneidade é a única condição na qual um conjunto de unidades pode ser observado na prática. E, segundo Gy (1998, p. 24), "a heterogeneidade é vista como a única fonte de todos os erros de amostragem".

Os itens a seguir apresentam os erros de amostragem propostos na teoria de amostragem de Pierre Gy. Vale salientar que os nomes dos erros foram traduzidos para o português, entretanto, a notação foi mantida em inglês e refere-se à notação usada por Gy (1992) e modificada por Pitard (1993, 2009). A notação original das variáveis também foi mantida.

7.3.1 Nova notação para os erros de amostragem

Durante a Conferência Mundial de Amostragem e Blendagem realizada na Cidade do Cabo, em outubro de 2009, o Dr. Francis Pitard, um dos autores deste capítulo, sugeriu uma nova notação para os erros de amostragem, como mostra o Quadro 7.1. A apresentação dessa nova notação gerou uma discussão, na qual foi levantada a necessidade de se padronizar mundialmente a notação dos erros, para que a comunidade da amostragem possa usar uma linguagem comum e única. Essa nova notação tem sido usada como padrão europeu e foi adotada ao longo do texto que se segue.

Quadro 7.1 Antiga e nova notação para os erros de amostragem

Nome do erro	antiga notação	nova notação
Erro global de estimativa	OE	OEE
Erro total de amostragem	TE	TSE
Erro fundamental de amostragem	FE	FSE
Erro de segregação e agrupamento	GE	GSE
Erro de flutuação de heterogeneidade	CE ou IE	HFE
Erro de flutuação de qualidade	QE	QFE
Erro de ponderação do incremento	WE	IWE
Erro de materialização do incremento	ME	IME
Erro de delimitação do incremento	DE	IDE
Erro de extração do incremento	EE	IEE
Erro de preparação do incremento	PE	IPE

Fonte: Pitard (2009).

7.3.2 O erro fundamental de amostragem (FSE)

Quando uma amostra de massa M_S é selecionada aleatoriamente, fragmento por fragmento com a mesma probabilidade, a partir de um lote de material fragmentado de massa M_L, surge um erro de amostragem entre o teor real (e desconhecido) do lote e o teor da amostra selecionada. Esse erro é o menor erro existente para uma amostra selecionada em condições ideais e, por isso, é chamado de erro fundamental de amostragem. Nessas condições ideais, que nunca ocorrem na prática, assume-se que cada fragmento tem a mesma probabilidade de seleção que qualquer outro e, ainda, que cada fragmento é selecionado independentemente dos outros, ou seja, um por um, sequencialmente (François-Bongarçon; Gy, 2002).

Geralmente esse erro tem uma média insignificante e é caracterizado por sua variância, calculada relativamente ao teor real do lote, utilizando-se uma fórmula muito conhecida, chamada "fórmula de Gy":

$$s^2_{FSE} = c\,f\,g\,l\,d^3 \left(\frac{1}{M_S} - \frac{1}{M_L}\right) \qquad (7.3)$$

onde s_{FSE}^2 é a variância relativa do possível resultado de teor da amostra; d é o tamanho máximo dos fragmentos; c, f, g e l são fatores que podem ser calculados ou obtidos experimentalmente. Essa fórmula permite o cálculo da massa mínima da amostra ($M_{Smín}$) para uma determinada variância relativa máxima ($s_{FSEmáx}^2$), como será apresentado no Exercício. 7.1.

O tamanho máximo dos fragmentos refere-se à abertura da malha quadrada que retém não mais que 5% do material, ou seja, o d_{95}. Os outros fatores da fórmula de Gy podem ser admitidos ou calculados conforme é descrito a seguir.

Fator forma (f): o fator forma pode ser definido como um fator de cubicidade e vale 1 quando todos os fragmentos são cubos perfeitos:

$f = 0{,}1$ para minerais laminares (mica, biotita, sheelita etc.);

$f = 0{,}2$ para materiais moles e submetidos a tensões mecânicas, como pepitas de ouro;

$f \approx 0{,}5$ para a maioria dos minerais: carvão = 0,446; minério de ferro = 0,495 a 0,514; pirita = 0,470 e cassiterita = 0,530 (Gy, 1967);

$f = 0{,}523$ para fragmentos esféricos;

$1 < f < 10$ para minerais aciculares (turmalina, asbestos, serpentina etc.).

Fator granulometria (g): o fator granulometria leva em conta a variação dos tamanhos dos fragmentos no interior de um lote e vale 1 se estivermos lidando com materiais perfeitamente calibrados, o que raramente ocorre:

$g = 0{,}25$ para materiais não calibrados (produto de um britador);

$g = 0{,}55$ para materiais calibrados (resultado do peneiramento entre duas malhas);

$g = 0{,}75$ para materiais naturalmente calibrados (cereais e grãos como feijão, arroz, aveia etc.).

Fator liberação (l): o fator liberação varia de zero – para materiais perfeitamente homogêneos (quando não há liberação) – a 1 – quando o mineral de interesse está completamente liberado. O fator liberação pode ser calculado utilizando-se uma das duas equações a seguir:

$$l = \frac{a_{máx} - a_L}{1 - a_L} \qquad (7.4)$$

$$l = \left(\frac{d_l}{d}\right)^x \quad \text{se } d < d_l, \, l = 1 \qquad (7.5)$$

onde $a_{máx}$ é o teor máximo dos fragmentos maiores; a_L é o teor médio do lote (admite-se que a_L não varia entre as frações granulométricas); d é o diâmetro máximo dos fragmentos; d_l é o diâmetro de liberação e x é um fator que pode ser estimado pelo mineralogista, analisando-se várias seções polidas do material. Não havendo estimativa de x, uma regra de dedão é usar $x = 0,5$.

Há diversas maneiras de calcular o fator liberação, o qual, se negligenciado, pode levar a recomendações enganosas do procedimento ótimo de amostragem. Por causa da dificuldade de estimar esse fator, é prática comum atribuir-lhe um valor conforme o grau de heterogeneidade do material:

$l = 0,05$ para materiais muito homogêneos;

$l = 0,1$ para materiais homogêneos;

$l = 0,2$ para materiais medianos;

$l = 0,4$ para materiais heterogêneos;

$l = 0,8$ para materiais muito heterogêneos.

Fator mineralogia (c): o fator mineralogia pode ser definido como:

$$c = \lambda_M \frac{(1 - a_L)^2}{a_L} + \lambda_g (1 - a_L) \qquad (7.6)$$

No entanto, na maioria dos casos práticos, o cálculo de c pode ser simplificado:

$$c = \frac{\lambda_M}{a_L} \quad \text{se } a_L < 0,1 \text{ ou } 10\% \qquad (7.7)$$

$$c = \lambda_g (1 - a_L) \quad \text{se } a_L < 0,9 \text{ ou } 90\% \qquad (7.8)$$

onde λ_M é a densidade do mineral de interesse; λ_g é a densidade do mineral de ganga e a_L é o teor do lote.

O modelo aqui apresentado é equivalente ao "modelo equiprovável" de 1951-53 de Gy, quando foi mostrado que, entre todos os componentes do erro total de amostragem TSE, o erro fundamental de amostragem FSE é o único que não pode ser reduzido a zero, mesmo que sejam aceitas as hipóteses mais favoráveis. O erro fundamental é, portanto, o erro de amostragem mínimo, irredutível e, assim, justifica o seu nome.

7.3.3 O erro de segregação e agrupamento (GSE)

A representação efetiva de um lote de material cuja heterogeneidade está sendo estudada só é possível se tal lote for caracterizado segundo determinados critérios. Do ponto de vista teórico, um lote sempre possui três dimensões; porém, na prática, uma ou duas dessas dimensões podem ser desconsideradas. Um lote de dimensão zero pode ser exemplificado por uma pilha cônica ou uma caçamba de caminhão, desde que esses objetos sejam considerados unidades descontínuas e aleatórias. O número de dimensões de um lote é definido pelo modelo mais simples que possa representá-lo.

O tipo de heterogeneidade de distribuição de um lote de dimensão zero pode ser definido como uma heterogeneidade de distribuição de pequena escala, que é simplesmente a consequência lógica de variações aleatórias de constituição entre fragmentos vizinhos. Essas variações, ou flutuações, geram o erro fundamental de amostragem FSE, mas também oferecem às forças gravitacionais uma oportunidade de realizar rearranjos entre os fragmentos, segregando famílias de fragmentos de acordo com sua constituição. Quanto maior a diferença de constituição (composição, forma, tamanho, densidade etc.), maior a possibilidade de segregação. Dois fatores são responsáveis pelo erro de amostragem introduzido pela heterogeneidade de distribuição: o fator de segregação, que é uma medida dos rearranjos espaciais, e o fator de agrupamento, que é uma medida da seletividade aleatória. Sabe-se que o erro fundamental é o erro mínimo gerado ao se selecionar uma amostra de um determinado lote. No entanto, o mínimo somente é alcançado sob uma condição estatística: os fragmentos da amostra devem ser selecionados aleatoriamente, um por um, e, na prática, isso não acontece. Ao selecionar um incremento para formar uma amostra, esse incremento geralmente é composto por vários fragmentos. Portanto, estatisticamente falando, uma amostra não é composta estritamente por fragmentos aleatórios, mas por grupos aleatórios de fragmentos. Consequentemente, acrescenta-se um erro a essa seleção, e quanto maior o grupo, maior esse erro, que é definido como erro de segregação e agrupamento (GSE).

7.3.4 O erro de flutuação de heterogeneidade (HFE)

As atividades industriais são caracterizadas por uma constante necessidade de transporte de material. A execução dessas atividades gera pilhas alongadas, materiais transportados em transportadores de correia e fluxos em tubulações de polpa, todos eles classificados como lotes unidimensionais.

O que foi dito para um lote de dimensão zero também vale para um lote unidimensional; no entanto, um lote unidimensional é quase sempre gerado por operações cronológicas. Consequentemente, ele será influenciado por variações que refletem essencialmente as atividades humanas, as quais levam a um novo conceito de heterogeneidade, que pode ser dividido em três componentes: o erro de variação de heterogeneidade de curto prazo, o erro de variação de heterogeneidade de longo prazo e o erro de variação periódica de heterogeneidade (fenômenos cíclicos). Portanto:

$$HFE = HFE_1 + HFE_2 + HFE_3 \qquad (7.9)$$

O erro de flutuação de heterogeneidade HFE, antes chamado de erro de seleção contínua CE ou erro de integração IE, foi renomeado diversas vezes. Trata-se do mesmo erro de seleção pontual PSE apresentado por Chieregati et al. (2007). Esse erro é considerado como a soma de dois erros complementares: o erro de flutuação da qualidade QFE (variação de teor) e o erro de flutuação da quantidade ou erro de ponderação IWE (variação de massa).

$$HFE = QFE - IWE \qquad (7.10)$$

7.3.5 O erro de ponderação do incremento (IWE) e o erro de flutuação de qualidade (QFE)

Uma amostra deve ser ponderada, ou seja, todos os incrementos selecionados devem ser proporcionais à vazão mássica de material no instante da amostragem. Tanto o erro de ponderação do incremento IWE como o erro de flutuação da qualidade QFE possuem os três componentes de heterogeneidade apresentados no item anterior e, portanto:

$$IWE = IWE_1 + IWE_2 + IWE_3 \qquad (7.11)$$

onde:
$$QFE = QFE_1 + QFE_2 + QFE_3 \qquad (7.12)$$

$$QFE_1 = FSE + GSE \qquad (7.13)$$

Note-se que, tanto para HFE quanto para IWE e QFE, o índice 1 representa o componente aleatório; o índice 2, o componente não aleatório e o índice 3, o componente periódico do erro.

Um sistema de amostragem correto deve ser razoavelmente proporcional. Por exemplo, a massa de cada incremento selecionado por um amostrador corta-fluxo deve ser proporcional à vazão mássica naquele instante. Um desvio excessivo na proporcionalidade leva ao enviesamento.

Se o sistema de amostragem não for proporcional, IWE provavelmente terá um valor significativo. Por outro lado, se o sistema de amostragem for proporcional, IWE será desprezível. No entanto, se a vazão de um fluxo de material variar muito com o tempo, isso também afetará IWE. Portanto, é importante regular as vazões, de modo que o erro de ponderação permaneça desprezível durante a etapa de materialização do incremento.

7.3.6 O erro de materialização do incremento (IME)

Até aqui foram identificados os erros gerados pela heterogeneidade do material que compõe o lote. Entretanto, considerou-se o lote como um objeto unidimensional contínuo e baseou-se o raciocínio na seleção de pontos imaginários dentro do domínio de interesse. Na realidade, esses pontos são formados por fragmentos ou grupos de fragmentos, e a natureza particular de cada uma dessas unidades deve ser levada em consideração. O mesmo raciocínio pode ser feito para o processo de divisão de um lote de dimensão zero.

A materialização de tais grupos de fragmentos fornece os incrementos de uma amostra. Essa materialização é alcançada primeiramente por meio de uma delimitação do incremento e, então, uma extração do incremento, operações que geram erros.

Um estágio de preparação também é um processo gerador de erros, o qual pode consistir em transferência, cominuição, peneiramento, mistura, secagem, filtragem, pesagem etc. O erro gerado, normalmente acidental, é denominado erro de preparação do incremento IPE.

Define-se o erro de materialização do incremento IME como a soma dos erros de delimitação do incremento IDE, de extração do incremento IEE e de preparação do incremento IPE:

$$IME = IDE + IEE + IPE \qquad (7.14)$$

A Fig. 7.3 ilustra delimitações corretas e incorretas do incremento. Se considerarmos o exemplo C-1 como a delimitação correta do incremento a ser retirado de um transportador de correia, um exemplo de erro de extração seria a retirada do material superficial do volume delimitado sobre o transportador, deixando de retirar o material da parte inferior, constituído essencialmente por finos.

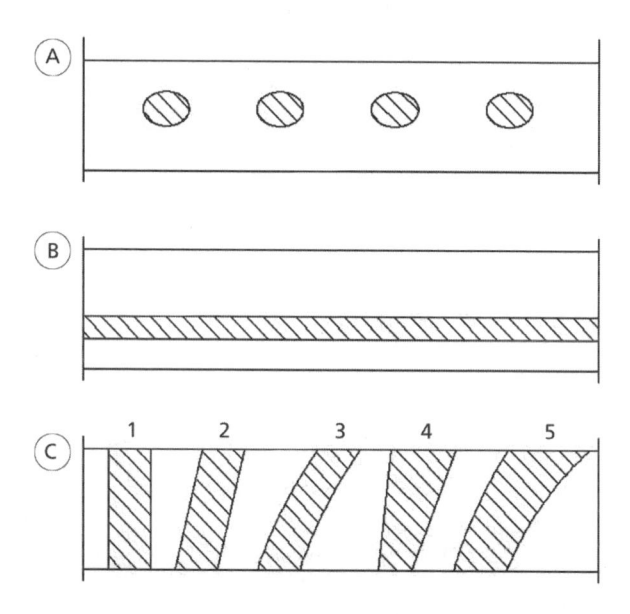

Fig. 7.3 (A) Amostragem de parte do fluxo, parte do tempo: sempre incorreta; (B) amostragem de parte do fluxo, todo o tempo: sempre incorreta; (C) amostragem de todo o fluxo, parte do tempo: 1, 2, 3 corretas e 4, 5 incorretas
Fonte: Pitard (1993).

7.3.7 O erro total de amostragem (TSE)

O erro total de amostragem TSE é definido como a soma do erro de flutuação de heterogeneidade HFE com o erro de materialização do incremento IME gerado em cada estágio de amostragem:

$$TSE = HFE + IME \qquad (7.15)$$

7.3.8 O erro analítico (AE) e erro global de estimativa (OEE)

Tanto a amostragem quanto as etapas de análise são processos geradores de erro e, portanto, o erro global de estimativa OEE é a soma do erro total de amostragem TSE com o erro analítico AE:

$$OEE = TSE + AE \qquad (7.16)$$

O erro analítico AE não faz parte do erro total de amostragem; entretanto, ele sempre fará parte do erro global de estimativa OEE. O quadro apresentado na Fig. 7.4 ilustra todos os componentes do erro global de estimativa.

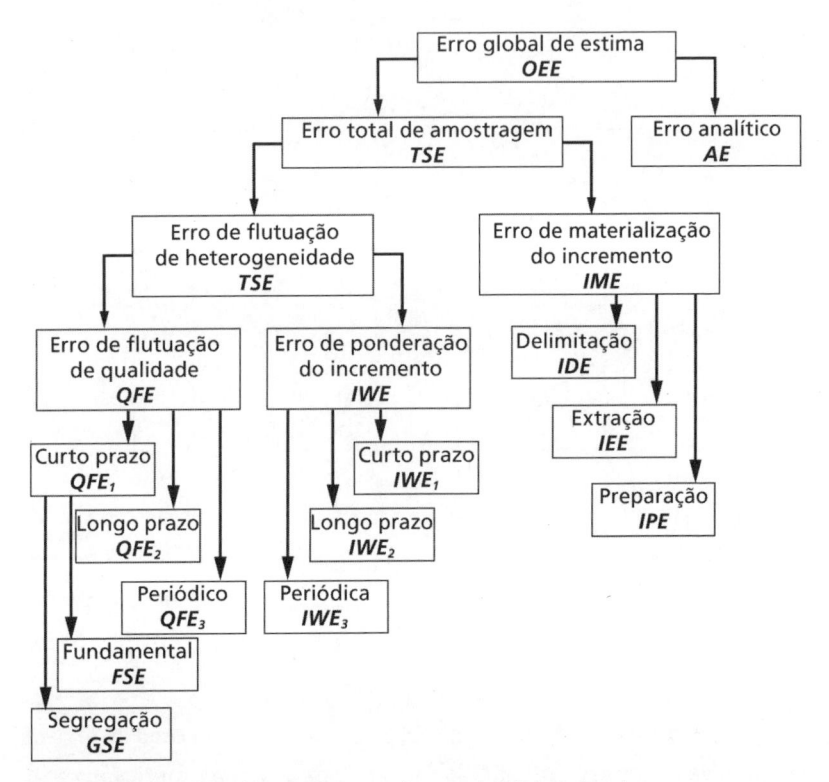

```
                    Erro global de estima
                            OEE
            ┌────────────────┴────────────────┐
    Erro total de amostragem            Erro analítico
            TSE                               AE
    ┌───────┴───────┐
Erro de flutuação           Erro de materialização
de heterogeneidade              do incremento
        TSE                          IME
   ┌────┴────┐                  ┌─────┼─────┐
Erro de flutuação  Erro de ponderação  Delimitação
  de qualidade       do incremento        IDE
      QFE                IWE
                                        Extração
  Curto prazo         Curto prazo          IEE
     QFE₁                IWE₁
                                       Preparação
  Longo prazo         Longo prazo          IPE
     QFE₂                IWE₂

   Periódico           Periódica
     QFE₃                IWE₃
  Fundamental
     FSE
  Segregação
     GSE
```

Fig. 7.4 Representação dos componentes do erro global de estimativa
Fonte: Pitard (2010).

Após as considerações anteriores, pode-se facilmente perceber que a simples análise de uma série de amostras não dá informações suficientes para dizer o que houve de errado durante todo o processo de amostragem, que não pode ser analisado retrospectivamente. A única abordagem lógica seria uma investigação completa e preventiva dos processos de seleção, materialização e preparação, de modo a assegurar uma estimativa precisa e acurada (ou seja, representativa) do teor real, crítico e desconhecido a_L de um lote de material.

7.3.9 Cronologia de uma estratégia de amostragem adequada

O principal objetivo de qualquer processo de amostragem é selecionar uma amostra representativa, cujo teor desconhecido é denominado a_s. A estimativa a'_s de a_s deve fornecer um estimador preciso e não enviesado do teor real e desconhecido a_L do lote L.

Nem sempre é fácil cumprir esse objetivo, já que um lote de material particulado sempre contém certa quantidade de heterogeneidade, e, quanto maior a heterogeneidade do material, mais difícil a operação de amostragem. Nessas condições, parece lógico que se deva medir a quantidade de heterogeneidade intrínseca de um dado material antes de se decidir por uma operação de amostragem adequada.

A análise independente da heterogeneidade é um passo fundamental, já que fornece informações que vão muito além dos objetivos da amostragem. Esta torna-se, então, um processo de seleção de materiais para os quais a heterogeneidade já foi caracterizada por uma variância ou por um variograma, de modo que se possa determinar o procedimento de amostragem mais apropriado para cada caso.

Segundo Gy (1998), um procedimento de amostragem inadequado pode levar a enviesamentos de até 1.000% para amostragem primária (probabilística), de até 50% para amostragem secundária (probabilística, mas incorreta) e de 0,1 a 1,0% para as etapas de análise.

Portanto, uma estratégia de amostragem adequada deve seguir a seguinte cronologia:
- ♦ estudo da heterogeneidade do material de um dado lote, tanto de dimensão zero quanto unidimensional;
- ♦ otimização dos procedimentos de amostragem de modo a minimizar o erro fundamental FSE, o erro de segregação e

agrupamento GSE, o erro de variação de heterogeneidade de longo prazo HFE_2 e o erro de variação periódica de heterogeneidade HFE_3;

- controle da correção da amostragem (ou seja, a escolha do amostrador) de modo a eliminar o erro de delimitação do incremento IDE, o erro de extração do incremento IEE e o erro de preparação do incremento IPE.

Por fim, deve-se atentar ao fato de que o controle da acurácia é uma abordagem perigosa e que não resolve os problemas de amostragem. O controle da correção da amostragem é a única forma efetiva de se ganhar tempo, dinheiro e de se eliminar as deficiências dos processos de controle de qualidade.

7.4 Características dos amostradores

Como visto anteriormente, o único objetivo da amostragem é reduzir a massa de um lote L sem alterar significativamente suas demais propriedades. Para reduzir a massa de um lote de material fragmentado, pode-se: retirar incrementos do lote, os quais, reunidos, formarão a amostra (amostragem incremental); ou dividir o lote em frações e selecionar aquelas que farão parte da amostra (amostragem por fracionamento). Na amostragem por fracionamento, utilizam-se os dispositivos de fracionamento, cujas características foram discutidas no Cap. 6. A amostragem incremental é feita utilizando-se os amostradores, cujas características são discutidas nos itens que se seguem e também no Cap. 6.

Segundo François-Bongarçon e Gy (2002, p. 481), "em se tratando da teoria da amostragem, um mau amostrador é um mau amostrador, não importa qual, e uma amostra pode ser ou boa ou má". Um mau amostrador geralmente gera amostras enviesadas, e um amostrador correto minimiza esse risco.

A seguir são apresentadas e discutidas as características de alguns amostradores utilizados em etapas anteriores ao beneficiamento de minérios. Serão aqui incluídos somente os amostradores desenvolvidos para materiais particulados (pó de perfuratriz e material britado sobre transportadores de correia). O Cap. 6 tratou dos principais amostradores utilizados no beneficiamento de minérios.

7.4.1 Amostragem de furos de desmonte

A amostragem correta do material proveniente de furos de desmonte, ou pó de perfuratriz, é uma dificuldade constante para o geólogo e para o engenheiro de minas. Um dos problemas comuns é que uma pequena porção do material tende a voltar para o furo. Entretanto, o pior erro é utilizar um procedimento não probabilístico de amostragem, tal como a seleção manual de amostras (por meio de uma pá, por exemplo). Esse procedimento é incorreto e deve ser rejeitado.

Até hoje não se encontrou uma solução que satisfaça tanto a produção quanto a amostragem. No entanto, existem técnicas que procuram minimizar o erro de delimitação da amostra sem tentar resolver todos os problemas da amostragem. Duas dessas técnicas são apresentadas a seguir.

7.4.2 Amostradores cilíndricos

Esse amostrador consiste em um cilindro plástico com uma janela retangular que serve como receptor do material. O material que entra na janela fica retido em um saco plástico, colocado dentro do cilindro e preso por um anel externo, como mostra a Fig. 7.5.

O principal problema da janela retangular é que ela normalmente é colocada na posição vertical, e essa posição gera um erro de extração, pois altera sistematicamente a distribuição granulométrica da amostra. Para que se possa prevenir esse erro, o amostrador deve ser colocado num ângulo de 60° e a janela deve ter arestas radiais na direção do eixo de perfuração (Fig. 7.6). Assim, para um dado ângulo das arestas, a janela de amostragem deve ser colocada sempre no mesmo lugar. Isso pode ser assegurado por uma armação apropriada colocada na lança da perfuratriz, próximo ao furo.

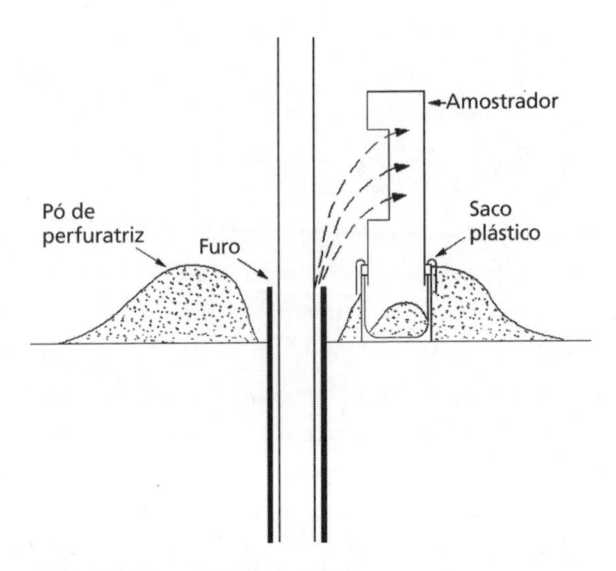

Fig. 7.5 Amostrador cilíndrico de pó de perfuratriz
Fonte: Pitard (1993).

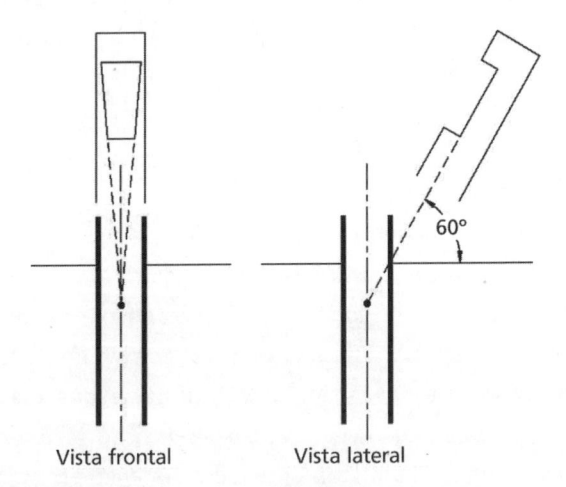

Fig. 7.6 Arestas radiais de um amostrador cilíndrico
Fonte: Pitard (1993).

Se o material proveniente do furo ascendesse num eixo vertical diretamente para a superfície, esse sistema captaria somente uma seção do furo, o que classificaria a amostra como incorreta. Entretanto, o material se movimenta em todas as direções no interior do furo, o que permite dizer que a janela é um amostrador estacionário que dá a todos os fragmentos a mesma chance de fazer parte da amostra.

Outra condição é de que a janela seja longa o suficiente para poder interceptar todo o fluxo de material (Fig. 7.7A). Portanto, as três condições para uma amostragem correta de furos de desmonte são: inclinação do amostrador de 60° com o solo, janela radial em direção ao eixo de perfuração e tamanho da janela adequado para receber todo o fluxo.

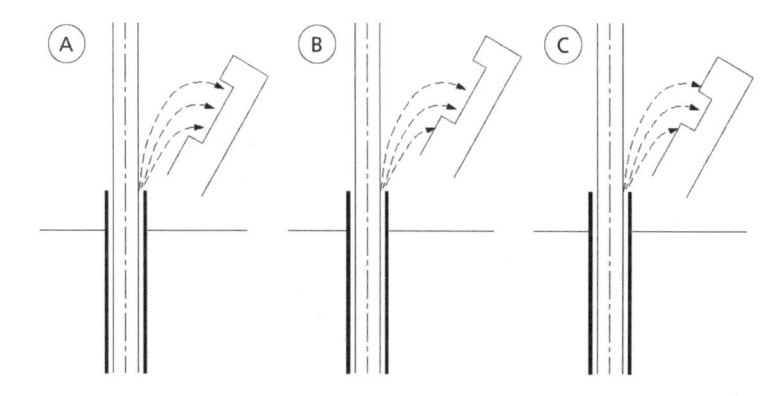

Fig. 7.7 (A) Posição correta; (B) incorreta; (C) janela muito pequena
Fonte: Pitard (1993).

7.4.3 Amostradores setoriais estacionários

Outra solução possível é a instalação de diversos amostradores setoriais estacionários em uma armação colocada ao redor do furo, como mostra a Fig. 7.8.

Para que esse amostrador seja correto, seu centro deve coincidir com o centro do furo. O amostrador deve funcionar como um recipiente em forma de fatia de pizza, que pode ser facilmente removido da armação. O recipiente deve também ser fundo o suficiente para não transbordar antes do final da perfuração, e deve ser grande o suficiente para não perder material proveniente do furo. Essa solução é muito mais fácil de implementar, e o material tem menor probabilidade de escapar da janela de amostragem do que no caso do amostrador cilíndrico.

Segundo Morley e McBride (1995) – que utilizaram, com êxito, essa técnica de amostragem na otimização do desmonte e da lavra da segunda maior mina de ouro da Austrália –, a simplicidade desta técnica minimiza os riscos de contaminação e os erros cometidos.

O efeito do vento é uma questão a se considerar na decisão do tipo de amostrador a ser utilizado, pois pode arrastar partículas finas, seja para dentro seja para fora do amostrador. Com o objetivo de minimizar os erros gerados pela ação do vento, que reduzem a perda de finos, Chieregati (2007) propôs um equipamento alternativo para furos de pequeno diâmetro. Uma cúpula semiesférica adicionada à

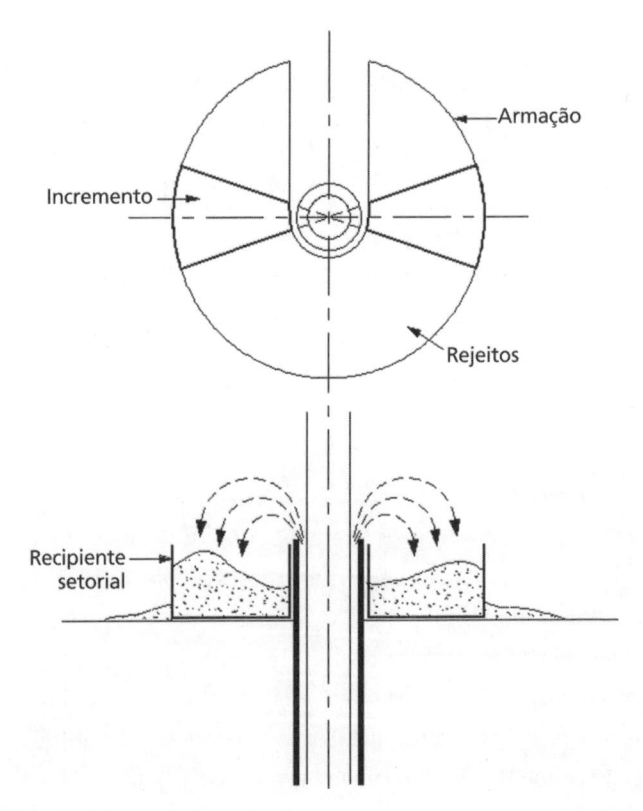

Fig. 7.8 Amostrador setorial estacionário
Fonte: Pitard (1993).

7 Fundamentos teóricos da amostragem 349

parte superior do amostrador setorial estacionário, construída em aço inoxidável e com armação fechada, permite que todas as partículas – finas e grossas – sejam captadas pelos recipientes setoriais, evitando um possível enviesamento das amostras em decorrência da perda da fração fina.

7.4.4 Amostragem de fluxos contínuos

No caso particular de lotes unidimensionais, comuns no ambiente de usinas de beneficiamento de minérios (por exemplo, fluxos de polpa ou material britado sobre transportadores de correia), há três maneiras de se amostrar (Fig. 7.3), correspondentes a diferentes famílias de amostradores automáticos:

◆ tomando-se parte do fluxo, parte do tempo (ex.: amostragem pontual e manual em transportadores de correia);
◆ tomando-se parte do fluxo, todo o tempo (ex.: amostradores tubulares inseridos na tubulação de polpa);
◆ tomando-se todo o fluxo, parte do tempo (ex.: amostradores corta-fluxo).

Somente o item (C) da Fig. 7.3 pode garantir amostras corretas, e somente no caso de instalações apropriadas do amostrador e em condições apropriadas de uso, pois, mesmo que o regime do fluxo seja totalmente turbulento (isto é, aleatório), o fato de se introduzir um obstáculo ao material (o amostrador) irá reestruturar o fluxo de uma maneira não previsível. Essa reestruturação resultará em uma amostragem preferencial e, portanto, incorreta.

Na prática, todos os amostradores tipo corta-fluxo podem ser projetados de tal maneira a fornecer uma delimitação correta da amostra e, assim, tornam-se capazes de executar amostragens equiprobabilísticas, com uma probabilidade de seleção igual para todos os setores do fluxo.

Na descrição de amostradores e processos de amostragem do Cap. 6 foram vistos alguns procedimentos de *bias sampling* que asseguram a retirada total do fluxo.

7.5 Características dos dispositivos de fracionamento

Os processos de amostragem por divisão ou fracionamento são indicados para lotes de partículas cuja massa é pequena o suficiente para justificar o manuseio manual ou mecânico de todo o seu conteúdo. Esses processos dividem o lote L em duas ou mais frações iguais, considerando que todas elas tenham sido selecionadas sob condições idênticas.

É importante salientar que um processo de fracionamento, em si, não é um processo de amostragem. A amostragem propriamente dita se inicia após a divisão do lote, quando algumas das frações são selecionadas para compor a amostra. Portanto, o processo de amostragem por fracionamento é caracterizado por dois estágios: o processo de divisão do lote e o processo de seleção das frações. Esses dois estágios englobam os quatro passos elementares e independentes a seguir, que apresentam muita semelhança com a sequência observada nos processos de amostragem incremental:

1 Delimitação da fração: o equipamento de fracioamento delimita os domínios ocupados por frações geométricas do lote.

2 Separação das frações: a fração deve coincidir com a série de fragmentos cujo centro de gravidade está dentro dos limites das frações geométricas.

3 Reunião das frações: as frações são reagrupadas de acordo com um esquema sistemático, fornecendo um conjunto de amostras potenciais.

4 Seleção da amostra: esse passo deve ser probabilístico, e, portanto, as amostras devem ser selecionadas aleatoriamente.

A Fig. 7.9 ilustra as diferenças entre o processo de amostragem incremental e o processo de amostragem por fracionamento. Ao contrário do processo de amostragem incremental, a amostragem por fracionamento permite uma seleção completamente independente da materialização. Portanto, mesmo se a materialização estiver enviesada, a seleção se mantém imparcial, desde que tenha sido realizada aleatoriamente.

Amostragem incremental

Seleção de incrementos pontuais antes da materialização

Delimitação dos incrementos

Extração dos incrementos

Reunião dos incrementos formando a amostra

Amostragem por fracionamento

Delimitação das frações

Separação das frações

Amostras potenciais

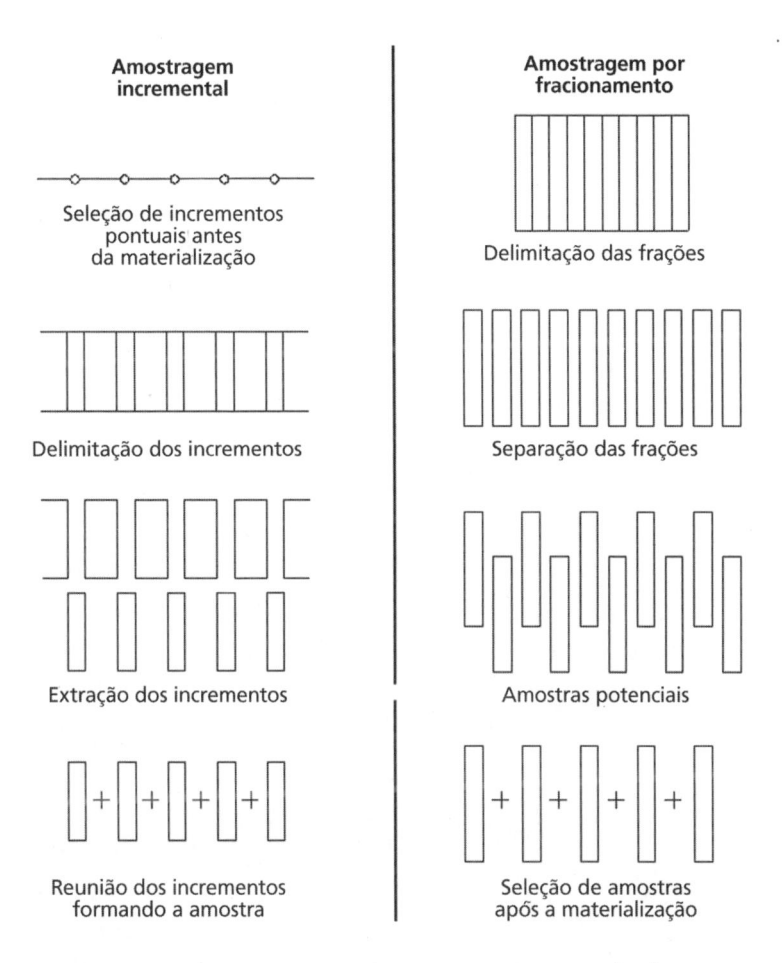

Seleção de amostras após a materialização

Fig. 7.9 Comparação entre os processos de amostragem incremental e de amostragem por fracionamento
Fonte: Pitard (1993).

7.6 Amostragem de metais preciosos

Por muito tempo, os especialistas têm dado uma enorme atenção aos problemas teóricos e, principalmente, práticos da amostragem de materiais que contêm metais preciosos. E como quantidades relativamente pequenas de material podem envolver grandes quantidades de dinheiro, os problemas de precisão e acurácia logo se tornam a preocupação principal. Provavelmente não existe outro material para o qual a precisão e a acurácia da amostragem sejam tão críticas quanto para os metais preciosos.

Uma das principais diferenças entre os metais preciosos e os outros metais é o fato de os metais preciosos serem econômicos a teores muito baixos. Os metais básicos, por exemplo, são sempre estimados em porcentagem, enquanto os metais preciosos, tais como o ouro e a platina, são estimados em partes por milhão.

A discussão a seguir está focada no ouro; entretanto, ela pode ser estendida a todos os demais metais e minerais preciosos. Essa discussão serve também como introdução a um assunto polêmico, que é a amostragem de materiais que contêm elementos-traço.

7.6.1 Amostragem de ouro

A amostragem de minérios de ouro gera diversas dificuldades, como, por exemplo:

- o conteúdo de ouro de uma subamostra analítica pode ser completamente diferente do conteúdo de ouro da amostra inicial;
- a densidade do ouro é elevadíssima (15,5-19,3 g/cm^3), promovendo uma forte segregação assim que as partículas de ouro são liberadas;
- as partículas de ouro não cominuem bem, podendo criar um fino filme metálico que cobre a superfície dos amostradores.

Todos esses problemas são ampliados quanto menor o teor de ouro, quanto mais marginal o depósito e quanto mais irregular a distribuição do ouro na rocha.

Os metais preciosos – e especialmente o ouro, que ocorre na natureza de diferentes maneiras – apresentam dificuldades de

7 Fundamentos teóricos da amostragem 353

amostragem que devem ser resolvidas de um modo particular para cada caso.

7.6.2 O efeito pepita

O efeito pepita é um termo geoestatístico que descreve a proporção de variabilidade aleatória presente em uma série de dados. O efeito pepita possui dois componentes principais: o componente geológico ou efeito pepita in situ e o componente relativo à amostragem (Dominy, 2007). O componente geológico representa a variabilidade natural inerente ao material e o componente relativo à amostragem representa a variabilidade resultante do tamanho, da preparação e análise das amostras. Em muitos casos, esse último componente é predominante, resultando em valores elevados para o erro fundamental de amostragem. Pode-se, portanto, dizer que o efeito pepita descreve quão bem os resultados de uma campanha de amostragem são reproduzidos repetindo-se a amostragem no mesmo ponto, e assim, quanto maior a reprodutibilidade amostral, menor o efeito pepita.

É importante ressaltar que o efeito pepita não é um fenômeno exclusivo dos metais e minerais preciosos, mas existe para qualquer material heterogêneo. Como todo material geológico é necessariamente heterogêneo, o efeito pepita ocorre para qualquer tipo de minério.

Em ambientes com um efeito pepita elevado, como é o caso dos depósitos de metais preciosos e das mineralizações muito heterogêneas, a reprodutibilidade das amostras é ainda mais baixa. Portanto, esses tipos de mineralização são muito sensíveis ao método de amostragem, o qual deve ser o mais acurado possível, de modo a evitar que valores incorretos de efeito pepita sejam considerados nos modelos de reservas e de controle de teor. O reconhecimento do efeito pepita é de extrema importância para as estimativas dos modelos da jazida. Quanto maior o efeito pepita, maior o grau de suavização a ser considerado no modelo, pois a estimativa, nesse caso, aproxima-se de uma simples média aritmética das amostras contidas dentro do raio de influência do bloco em estudo (Chieregati; Pitard, 2009). O termo $v(0)$ muitas vezes é chamado pelos geoestatísticos de "efeito pepita" ou variância de flutuações estritamente aleatórias. No variograma, $v(0)$ corresponde à variância para uma distância zero entre amostras, ou seja, o valor da função variograma $\gamma(h)$ para $h = 0$, conforme a Eq. 7.17:

$$2\gamma(h) = \frac{1}{n(h)} \sum_{i=1}^{n(h)} [x(z_i) - x(z_i + h)]^2 \qquad (7.17)$$

onde $\gamma(h)$ é uma medida de variância das diferenças dos valores da variável x entre pontos separados por uma distância h; $n(h)$ é o número de pares de valores para a distância h; $x(z_i)$ é o valor da variável x na posição z_i e $x(z_i+h)$ é o valor da variável x na posição (z_i+h). A variável x é definida como uma variável regionalizada (espessura, massa, teor do minério etc.).

A Fig. 7.10 ilustra um variograma típico.

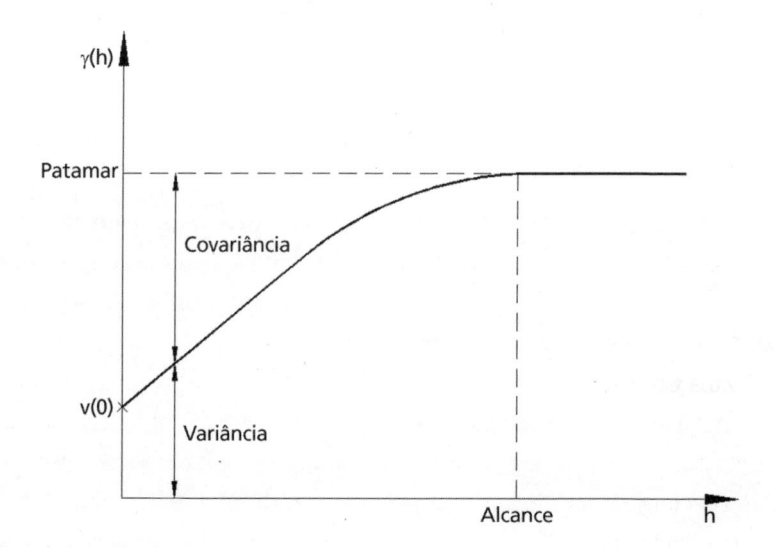

Fig. 7.10 Variograma típico e seus componentes

7 Fundamentos teóricos da amostragem 355

O conceito de $v(0)$ pode ser definido como a comparação entre uma unidade (ou amostra) e sua duplicata (o mais próximo dela mesma), o que logicamente levaria a concluir que $v(0) = 0$. Na prática, conforme observou Gy (1998), não se está lidando com massas e teores reais (sempre desconhecidos), mas com estimativas de massa e teor provenientes de processos de seleção, preparação e análise da amostra. Portanto, todos os erros gerados durante esses processos estão contidos no valor $v(0)$ do variograma.

É importante observar que o chamado "efeito pepita" dos geoestatísticos não é o mesmo efeito pepita *in situ* do material, referente ao componente geológico. Segundo Pitard (1993), $v(0)$ inclui o efeito pepita *in situ* (s^2_{NE}), ou variância da heterogeneidade intrínseca do material. O mesmo autor chamou $v(0)$ de "*garbage can*" ("lata de lixo"), por representar a soma de todos os seguintes componentes (como mostra a Fig. 7.11):

- variância do erro fundamental (s^2_{FSE}), gerado durante a extração dos incrementos;
- variância do erro de segregação e agrupamento (s^2_{GSE}), também gerado durante a extração dos incrementos;
- variância de todos os outros componentes do erro de amostragem (s^2_{IDE}, s^2_{IEE}, s^2_{IWE});
- variância dos erros gerados durante a redução de massa das amostras até a massa enviada às análises químicas (s^2_{IPE});
- variância do erro analítico (s^2_{AE}).

Note que o termo s^2_{HFE1} da Fig. 7.11 representa apenas o componente aleatório da variância do erro de flutuação de heterogeneidade.

7.6.3 Condições para minimizar os erros de amostragem

As seis condições abaixo visam eliminar, ou pelo menos minimizar, a maior parte dos erros provenientes da amostragem de metais preciosos:

1. Todo equipamento de amostragem deve ser projetado, construído e utilizado de tal maneira que os erros de prepa-

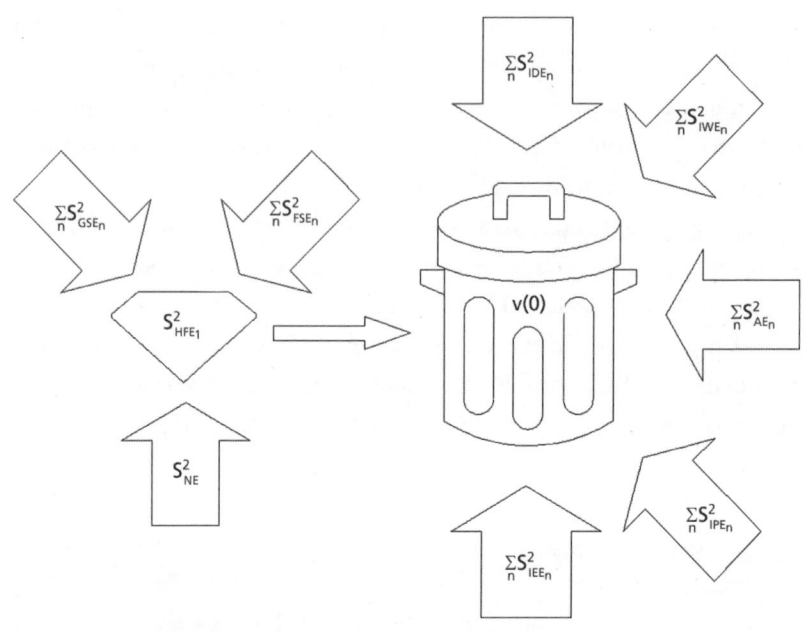

Fig. 7.11 Os componentes de $v(0)$: "*the garbage can*"
Fonte: Pitard (2009).

ração IPE_n sejam irrelevantes. Deve-se dar especial atenção à minimização de perdas e contaminação pelo ouro remanescente em equipamentos de amostragem.

2 A delimitação do incremento deve ser correta e, portanto, IDE = 0.
3 A extração do incremento deve ser correta e, portanto, IEE = 0.
4 O número de incrementos deve ser grande o suficiente para minimizar o erro de segregação e agrupamento GSE, até que ele se torne irrelevante. Deve-se enfatizar que a homogeneização do ouro liberado é impossível e, portanto, a única maneira de minimizar GSE é minimizando o erro fundamental FSE e aumentando o número de incrementos por amostra.
5 Para amostragem de lotes unidimensionais, o intervalo entre cada incremento deve ser pequeno o suficiente para tornar irrelevante o erro de variação de heterogeneidade de longo prazo HFE_2.

6 O método de seleção de amostras deve ser escolhido levando-se em conta o erro de variação periódica de heterogeneidade HFE_3.

Se todas essas condições forem satisfeitas, o único erro restante é o erro fundamental de amostragem FSE, que será discutido a seguir.

7.6.4 Considerações sobre o erro fundamental de amostragem

Como visto anteriormente, uma amostra S selecionada a partir de um determinado lote é influenciada por um erro especificamente relacionado à heterogeneidade de constituição desse lote, o chamado erro fundamental de amostragem (FSE). A heterogeneidade de constituição CH_L de um lote L é definida como a variância adimensional e relativa da heterogeneidade h_i dos N_F fragmentos F_i que constituem o lote:

$$CH_L = s_{h_i}^2 = \frac{1}{N_F} \sum_i h_i^2 = N_F \sum_i \frac{(a_i - a_L)^2}{a_L^2} \cdot \frac{M_i^2}{M_L^2} \quad (7.18)$$

Na maioria dos casos reais, não é tão simples calcular a heterogeneidade de constituição CH_L, em parte pela dificuldade de se estimar N_F, que normalmente é muito grande. Na prática, deve-se conseguir calcular as características do material que compõe o lote, e essas características devem ser independentes do tamanho do lote, ou seja, não deveria existir a necessidade de se estimar N_F. Isso pode ser feito multiplicando-se CH_L por M_L/N_F, que nada mais é que a massa média $\overline{M_i}$ de um fragmento. Portanto, pode-se definir o fator constante de heterogeneidade de constituição IH_L da seguinte forma:

$$IH_L = CH_L \frac{M_L}{N_F} = CH_L \overline{M_i} = \sum_i \frac{(a_i - a_L)^2}{a_L^2} \cdot \frac{M_i^2}{M_L} \quad (7.19)$$

Como CH_L é adimensional, IH_L possui a mesma dimensão da massa. CH_L e IH_L são dois parâmetros intrínsecos do material, independentes do tamanho dos lotes; entretanto, existem algumas diferenças:

1. A heterogeneidade de constituição CH_L é sempre definida, mas só é calculada quando o número de fragmentos N_F é pequeno o suficiente para poder ser contado, sendo mais apropriada para uma abordagem teórica do conceito de heterogeneidade.
2. O fator constante de heterogeneidade de constituição IH_L sempre pode ser calculado, independentemente do número de fragmentos N_F. Portanto, IH_L é mais apropriado para aplicações práticas, tais como o cálculo da variância do erro fundamental.

O erro fundamental de amostragem é definido como o erro que ocorre quando a seleção do incremento é correta e quando os incrementos que constituem a amostra contêm um único fragmento aleatório. Este é um caso limite, mas sabe-se que esse erro é gerado unicamente pela heterogeneidade de constituição CH_L, que é uma propriedade intrínseca do lote, e sua variância pode ser escrita como:

$$s_{FSE}^2 = \frac{1-P}{PN_F}CH_L = \frac{1-P}{PM_L}IH_L \qquad (7.20)$$

onde P é a probabilidade de seleção, que deve permanecer constante se a amostragem for devidamente planejada (isto é, quando o teor de cada fragmento segue uma distribuição normal, aceitando como valor central a média real a_L do lote) e corretamente executada (ou seja, quando os fragmentos da amostra são selecionados um a um aleatoriamente).

Como:

$$M_S - PM_L \qquad (7.21)$$

tem-se:

$$s_{FSE}^2 = \left(\frac{1}{M_S} - \frac{1}{M_L}\right)IH_L \qquad (7.22)$$

$$IH_L = c\,f\,g\,l\,d^3 \qquad (7.23)$$

A equação anterior é extremamente útil e prática para a otimização de procedimentos de amostragem e pode ser simplificada da seguinte forma (quando M_L é muito maior que M_S):

$$s_{FSE}^2 = \frac{IH_L}{M_S} \qquad (7.24)$$

O fator constante de heterogeneidade de constituição IH_L é calculado com base em diversos fatores, descritos no item sobre o erro fundamental de amostragem. Um desses fatores é o fator liberação l, cujo valor varia de zero – quando o material é perfeitamente homogêneo (e não há liberação) – até um – quando o mineral de interesse está totalmente liberado. O fator liberação varia muito e, portanto, é difícil atribuir-lhe um valor médio. No caso de teores extremamente baixos, como é o caso dos depósitos de ouro, a maior dificuldade é estimar o fator liberação.

Para resolver esse problema, são realizados os testes de heterogeneidade, que permitem calcular uma estimativa do fator constante de heterogeneidade de constituição IH_L sem a necessidade de se calcular o fator liberação. Uma descrição detalhada dos testes de heterogeneidade pode ser encontrada em Pitard (1993).

Exercícios resolvidos

7.1 Uma pilha de 15.000 t de minério de ouro proveniente de uma etapa de britagem a 95% abaixo de 25 mm deve ser amostrada. A análise mineralógica das amostras selecionadas mostrou que o ouro está praticamente todo liberado a 10 μm. Sendo o teor médio de ouro igual a 1 g/t e a densidade do ouro 19 g/cm³, qual a massa mínima de uma amostra representativa dessa pilha, admitindo-se um máximo desvio-padrão relativo do erro fundamental de amostragem igual a 16%? E para um máximo desvio relativo de 8%?

$$s_{FSE}^2 = \left(\frac{1}{M_S} - \frac{1}{M_L}\right) IH_L; \quad IH_L = c\,f\,g\,l\,d^3$$

Para M_L relativamente muito grande: $M_S = \left(\dfrac{IH_L}{s_{FSE}^2}\right)$

Fator mineralogia

$$c = \dfrac{\lambda_M}{a_L} = \dfrac{19}{0,000001} = 1,9 \times 10^7$$

a_L em decimal

Fator liberação

$$\ell = \sqrt{\dfrac{d_1}{d}} = \sqrt{\dfrac{0,001}{2,5}} = 0,02$$

onde:

d = diâmetro, em cm, no qual passam 95% do material;
d_1 = diâmetro de liberação.

Fator forma

$f = 0,2$ (para ouro)

Fator granulometria

$g = 0,25$ (para material não calibrado)
$d = 2,5$ cm
$IH_L = c\,f\,l\,g\,d^3 = 296.875$ g

Para $s^2_{FSE} = 0,16^2$ Para $s^2_{FSE} = 0,08^2$
$M_{Smín} \approx 11,6$ t $M_{Smín} \approx 46,4$ t

7.2 Uma pilha de 15.000 t de minério de ferro proveniente de uma etapa de britagem a 95% abaixo de 25 mm deve ser amostrada. A análise mineralógica das amostras selecionadas mostrou que a hematita está praticamente toda liberada nessa fração. Sendo o teor médio de hematita na jazida igual a 40%, a densidade da hematita igual a 5,26 g/cm³ e a densidade do quartzo (mineral de ganga) igual a 2,65 g/cm³, qual a massa mínima de uma amostra representativa dessa pilha, admitindo-se um máximo desvio-padrão relativo do erro fundamental de amostragem igual a 16%? E para um máximo desvio relativo de 4%?

Fator mineralogia

$$c = \lambda M \frac{(1-a_L)^2}{aL} + \lambda_g(1-a_L)$$

a_L em decimal

$$c = 5{,}26\frac{(1-0{,}4)^2}{0{,}4} + 2{,}65(1-0{,}4) = 6{,}32$$

Fator liberação

$l = 1$ (para liberação total da fração)

Fator forma

$f = 0{,}5$ (para ferro)

Fator granulometria

$g = 0{,}25$ (para material não calibrado)

$d = 2{,}5$ cm

$IH_L = c\,f\,l\,g\,d^3 = 12{,}3$ g

Para $s^2_{FSE} = 0{,}16^2$ Para $s^2_{FSE} = 0{,}04^2$

$M_{Smín} \approx 482$ g $M_{Smín} \approx 7{,}7$ kg

7.3 A amostra obtida no Exercício 7.1 segue o procedimento de preparação especificado a seguir:
- quarteamento da amostra primária de 11,6 t e seleção de uma amostra de 50 kg;
- quarteamento por quarteador tipo Jones e seleção de uma amostra de 10 kg;
- britagem da amostra até 95% passante em 2,4 mm;
- quarteamento por quarteador tipo Vezin e seleção de uma amostra de 2 kg;
- pulverização da amostra até 95% passante em 100 mesh;
- homogeneização da amostra e seleção de duas alíquotas de 50 g destinadas aos ensaios de *fire assay*.

Usando o *IH*$_L$ estimado pelo teste de heterogeneidade realizado para esse minério, cujos resultados são apresentados no gráfico da Fig. 7.12, pede-se:

a) Calcular a variância e o desvio-padrão relativo do erro fundamental para cada etapa do protocolo de amostragem, bem como o desvio total. Qual a etapa crítica do protocolo e como você reduziria o desvio total, não excedendo os 16%?

b) Calcular a massa mínima da amostra primária representativa da pilha, admitindo-se um máximo desvio-padrão relativo do erro fundamental igual a 16%.

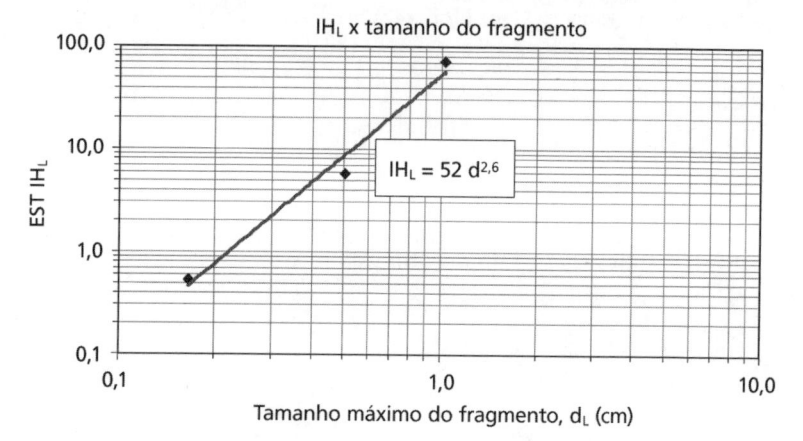

IH_L x tamanho do fragmento

$$IH_L = 52\, d^{2,6}$$

Tamanho máximo do fragmento, d_L (cm)

a) O desvio total relativo do erro fundamental é de 23,8%, como mostra a Tab. 7.2. A etapa crítica do protocolo é a terceira (quarteamento secundário), e para diminuir o desvio total, bastaria selecionar uma amostra maior nessa etapa (aproximadamente 23 kg) e britar toda a amostra antes do quarteamento seguinte e da seleção da amostra para pulverização (Tab. 7.3).

b) O IH_L estimado para 2,5 cm (gráfico) = 563,2 g (diferentemente dos 296.875 g do Exercício 7.1!)

$$M_{Smín} = \frac{EST.IH_L}{s^2_{FSEmáx}}$$

$$M_{Smín} = \frac{563,2}{0,16^2} \quad \text{(em g)}$$

∴ $M_{Smín} \approx 22$ kg (diferentemente das 11,6 t do Exercício 7.1!)

7 Fundamentos teóricos da amostragem   363

Tab. 7.2 PROTOCOLO ATUAL

Etapa	Massa incial (g)	Massa final (g)	d_{95} (cm)	IH_L (g)	Var. rel. s^2 (FSE)	Desvio rel. s(FSE) rel
Amostragem primária da pilha	1,5E+10	11.600.000	2,5	563,2	0,0000	0,7%
Quarteamento primário	11.600.000	50.000	2,5	563,2	0,0112	10,6%
Quarteamento secundário	50.000	10.000	2,5	563,2	0,0451	21,2%
Britagem primária	10.000	10.000	0,24	1,27	0,0000	0%
Quarteamento rotativo	10.000	2.000	0,24	1,27	0,0005	2,3%
Pulverização	2.000	2.000	0,015	0,0009	0,0000	0%
Seleção da subamostra analítica	2.000	50	0,015	0,0009	0,0000	0,4%
Desvio total					0,0568	23,8%

Tab. 7.3 PROTOCOLO OTIMIZADO

Etapa	Massa incial (g)	Massa final (g)	d_{95} (cm)	IH_L (g)	Var. rel. s^2 (FSE)	Desvio rel. s(FSE) rel
Amostragem primária da pilha	1,5E+10	11.600.000	2,5	563,2	0,0000	0,7%
Quarteamento primário	11.600.000	50.000	2,5	563,2	0,0112	10,6%
Quarteamento secundário	50.000	23.000	2,5	563,2	0,0132	11,5%
Britagem primária	23.000	23.000	0,24	1,27	0,0000	0%
Quarteamento rotativo	23.000	2.000	0,24	1,27	0,0006	2,4%
Pulverização	2.000	2.000	0,015	0,0009	0,0000	0%
Seleção da subamostra analítica	2.000	50	0,015	0,0009	0,0000	0,4%
Desvio total					0,0251	15,8%

Referências bibliográficas

CHIEREGATI, A. C. Reconciliação pró-ativa em empreendimentos mineiros. 2007. 201 f. Tese (Doutorado) – Departamento de Engenharia de Minas e de Petróleo, Escola Politécnica da USP, São Paulo, 2007.

CHIEREGATI, A. C.; PITARD, F. F. The challenge of sampling gold. In: WORLD CONFERENCE ON SAMPLING AND BLENDING, 4., WCSB4: Proceedings.... Cape Town, África do Sul, SAIMM Publications, Symposium Series S59, 2009. p. 107-112.

CHIEREGATI, A. C. et al. The point selection error introduced by sampling one-dimensional lots. In: WORLD CONFERENCE ON SAMPLING AND BLENDING, 3., WCSB3. Proceedings... Porto Alegre, Brasil: UFRGS/Fundação Luiz Englert, 2007. p. 405-414.

DOMINY, S. C. Sampling – a critical component to gold mining project evaluation. In: PROJECT EVALUATION CONFERENCE, Melbourne, Austrália, 2007. Proceedings... Melbourne: The Australasian Institute of Mining and Metallurgy, 2007. p. 89-96.

FRANÇOIS-BONGARÇON, D. A brief history of Pierre Gy's sampling theory and current trends in its acceptance in the mining world. In: Sampling 2008, The Australasian Institute of Mining and Metallurgy, Perth, Austrália, Publication Series n. 4, p. 13-14, 2008.

FRANÇOIS-BONGARÇON, D.; GY, P. Critical aspects in mill and plants: a guide to understanding sampling audits. Journal of the South African IMM, África do Sul, v. 102, n. 8, 2002.

GY, P. M. L'Echantillonnage des minerais en vrac - théorie générale. Saint-Etienne, França: Société de l'Industrie Minérale, 1967. v. 1.

GY, P. M. Sampling of heterogeneous and dynamic material systems: theories of heterogeneity, sampling and homogenizing. Amsterdam: Elsevier, 1992.

GY, P. M. Sampling for analytical purposes. 1. ed. Translated by A. G. Royle. West Sussex: John Wiley & Sons, 1998.

MORLEY, C.; MCBRIDE, N. Keeping geologists, production personnel and contractors happy: an integrated approach to blasting at Boddington Gold Mine, WA. In: EXPLO '95 CONFERENCE, Brisbane, 1995. Proceedings... Brisbane, Austrália, 1995. p. 29-34.

PITARD, F. F. Pierre Gy's sampling theory and sampling practice: heterogeneity, sampling correctness, and statistical process control. 2. ed. Boca Raton: CRC Press, 1993.

PITARD, F. F. Poisson processes in sampling. In: WORLD CONFERENCE ON SAMPLING AND BLENDING, 4., WORKSHOP, 19-20 October. Proceedings... Cape Town, África do Sul, 2009.

Disposição de rejeitos 8

Arthur Pinto Chaves

Em uma operação mineira são gerados dois tipos de materiais que precisam ser dispostos: os estéreis de mineração e os rejeitos de beneficiamento. Os estéreis são materiais de cobertura ou minérios de teor inferior ao teor de corte, que precisam ser removidos para liberar os blocos de minério que serão lavrados. Eles são dispostos em bota-foras como rotina de operação da mina. Já os rejeitos de beneficiamento são a fração descartada pela usina no esforço de produzir o concentrado.

Grande parte da massa de minério retirada da mina é, portanto, rejeitada no beneficiamento. A solução mais usual é dispô-la em bacias de acumulação. Outra solução, quando se trabalha com minas subterrâneas, é bombear os rejeitos para as cavidades da mina de onde o minério já foi retirado (*backfill*). Resolvem-se dois problemas de uma só vez: dispõe-se o rejeito e enchem-se os vazios.

As quantidades de rejeitos são enormes. Por exemplo, uma mina de minério de ferro que alimenta a usina de beneficiamento com 20.000.000 t/ano de minério a 50% Fe para produzir um concentrado com 66% Fe gerará, a cada ano, 10.590.000 t de rejeito com 32% Fe (6.400.000 m³/ano). Em uma vida útil de 20 anos, serão gerados 211.800.000 t ou 128.360.000 m³.

Nos EUA, há barragens de rejeito com alturas de crista superiores a 150 m (altura de um edifício de 50 andares), o que as coloca entre as maiores estruturas construídas pelo ser humano. A importância das barragens num projeto de mina cresce sempre por várias razões:

1. A quantidade de rejeitos de beneficiamento vem crescendo ano após ano em todo o mundo, e a tendência é que o crescimento continue em ritmo cada vez mais acelerado. Esse fato decorre de que depósitos de alto teor são cada vez mais raros e é necessário explotar, de maneira cada vez mais intensa, depósitos de minério de teor cada vez mais baixo.

2. A necessidade de recuperar a água usada no beneficiamento e recirculá-la é cada vez maior. Isso se deve tanto aos custos crescentes de captação e à taxação, introduzida no Brasil, do uso da água, como também à escassez crescente desse recurso natural.

3. Do ponto de vista ambiental, a recirculação da água de processo na própria usina preserva esse recurso escasso para outras atividades – agropecuária, uso urbano ou industrial.

4. Ainda do ponto de vista ambiental, a barragem é um dispositivo eficiente tanto para conter os rejeitos como para controlar a qualidade dos efluentes líquidos.

O exemplo mais elucidativo desse último ponto é o das barragens de rejeito de beneficiamento de minérios de urânio. Apesar de o minério já haver sido processado, ainda existem nos rejeitos resíduos de elementos radioativos. O rejeito precisa, portanto, ser contido, o que é facilmente feito numa barragem cujo fundo tenha sido impermeabilizado.

Ao final da operação, o volume de rejeitos é coberto com um geotêxtil impermeável e uma camada de argila e, assim, fica isolado do ambiente. Durante a operação, o depósito de rejeitos é mantido sempre coberto por uma lâmina d'água, o que impede o levantamento de poeiras.

O efluente líquido é analisado rotineiramente na saída da barragem. Nesse caso específico, é necessário construir uma barragem de efluentes a jusante, de modo que, se forem detectados valores radioativos na água, haja tempo para contê-la e precipitá-los. Finalmente, o fundo dessa barragem também é forrado de geotêxtil e de argilas impermeáveis, para impedir a percolação da água com elementos radioativos dissolvidos e a contaminação do freático.

A barragem de rejeitos é, portanto, uma peça integrante do processo de beneficiamento e precisa trabalhar perfeitamente integrada com ele. A disposição de rejeitos é, na realidade, mais uma operação unitária do processo de beneficiamento. Esse é o enfoque dado a esse assunto neste livro. A barragem de rejeitos tem, por isso, um caráter essencialmente mineiro e, em consequência, não pode nunca ser considerada simplesmente um projeto civil.

Especialmente importante de se considerar nos critérios de projeto é a sua transitoriedade e o efeito de seus custos sobre o custo final de produção. A barragem de rejeitos não deveria ser projetada com os critérios de uma obra civil, sob pena de inviabilizar todo o empreendimento. Isso não significa, entretanto, concessões à segurança, que tem de ser compatível com a vida e a segurança das pessoas e com as instalações envolvidas na barragem de rejeitos ou situadas a jusante.

O projeto de uma barragem de rejeitos exige, portanto, maior uso de conhecimentos de engenharia do que o projeto de uma barragem de terra para água, visto que os métodos construtivos diferem consideravelmente dos aplicados às barragens convencionais.

8.1 Descrição de uma barragem

A Fig. 8.1 mostra uma barragem típica. A barragem consiste de um maciço de argila compactada, construído num local conveniente – sempre um vale apertado –, fechando uma bacia com razoável capacidade de acumulação.

A barragem é complementada por um sistema de drenagem do excesso de água (a Fig. 8.1 mostra uma galeria de encosta) e por um extravasor de concreto, capaz de auxiliar a drenagem na eventualidade de chuvas ou inundações extraordinárias.

Os rejeitos depositados têm características muito diversificadas. Em termos de diluição, podem variar desde uma pequena porcentagem de sólidos em peso, como é o caso dos *overflows* de ciclones,

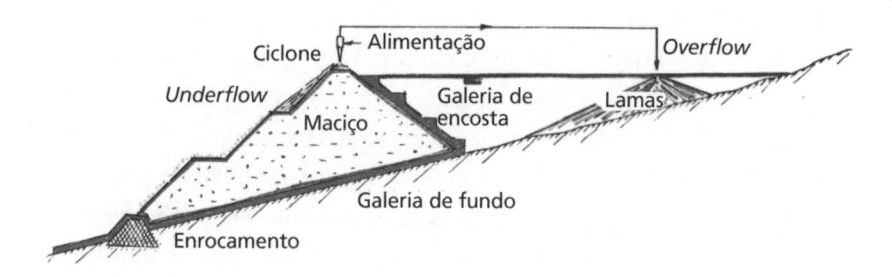

Fig. 8.1 Barragem de rejeitos

até a porcentagem na casa de algumas dezenas, como é o caso dos *underflows* dos espessadores. Em termos de granulometria ou mineralogia, ocorre o mesmo, o que acarreta diferenças de comportamento reológico: lamas e argilominerais costumam ser muito plásticos, ao passo que areias não o são.

Se for feito um lançamento num ponto qualquer da represa, a fração grossa será depositada imediatamente junto ao ponto de lançamento e os finos, a distâncias crescentes, conforme aumente a finura, a forma e a textura superficial dos grãos lançados. Consequentemente, a permeabilidade e a resistência ao escoamento dos sólidos depositados variarão continuamente, associadas a essa variação e à distância do ponto de lançamento.

Os rejeitos acumulados dentro da represa são sólidos granulados que têm propriedades reológicas diferentes dos solos com que a Mecânica dos Solos está familiarizada. As principais diferenças são as seguintes (Abrão, 1988):

♦ suas granulometrias são mais variadas que as dos solos – geralmente têm tamanho inferior a 8# (2,4 mm);

♦ as partículas de rejeitos são angulosas, ao passo que as partículas dos solos tendem a ser arredondadas como efeito dos processos erosivos e abrasivos sofridos;

♦ as partículas de rejeitos têm superfícies sãs do ponto de vista químico, isto é, são recém-geradas por processos de britagem

e moagem, ao passo que as partículas dos solos são hidratadas, oxidadas e apassivadas;
- as partículas de rejeitos possuem bordas vivas.

Esse aspecto de se tratar de partículas recentemente geradas, com superfícies virgens, quimicamente ativas, acarreta efeitos profundos sobre as suas propriedades reológicas quando comparadas com as partículas dos solos. Em especial, a capacidade de troca iônica é intensificada na presença dos argilominerais do solo.

A construção de uma barragem é uma obra que dura a vida toda do projeto mineiro, no sentido de que, inicialmente, é construído apenas o maciço inicial (dique de partida), e este é alteado periodicamente ao longo de toda a vida da usina de beneficiamento. Isso dilui o investimento da construção da barragem e melhora o fluxo de caixa do empreendimento.

8.1.1 Maciço

O maciço é uma obra em terra e deve ser projetado e executado com todo o rigor técnico necessário, exigindo a colaboração dos especialistas em Geotecnia. É necessário considerar a bacia de contribuição e a decorrente capacidade de armazenamento de água, além da capacidade de armazenamento de rejeitos desejada. É preciso levar em conta as cheias máximas previsíveis e projetar a barragem para suportar esses eventos. Dependendo do tamanho da lagoa, é necessário considerar a possibilidade de formação de ondas e alterar a crista da barragem (*free board*) acima da altura que elas possam atingir.

O enrocamento é um elemento construtivo importante porque impede a translação de todo o maciço sob a ação do empuxo da água e dos rejeitos.

O maciço é um meio permeável que será saturado pela água presente no reservatório. O solo saturado perde rapidamente sua coesão e pode escoar, razão pela qual é necessário drenar parte do maciço, assegurando a existência de uma parte seca que sustente a parte saturada (encharcada). A Fig. 8.2 mostra duas soluções dadas a esse problema.

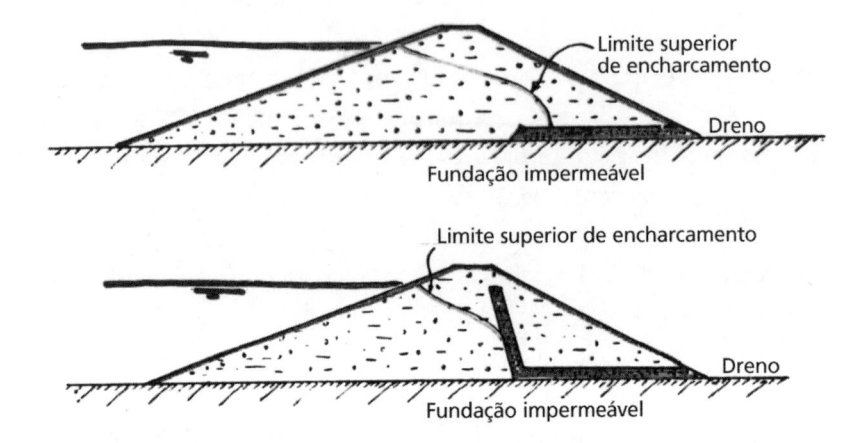

Fig. 8.2 Drenagem do maciço

Se as linhas de drenagem emergirem na superfície da barragem, pode haver a formação de *piping*, que progride rapidamente e pode provocar a ruptura do maciço.

Solução alternativa é construir um maciço impermeável, todo ele de argila compactada. Quanto maior o adensamento a que ele for submetido, melhor a impermeabilização. Alternativamente, ainda, pode-se revestir a superfície de montante (parede interna) do dique com uma camada impermeável.

O vertedouro é um dispositivo de segurança utilizado para transbordar a água contida na lagoa, em caso de enchentes. Não é usado rotineiramente para escoar o excesso de água. O escoamento dessa água será sempre feito pelos dispositivos de extravasamento que serão descritos a seguir. O vertedouro é construído em concreto até a cota máxima previsível e serve para impedir a erosão do maciço pela água transbordada. Muitas vezes, como quando o maciço terá que ser alteado sucessivas vezes, ele nem é construído (pois terá que ser demolido para o próximo alteamento), o que, entretanto, é uma decisão de risco, que terá de ser avaliada cuidadosamente.

8.1.2 Extravasamento

Três sistemas são utilizados para manter o nível da barragem e descarregar a água que sobra (Brawner, 1972):

Tulipa

Consiste numa torre construída dentro da barragem, em concreto armado ou metal, com janelas que permitem controlar o nível da água. A água captada por essa torre deságua numa galeria de fundo, que atravessa o maciço e a leva para jusante. É o sistema mais usado, em razão da facilidade de construção, manutenção, limpeza e operação (Fig. 8.3).

Em barragens grandes, esse tipo de obra demanda investimento maior que as outras opções. É necessário construí-la logo em toda a sua altura ou a sua elevação precisará ser feita a partir do uso de embarcações.

Fig. 8.3 Tulipa

O projeto da torre precisa levar em consideração o empuxo dos rejeitos, a capacidade de fundação do terreno e o risco de percolação da água entre a galeria de fundo e o aterro compactado.

Galeria de encosta

Consiste numa galeria inclinada, construída sobre a face interna do maciço ou suas ombreiras, com aberturas para controlar o nível da água, comunicando com a galeria de fundo, como no caso anterior.

Trata-se de um sistema muito conveniente, pois a galeria não precisa ser construída em concreto e a sua sustentação é dada pelo maciço. A galeria de encosta pode ser construída aos poucos, conforme a crista da barragem é alteada: à medida que a barragem sobe, alteia-se a galeria e as aberturas de tomada d'água vão sendo fechadas conforme se deseje elevar o nível da água (Fig. 8.4).

Pontão

Consiste numa balsa sobre a qual estão montadas as bombas de recirculação da água. Esse sistema torna-se conveniente quando se deseja recircular o transbordo da barragem imediatamente para a usina de beneficiamento: pode-se deslocar o pontão para qualquer lugar da lagoa e escolher aquele em que a água esteja mais limpa ou fugir dos pontos onde ela tenha sólidos em suspensão (Fig. 8.5).

Fig. 8.4 Galeria de encosta

Fig. 8.5 Pontão

As desvantagens desse sistema são a possibilidade de falha das bombas e o custo de manutenção associado a elas.

8.2 Construção do dique

O maciço inicial é construído com todas as precauções cabíveis e habituais de uma obra de terra: seleção de materiais adequados, homogeneização cuidadosa do material de construção, compactação do solo com rolos de pé de carneiro em camadas de 20 a 30 cm, respeitando a umidade ótima para isso.

A tixotropia é um fenômeno estudado pela Mecânica dos Solos, em que materiais granulados finos, na presença de água, ficam estáveis quando em repouso, mas passam rapidamente para um estado fluido e escoam, se submetidos a vibrações. É o caso bem conhecido das lamas de perfuração de poços de petróleo, em que se utiliza a bentonita exatamente para obter esse efeito.

Se o material de construção do maciço tiver minerais de características tixotrópicas, a vibração causada por abalos sísmicos poderá liquefazê-lo e destruir a barragem. Eventos trágicos já aconteceram em barragens nos Andes e nos Alpes.

Entretanto, não se está a salvo desse problema, pois a vibração causada pelo trânsito intenso de veículos pesados ou por desmonte próximo pode ser suficiente para deflagrar o problema.

Como mencionado, o maciço nunca é construído com sua altura final, mas vai sendo alteado a períodos ou continuamente, o que é feito com a utilização de solo trazido para o local, do próprio rejeito ou de estéril de mineração, cujos custos são nulos.

No caso de alteamento com os rejeitos, estes são ciclonados – tanto para separar as lamas, que são lançadas longe do maciço, como para adensar o *underflow*, que será utilizado no alteamento. Esse procedimento foi esquematizado na Fig. 8.1 e é mostrado na Fig. 8.6. É muito conveniente lançar as lamas para longe do dique, pois elas são muito plásticas e tendem a escoar, forçando o maciço. Da mesma forma, comprometerão qualquer obra que seja feita sobre elas.

Existem três métodos básicos de alteamento, que serão examinados a seguir (Jones, 1978; U.S. Department of the Interior, 1987).

Fig. 8.6 Uso de ciclones para adensar o rejeito

8.2.1 Método de jusante (*downstream*)

Este método, esquematizado na Fig. 8.7, é o mais seguro, pois cada etapa sucessiva de alteamento se apoia sobre a crista e o talude a jusante do dique anterior, que foi compactado mecanicamente. Esse método permite, ainda, impermeabilizar a face interna da barragem, e é o método adequado para represar grandes quantidades de água.

O *underflow* da ciclo-

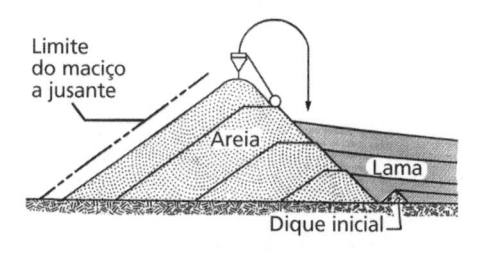

Fig. 8.7 Alteamento a jusante

nagem do rejeito é espalhado e compactado. Como a quantidade de material exigida é muito grande, eventualmente poderá ser necessário utilizar material adicional. Esse método é mais caro por exigir manuseio maior.

8.2.2 Método de montante (upstream)

Este método, esquematizado na Fig. 8.8, é o mais barato, pois eleva o maciço sobre os rejeitos depositados, constituídos basicamente pelo underflow da ciclonagem. É também o método menos seguro, pois a linha central da crista do maciço desloca-se progressivamente para montante, sobre os rejeitos depositados. Esses rejeitos podem estar soltos, razão pela qual podem ter uma condição geomecânica não adequada para suportar o peso do maciço que está sendo alteado sobre eles. O cilindro de ruptura passa cada vez mais por dentro do volume de rejeitos acumulados – se esse depósito for muito plástico, é certa a ruína. Por isso, esse método é limitado a barragens de 30 a 40 m de altura e é essencial que o maciço seja construído com material granular, poroso e de boa drenagem.

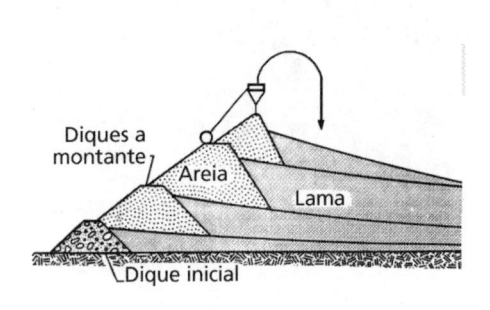

Fig. 8.8 Alteamento a montante

8.2.3 Método da linha de centro

É um método intermediário entre os anteriores, tanto em segurança como em custo. A disposição do material de construção é feita hidraulicamente na face de montante do dique e mecanicamente na face de jusante, tomando-se todas as precauções cabíveis. A Fig. 8.9 mostra o esquema de alteamento desse método. Existem barragens elevadas assim com alturas superiores a 40 m.

Dique inicial

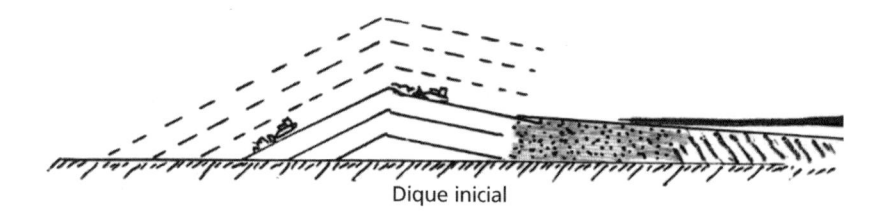

Fig. 8.9 Alteamento pela linha de centro

8.3 Manejo da barragem e do depósito de rejeitos

Um problema muito incômodo é a inversão térmica: se uma onda fria chega ao local da barragem, a superfície do lago resfria-se subitamente, ao passo que a água no fundo permanece aquecida. Isso causa correntes de convecção ascendentes que arrastam os sedimentos do fundo se estes não estiverem consolidados. A água fica turva e não pode ser descarregada da barragem. O uso de coagulantes ou floculantes e o controle da alimentação da barragem por um espessador ajudam a minorar esse problema.

Já foi mencionada a necessidade de, em casos específicos, impermeabilizar o fundo da represa para evitar a contaminação do freático, o que pode ser feito com argila compactada, pavimentação asfáltica ou, mais modernamente, com o uso de geotêxteis, isto é, membranas de material plástico de alta resistência mecânica e impermeável.

O maciço não pode ser deixado exposto, pois, como qualquer outra obra de terra, é muito sensível à chuva (erosão) e ao vento (levantamento de poeira). A prática usual consiste em gramar a sua superfície e implantar canaletas de drenagem e caixas de dissipação à medida que a barragem vai sendo alteada, possibilidade esta apenas no método de montante.

Ao fim da vida da usina ou da barragem, é preciso encerrar a sua operação (*decomissioning*). Se os rejeitos contiverem metais pesados, é necessário envelopar o depósito, o que é feito drenando-se a água e cobrindo-se os rejeitos com uma camada impermeável de argila ou geotêxtil mais argila, e cobrindo-se tudo com solo agricultável, que será então revegetado. Nesse caso, a área não poderá receber construções. Nos outros casos, as edificações deverão ser feitas sobre estacas, pois o depósito de rejeitos não tem condições geomecânicas adequadas.

Outra solução muito utilizada quando não há metais pesados nem elementos solúveis é altear o dique e transformar a represa em área de recreação ou de piscicultura.

Os depósitos de rejeitos de materiais radioativos, além de todas essas preocupações, devem ser monitorados durante vinte anos após o encerramento da operação.

8.4 Dry stacking

No volume 2 da coleção *Teoria e Prática do Tratamento de Minérios*, examina-se o gráfico chamado de "paragênese de Fitch", repetido na Fig. 8.10. De cima para baixo, aumenta-se a porcentagem de sólidos na polpa. Da esquerda para a direita, aumenta-se o comportamento de floculação/coagulação das partículas, isto é, na extremidade esquerda superior, as partículas estão total e completamente dispersas numa polpa muito diluída, e na extremidade inferior direita, totalmente agrupadas em flocos, numa polpa adensada ou pasta.

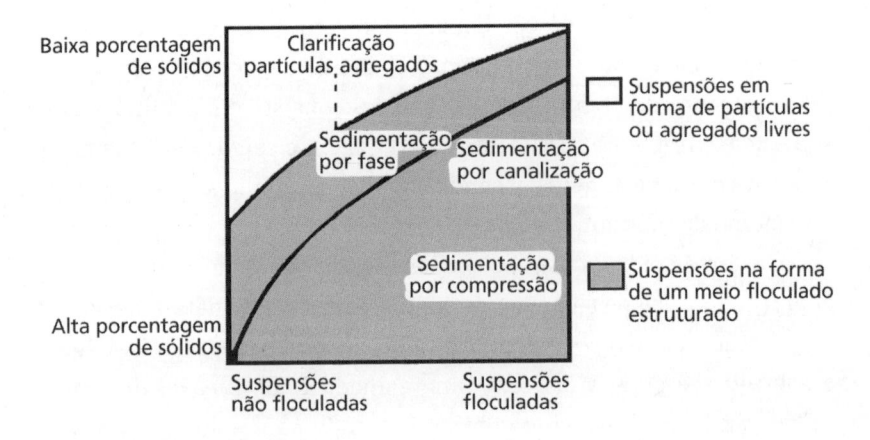

Fig. 8.10 Paragênese de Fitch

A arte do espessamento percorreu exatamente esse percurso. No início, trabalhava-se apenas com polpas não floculadas. Os métodos de Fitch e de Coe e Clevenger – nunca é demais enfatizar este fato – foram criados para polpas assim. A preocupação do engenheiro de processos era apenas com a porcentagem de sólidos no *underflow*. Não havia a preocupação de se obter um *overflow* clarificado.

Com o aumento da responsabilidade ambiental, passaram a haver pressões no sentido de melhorar a clarificação do *overflow*. Floculantes começaram a ser utilizados – com muita resistência inicial –, pois eram considerados um custo operacional indesejado.

Entretanto, a prática demonstrou que, além do efeito buscado de obter um *overflow* de melhor qualidade, ocorria o aumento da razão de espessamento, isto é, com o uso de floculantes, a área necessária diminuía e espessadores de menor diâmetro poderiam ser utilizados para a mesma vazão. A resistência, entretanto, permanecia – o argumento era que se estava trocando um custo de capital por um custo operacional.

O uso de floculantes venceu, inclusive porque os seus preços diminuíram muito. Com a sua utilização sistemática, o ponto de operação dentro do diagrama da paragênese foi mudando. O espessador também teve que mudar: apareceram os superespessadores (*high capacity*) e similares, que foram projetados para trabalhar com polpas floculadas no regime de sedimentação por fase. Esses equipamentos aumentaram a altura da zona de clarificação para garantir a qualidade do *overflow* (Fig. 8.11). O *feedwell* também foi modificado: da função inicial única de reduzir a turbulência da alimentação ao espessador, passou também a alimentar a polpa floculada na profundidade adequada, a fornecer as condições adequadas para a adição de floculante e a acertar a diluição de polpa e a mistura com vistas à otimização da floculação.

A utilização de floculantes de cadeia longa, como também já foi visto no segundo volume desta série, tende a gerar flocos soltos e com elevado conteúdo de água, dando como resultado um *underflow* diluído. É necessário utilizar floculantes de cadeia mais curta (peso

Sem floculantes:
Sedimentação lenta, grandes áreas.

Início do uso dos floculantes:
Melhor sedimentação, diminuição das áreas.

Floculantes:
Espessadores mais eficientes, diminuição das áreas.

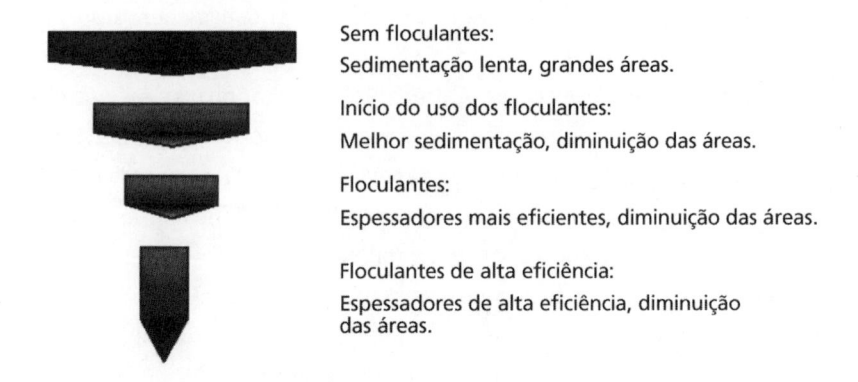

Floculantes de alta eficiência:
Espessadores de alta eficiência, diminuição das áreas.

Fig. 8.11 Evolução dos espessadores
Fonte: Falcucci (2007).

molecular mais baixo) ou aumentar a pressão de compressão para mudar esse resultado, o que nem sempre é conveniente ou possível.

Aumentando-se a pressão na zona de compressão, os flocos se rompem e libertam a água contida, que sobe, formando canais dentro do *underflow* que está na zona de compressão, fenômeno conhecido como *channeling*.

Para tirar partido desse fato e aumentar a porcentagem de sólidos de *underflows* floculados, era necessário aumentar a altura da zona de compressão e, consequentemente, de todo o espessador. Só que a polpa resultante passou a ter tamanha densidade de polpa e viscosidade tão elevada que não pode ser movimentada num cone tão raso como o dos espessadores anteriores. Foi, portanto, diminuído o ângulo do cone. Resultaram os espessadores conhecidos como *deep cone* ou *paste thickeners* (Fig. 8.12).

O importante em termos de disposição de rejeitos é que o *underflow* desses espessadores não é mais uma polpa: tem porcentagem de sólidos, densidade e viscosidade tão elevadas que não é mais uma suspensão de partículas sólidas num líquido. Uma polpa tem a superfície sempre horizontal. O *underflow* passou a ser uma pasta: se deixado em repouso, os sólidos não sedimentam, separando-se da água, e, lançada sobre o solo ou em qualquer lugar, a pasta espalha-se, construindo um cone de deposição. Quanto maior a viscosidade da pasta, maior a inclinação do cone depositado.

As partículas finas, coloidais (menores que 20 µm), quando a quantidade de água na polpa diminui, começam a exercer ação eletrostática, umas sobre as outras. Resultam ligações entre essas partículas e as partículas maiores, que mantêm todo o sistema em suspensão estável, isto é, as partículas não sedimentam mais e não ocorre a

Fig. 8.12 *Deep cone thickener*

segregação granulométrica. Para escoarem, é necessário impor uma tensão de cisalhamento que rompa as ligações eletrostáticas entre as partículas finas e diminua a viscosidade da pasta. Cessada a tensão de cisalhamento, as ligações se restabelecem e a pasta novamente se estabiliza.

Essa pasta é muito semelhante às argamassas de concreto. Existe tecnologia de bombeamento e fundição para os concretos, tecnologia que imediatamente foi aplicada às pastas minerais. As bombas utilizadas são as mesmas bombas de deslocamento positivo utilizadas para bombeá-las.

Aumentando a porcentagem de sólidos no sistema sólido/líquido (polpa ou pasta), aumenta a tensão de escoamento, como mostra a Fig. 8.13. O limite seria a consistência de uma torta de filtragem – não existe mais um volume contínuo de líquido entre as partículas. Enquanto o volume de água for contínuo, diminuindo-o, a ação eletrostática das partículas finas aumenta e, como consequência, a tensão de escoamento.

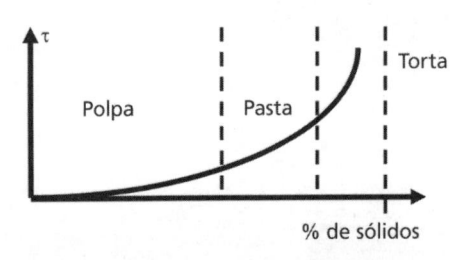

Fig. 8.13 Reologia de polpas e pastas

Essa tensão de escoamento tão elevada não permite que os sólidos sedimentem quando a pasta está em repouso – diferentemente das polpas. Sendo-lhe aplicada uma tensão de cisalhamento maior que a tensão de escoamento, a pasta escoa; se a tensão aplicada é nula ou menor que a tensão de cisalhamento, a pasta estaciona. O comportamento da pasta durante o bombeamento é, portanto, totalmente diferente do comportamento das polpas.

Criou-se, assim, uma nova tecnologia de disposição de rejeitos, chamada de *dry stacking* ou, em português, empilhamento seco: o *underflow* do espessador de pasta é bombeado para uma torre dentro da barragem de rejeito. Dessa torre ele é derramado, construindo um cone de deposição. A pasta, que já tem pouca água, seca pela exposição ao sol e à atmosfera. No dia seguinte, via de regra, é possível transitar sobre ela com veículos. A Fig. 8.14 mostra um depósito de lama vermelha (Slotee, 2001).

Fig. 8.14 Depósito *dry stacked* de lama vermelha

É costumeiro arar ou gradear o depósito com tratores agrícolas, revirando o material depositado, enterrando o material seco superficial e trazendo para a superfície o material mais profundo e mais úmido (*farming*).

Essa tecnologia foi desenvolvida pela Alcan, na busca de minimizar o problema gerado pelas lamas vermelhas das refinarias de bauxita. Ela foi licenciada e rapidamente aplicada a outras substâncias minerais.

Além das evidentes vantagens de aumento da recuperação da água no espessador, água esta que é imediatamente recirculada à usina, não se tem mais uma barragem de rejeitos com todo o risco ambiental associado (ou o custo para minimizá-los). Ademais, o volume do maciço necessário para barrar os rejeitos diminui consideravelmente, como mostra a Fig. 8.15.

Solução alternativa encontrada para a disposição de lama vermelha tem sido seu desaguamento em filtros-prensa, o transporte da torta por caminhões e a sua disposição por descarga em porta de aterro.

Polpa de alta densidade ⬇   Pasta mineral ⬇

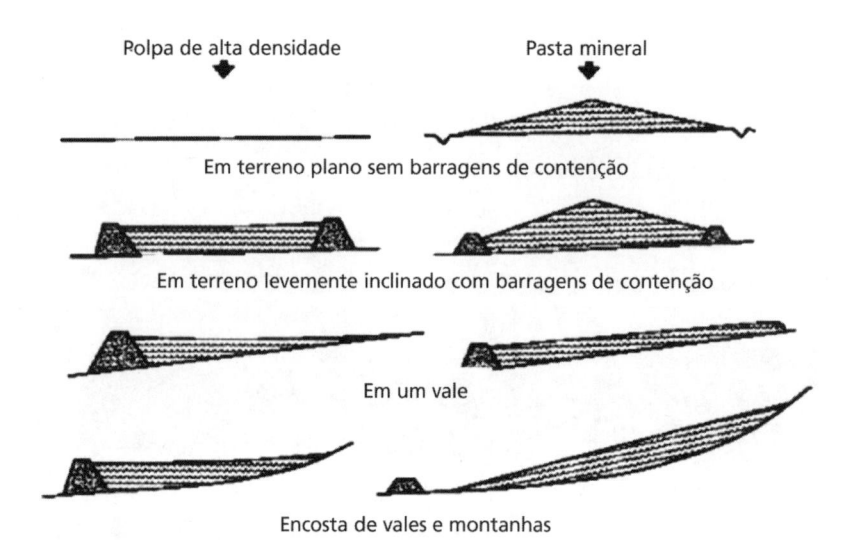

Em terreno plano sem barragens de contenção

Em terreno levemente inclinado com barragens de contenção

Em um vale

Encosta de vales e montanhas

Fig. 8.15 Diminuição do volume maciço necessário para barrar os rejeitos
Fonte: Hernandes et al. (2005 apud Falcucci, 2007).

Exercícios resolvidos

8.1 Calcular o balanço de massas duma barragem que recebe 2.100 t/h de rejeitos (peso específico 2,8) numa polpa a 35% de sólidos. O material depositado no fundo da barragem tem 65% de sólidos. Quanta água é possível recircular, sabendo que as perdas por evaporação e infiltração são de 20% da água recirculada? Admitir que todo o sólido fique retido na barragem.

Solução:

O material depositado no fundo da barragem não é um sólido granulado encharcado com água. É uma polpa composta de partículas de diferentes tamanhos, muitas delas de tamanho coloidal, cercada de água. Está água encontra-se nos interstícios, canais capilares e adsorvida à superfície das partículas.

Por isto, muitas vezes esse depósito tem porcentagens de sólidos muito baixas. Isso precisa ser levado em conta na hora de calcular o volume de rejeitos a ser depositado, contudo não tem sido considerado pelos colegas barrageiros e tem levado a erros muito grandes no cálculo do volume necessário para a barragem.

Especialmente, as barragens de rejeitos do beneficiamento de fosfatos na Flórida apresentavam este problema. As partículas sólidas não sedimentavam e formavam atoleiros muito perigosos, semelhantes à areia movediça, em que pessoas ou animais podiam afundar e desaparecer.

Outro rejeito problemático é o da lavagem das bauxitas. A porcentagem de sólidos é muito baixa, e não mais do que uma polpa diluída (menos de 30% de sólidos em peso) se acumula no fundo da barragem.

Obviamente, esses depósitos são instáveis geotecnicamente e podem se movimentar, trazendo problemas para a operação e para a estabilidade das construções que porventura estejam dentro da barragem.

O balanço da barragem fica como mostrado na Fig. 8.16:

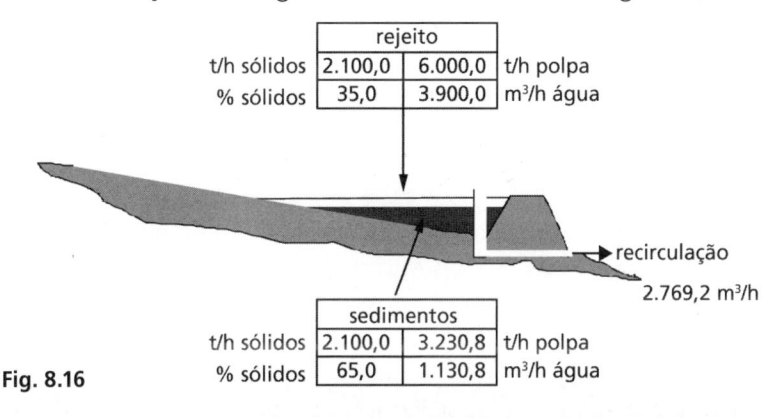

	rejeito		
t/h sólidos	2.100,0	6.000,0	t/h polpa
% sólidos	35,0	3.900,0	m³/h água

recirculação
2.769,2 m³/h

	sedimentos		
t/h sólidos	2.100,0	3.230,8	t/h polpa
% sólidos	65,0	1.130,8	m³/h água

Fig. 8.16

> **8.2** A usina de beneficiamento que gera os rejeitos da barragem do exercício anterior opera 8.000 h/ano. Qual o volume de rejeitos que precisa ser armazenado a cada ano? Qual o volume para a vida útil de 20 anos?

Solução:

A quantidade de sólidos sedimentados é de 2.100 t/ano. A produção de 8.000 h/ano durante 20 anos acumula 336.000.000 t de sólidos, que não se apresentam como sólidos depositados, mas como uma polpa a 65% de sólidos acumulada no fundo do reservatório.

Vamos calcular as características do sedimento de fundo, conforme:

	sedimentos		
t/h sólidos	2.100,0	3.230,8	t/h polpa
% sólidos	65,0	1.130,8	m³/h água
densidade do sólido	2,8	1.880,8	m³/h polpa
m³/h sólidos	750,0	1,7	densidade da polpa

O volume depositado anualmente será então $1.880{,}8 \times 8.000 = 15.046.400$ m³. Para os 20 anos de vida da barragem, $1.880{,}8 \times 8.000 \times 20 = 300.928.000$ m³.

Referências bibliográficas

ABRÃO, P. C. Notas da palestra proferida no Departamento de Engenharia de Minas da Epusp, 20 set. 1988.

BRAWNER, C. D.; CAMPBELL, D.B. Diseño de empresas de relaves. In: CONGRESO LATINOAMERICANO DE MINERALURGIA, 2. Anales... Lima, Alami, 1972. Documento XXII.

FALCUCCI, A. A influência dos floculantes poliméricos na formação de pastas minerais. Dissertação (Mestrado) – Universidade Federal de Minas Gerais, Belo Horizonte, 2007.

HERNANDES, C. A. O.; ARAÚJO, A. C.; VALADÃO, G. E. S.; AMARANTE, S. C. Pasting characteristics of hematite/quartz system. Minerals Engineering, v. 18, p. 935-9, 2005.

JONES, J. D. Design and construction of tailing ponds and reclamation facilities - case histories. In: MULLAR, A. L.; BHAPPU, R. D. (Ed.) Mineral process plant design. N. York: AIME, 1978. p. 703ss.

SLOTEE, J. S. Evaluating paste thickeners for surface stacking tailings. Mining Environmental Management, p. 16-20, Sept. 2001.

U.S. DEPARTMENT OF THE INTERIOR - BUREAU OF LAND RECLAMATION. Design of small dams. Denver, USBR, 1987.